JN237916

カラー版 徹底図解

パソコンが動くしくみ

Alan Mathison Turing

The visual encyclopedia of PC mechanism

新星出版社

徹底図解

パソコンが動くしくみ

もくじ

はじめに ··6

第1章　パソコンが起動するしくみ ································7
パソコンの内部を見る① ···8
パソコンの内部を見る② ···10
パソコンが起動するしくみ① ···12
パソコンが起動するしくみ② ···14
OSが起動して画面に表示するしくみ① ··16
OSが起動して画面に表示するしくみ② ··18
アプリケーションが起動するしくみ ···20
ハイブリッド・ハードドライブのしくみ ··22
SSD（Solid State Drive）のしくみ ··24

第2章　CPUが高速に動くしくみ ································25
CPUが動くしくみ① ··26
CPUが動くしくみ② ··28
CPUがアクセスできるメモリの容量 ···30
CPUが高速に動くしくみ〈クロック周波数①〉································32
CPUが高速に動くしくみ〈クロック周波数②〉································34
CPUが高速に動くしくみ〈パイプライン処理〉································36
CPUが高速に動くしくみ〈スーパースケーラ〉································38
CPUが高速に動くしくみ〈マルチコア〉··40
CPUとキャッシュメモリの連携のしくみ① ·····································42
CPUとキャッシュメモリの連携のしくみ② ·····································44
Core i7のしくみ① ···46
Core i7のしくみ② ···48

第3章　メモリが高速に動くしくみ ································49
メモリの役割とアドレスのしくみ ···50

ダイナミックRAMのしくみ〈マトリックス回路〉……………………52
　　CPUがデータをメモリから読み込むしくみ①……………………54
　　CPUがデータをメモリから読み込むしくみ②……………………56
　　CPUがデータをメモリに書き込むしくみ……………………………58
　　メモリの進化と最先端のメモリ…………………………………………60

第4章　高速LSIを製造するしくみ……………61

　　トランジスタの製造プロセスを眺める………………………………62
　　シリコンインゴットの製造プロセス……………………………………64
　　シリコンウェハの製造プロセス…………………………………………66
　　CMOS型トランジスタの製造プロセス①………………………………68
　　CMOS型トランジスタの製造プロセス②………………………………70
　　CMOS型トランジスタの製造プロセス③………………………………72
　　MOS型トランジスタの後工程……………………………………………74

第5章　マザーボードが高速に動くしくみ………75

　　マザーボードの全体を眺める……………………………………………76
　　チップセットが高速に動くしくみ①……………………………………78
　　チップセットが高速に動くしくみ②……………………………………80
　　バスが高速に動くしくみ①………………………………………………82
　　バスが高速に動くしくみ②………………………………………………84
　　CPUが外部のI/O機器にアクセスするしくみ…………………………86

第6章　3Dグラフィックスと
　　　　　グラフィックスカードのしくみ…………87

　　グラフィックスカードの全体像を眺める………………………………88
　　ディスプレイに画像が表示されるしくみ①……………………………90
　　ディスプレイに画像が表示されるしくみ②……………………………92
　　グラフィックスカードが高速に動くしくみ①…………………………94
　　グラフィックスカードが高速に動くしくみ②…………………………96
　　3Dグラフィックスのしくみ①……………………………………………98
　　3Dグラフィックスのしくみ②……………………………………………100
　　3DグラフィックスとDirectXのしくみ…………………………………102

第7章　OSとアプリケーションソフトが
　　　　　高速に動くしくみ………………………103

　　絵で見て分かるOSの役割………………………………………………104
　　OSのカーネルの役割①…………………………………………………106

OSのカーネルの役割②……………………………………………108
OSのカーネルの役割③……………………………………………110
OSのUSERとGDIの役割…………………………………………112
カーネルとAPIの関係………………………………………………114
GUIとAPIの関係……………………………………………………116
OSの種類………………………………………………………………118
アプリケーションの使用形態……………………………………120
常駐プログラムのお話………………………………………………122

第8章　データ入力機器でデータが入力されるしくみ……123

キーボードのしくみ…………………………………………………124
マウスの構造と動くしくみ………………………………………126
光学式マウスの動くしくみ………………………………………128
タッチパッドの入力のしくみ……………………………………130
ペンタブレットの入力のしくみ…………………………………132
タブレットPCの入力のしくみ…………………………………134

第9章　ディスプレイが画像を表示するしくみ……135

CRTディスプレイの画像表示のしくみ…………………………136
液晶ディスプレイの画像表示のしくみ…………………………138
次世代ディスプレイの画像表示のしくみ………………………140
タッチパネルの画像表示のしくみ………………………………142
3Dディスプレイの画像表示のしくみ…………………………144
電子ペーパーの画像表示のしくみ………………………………146

第10章　ハードディスクの高速アクセスのしくみ……147

ハードディスクのしくみ……………………………………………148
磁気ヘッドのしくみ①………………………………………………150
磁気ヘッドのしくみ②………………………………………………152
磁気記録方式のしくみ………………………………………………154
フォーマットのしくみ①……………………………………………156
フォーマットのしくみ②……………………………………………158
クラスタ、ディレクトリ、FATの構造①………………………160
クラスタ、ディレクトリ、FATの構造②………………………162
ファイルの保存のしくみ……………………………………………164

ファイルの追加のしくみ･･････････････････････166
ファイルの読み込みと削除のしくみ･･･････････168
ファイルの削除と追加のしくみ･･･････････････170
ファイルの復活のしくみ･･････････････････････172
FATとNTFSの違い･･････････････････････････174

第11章　光ディスクの高密度・高速アクセスのしくみ ･･･ **175**

光ディスク･･････････････････････････････････176
再生専用のDVDのしくみ･････････････････････178
再生・記録用のDVDのしくみ････････････････180
BDの特徴･･････････････････････････････････182
BDの高密度保存のしくみ････････････････････184
映像データの圧縮方式･･･････････････････････186

第12章　フラッシュメモリのしくみ ･･･ **187**

フラッシュメモリの種類･･････････････････････188
USBメモリのしくみ･････････････････････････190
フラッシュメモリの構造･･････････････････････192
NAND型とNOR型のしくみ･･････････････････194
フラッシュメモリの書き換え回数･･････････････196
キャッシュメモリとして利用するしくみ････････198

第13章　プリンタのしくみ ･･･ **199**

印刷のしくみ････････････････････････････････200
インクジェットプリンタのしくみ･･････････････202
ページプリンタのしくみ･･････････････････････204
カラーページプリンタのしくみ････････････････206
スキャナのしくみ････････････････････････････208
ネットワーク複合機のしくみ･･････････････････210

第14章　インターネット機器のしくみ ･･･ **211**

モデムのしくみ①･･･････････････････････････212
モデムのしくみ②･･･････････････････････････214
ADSLのしくみ･････････････････････････････216

さくいん････････････････････････････････････217

はじめに

　2006年に、この『カラー版 徹底図解』シリーズで執筆した「パソコンのしくみ」では、パソコンについての基本的なしくみから最先端技術までを説明し、多くの皆様に今もなお、ご支持をいただいております。

　その姉妹書となる本書では『動く』という視点からパソコンに関する様々なハードウェアのしくみを「難しそう」から「面白そう」と思っていただけるようにと心掛け執筆しました。

　例えば、第1章では「パソコンが起動する→OSが起動する→アプリケーションが起動する」という一連の流れを追って、その動くしくみ説明しています。

　第2章以降では
　　「新しく登場したCPUが何故高速に動くのか？」
　　「メモリ、チップセットの動くしくみはどうなのか？」
　等々パソコンに興味があれば是非知っておきたい内容を網羅しました。

　さらには「LSIの製造プロセス」、「グラフィックスカード」「フラッシュメモリ」なども難解さを感じさせず、誰にでも理解できるように説明しています。

　本書は必ずしも順序だてて読む必要はなく、興味深い項目から読んでも構いません。気軽に楽しみながら読んでください。

　パソコンが動くしくみを理解していただき、皆さんのこれからのパソコンライフのお役に立てれば幸いです。

第1章
パソコンが起動するしくみ

パソコンの内部を見る①

Key word **デスクトップパソコン** デスクトップ、つまり机の上に置いて使うパソコンのこと。

1-1 デスクトップパソコンの内部構造

電源ユニット
すべての部品に電源を供給する場所。

カバー

スーパーマルチドライブ
CD-ROMやDVDからアプリケーションや動画を読み込んでくる装置。

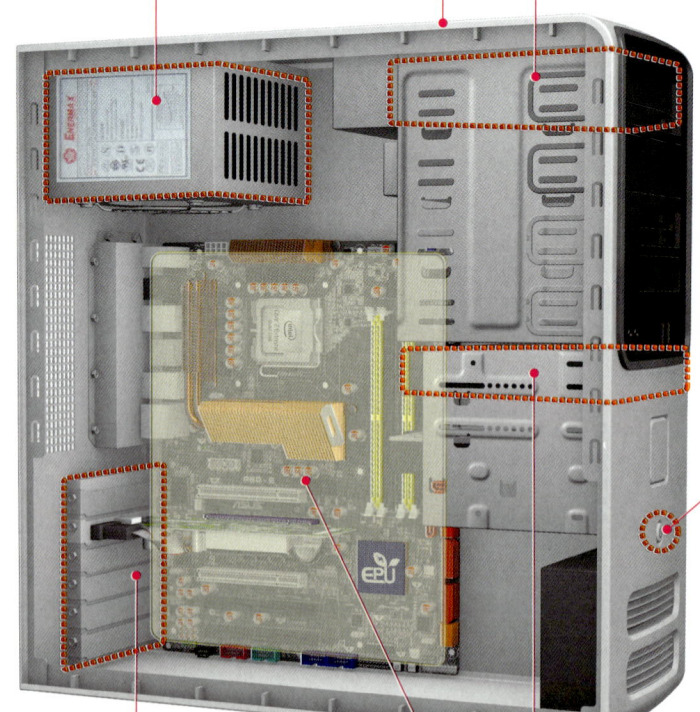

電源スイッチ

拡張スロット
パソコンに機能を追加するために、カバーに設けられたスペース。

マザーボード
パソコンが動作する際に必要なほとんどの機器が搭載されている（図1-2参照）。

ハードディスクドライブ
大容量の記憶装置。容量は一般的に数百GBとなる。必要に応じてCPUはここにアクセスして、ソフトウェアやデータを読み書きする。

知っ得 最近では、スーパーマルチドライブの代りにブルーレイドライブが搭載されている場合もある。このドライブはすべてのCDとDVDの読み書きをすることができる。

デスクトップパソコンの内部を見る

　パソコンにはデスクトップパソコンとノートパソコンがある。ここでは、パソコンが起動するしくみを説明する前に、パソコンの内部のしくみをさっと見ていくことにしよう。

　デスクトップパソコンは、机の上に置いて使うパソコンであり、本体とディスプレイ、そしてキーボードが離れている。ノートパソコンとの決定的な違いは、本体に拡張スロットがいくつか設置されており、ここに、グラフィックスカード、サウンドカード、ネットワークカードなどを差し込んで機能を拡張できる。ただし、最近は最初から上記の機能がマザーボードに搭載さており、拡張カードを差し込まなくても基本的な利用はできる。

　もう1つデスクトップパソコンの長所は、ノートパソコンに比べると価格が安く、同じ価格なら高機能なものが購入できるということである。

1-2 マザーボード上の主な部品

背面インターフェイス
マウスやキーボード、スピーカー、マイク、USBなどのポートを1箇所に集めている。

CPU
ユーザーが入力した命令を処理する装置のことでパソコンの頭脳に相当する。

グラフィックスカード
データを処理してディスプレイに出力するための装置。

ノースブリッジ
CPUとメモリ、CPUとグラフィックスカードの間でデータを高速にやり取りさせる装置。ファンの下に位置する。

拡張スロット
拡張カードを挿入して機能を追加する。

BIOS
パソコンの起動には欠かせない重要なプログラムで、パソコンの電源を入れると、CPUはまっ先にこのBIOSにアクセスする。最近ではフラッシュメモリを使用。

サウスブリッジ
CPUと入出力機器の間でデータを高速にやりとりさせる装置。なお、入出力機器というのはマウス、キーボード、プリンタなどである。

メモリ
CPUが処理した結果としてのデータを記憶する装置。

豆知識 PCI Express x16グラフィックスカードは動画もなめらかに表示する装置である。

パソコンの内部を見る②

Key word ネットブック　ノートパソコンとPDA（携帯情報端末）との中間に位置するパソコンでもっぱらインターネットを使うのに用いられる。

ノートパソコンの内部を見る

　ノートパソコンというのは、ノートのように持ち運び自由なパソコンのことであり、外出先で仕事や趣味に使うのに使われる。デスクトップパソコンとの決定的な違いは、パソコン本体とディスプレイ、キーボードなどが一体になっており、マウスに代わってタッチパッドが用意されていることである。

　最近は、5万円パソコンと呼ばれるミニノートパソコンが普及している。このミニノートパソコンは別名「ネットブック」と呼ばれており、ノートパソコンとPDA（携帯情報端末）との中間に位置するパソコンである。もっぱらインターネットを使うのに用いられる（図1-3）。

1-3 ミニノートパソコン

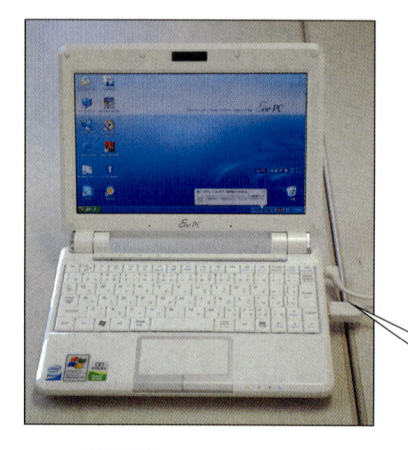

タッチパッド
ノートパソコンの標準的な入力装置。平板状のセンサーを指でなぞることでマウスの役割を果たす。

サウスブリッジ
第5章で説明。

CPU
第2章で説明。

ハードディスク
ノートパソコンに搭載されているハードディスクはデスクトップ用よりもひとまわり小さい。

メモリ
第3章で説明。

バッテリーパック
ノートパソコンが動作するための電源はACアダプタとバッテリーから供給される。使用されているバッテリーは、リチウムイオン電池。携帯電話などでも使用されている。

「ASUS Eee PC 901-X」のミニノートパソコン。約1.1kgの軽量でコンパクトな本体。記憶装置はHDDでなくSSD（P24参照）を搭載している。

知っ得　最近のノートパソコンやネットブックには、IEEE802.11b/g/nに対応した無線LANアダプタが搭載されているものが多い。

1-4 ノートパソコンの内部構造

第1章

液晶ディスプレイ
液晶を利用した表示装置。他の表示装置に比べて薄くて軽いので、多くのパソコンに用いられる。

キーボード
ノートパソコンのキーボードは全体を薄く作る必要があるため、パンタグラフ式のキーボードを採用。ストロークが短くても動作が安定していて、薄型が特長。

ノースブリッジ
第5章で説明。

ACアダプタ接続口

スーパーマルチドライブ
CD-ROMやDVDからアプリケーションや動画を読み込んでくる装置。スーパーマルチドライブの代りにブルーレイドライブが搭載されている場合もある。このドライブはすべてのCDとDVDの読み書きをすることができる。

豆知識 ネットブックはインターネットをするのが主なため、スーパーマルチドライブはほとんど搭載されていない。必要な場合は外付けのドライブを別途用意する。

パソコンが起動するしくみ ①

> **Key word** **クロック周波数** パソコンの電源を入れると、発信されるクロック周波数に合わせてCPUやその他のパーツが動き出す。

パソコンのスイッチ・オン

　ここでは、パソコンの起動時にハードがどのように始動し、立ち上がっていくかを紹介しよう。パソコンのスイッチを入れると、パソコンは一定の処理をして15秒から25秒くらいで起動してWindowsの画面が表示される。このようにパソコンのスイッチを入れてからパソコンが起動するまでの道筋をたどってみよう。

　まず、パソコンのスイッチを入れると、マザーボードという基盤に取り付けられたCPUやメモリ、その他のパーツに電流が流れる。このように電流が流れると、同じマザーボードに取り付けられている**クロックジェネレータ**という装置が一定の周波数の**クロック周波数**という信号を発信するのだ。このクロック周波数というのは**クロック信号**ともいい、時計の秒針の音のように、カチカチとリズミカルに発信される信号であり、この周波数のリズムに合わせてCPUやその他のパーツが動く。したがって、クロック周波数が速ければ、パソコン全体の動作も速くなるのだが、このことについては第2章でくわしく説明することにする。

　このように、パソコンのスイッチを入れると、**パーツに電流が流れ、クロック周波数が発生してCPUやメモリなどが動き出す**ことがパソコンの起動の第一歩となる。

1-5 パソコンを起動する

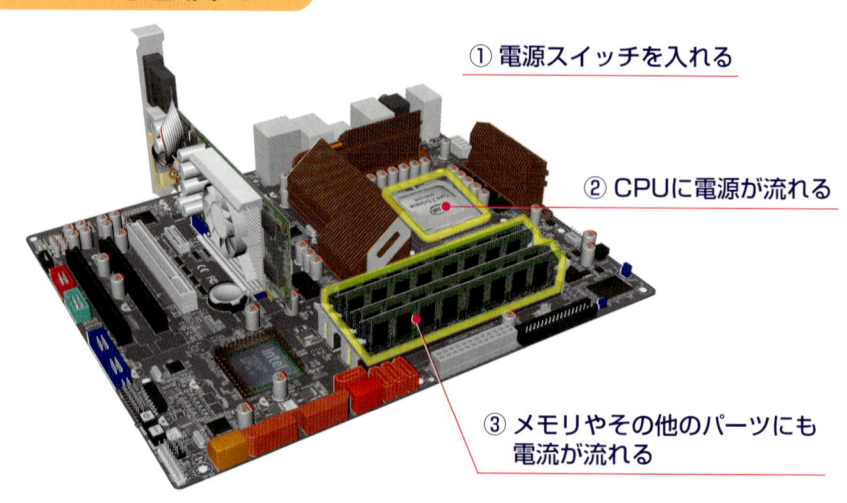

① 電源スイッチを入れる
② CPUに電源が流れる
③ メモリやその他のパーツにも電流が流れる

> **知っ得** パソコンのCPUは「Core2Duo 2.4GB」というように表示されるが、この「2.GB」はクロック周波数を表している。

1-6 クロック周波数が発生してCPUやその他のパーツが動き出す

① すべてのパーツに電流が流れる

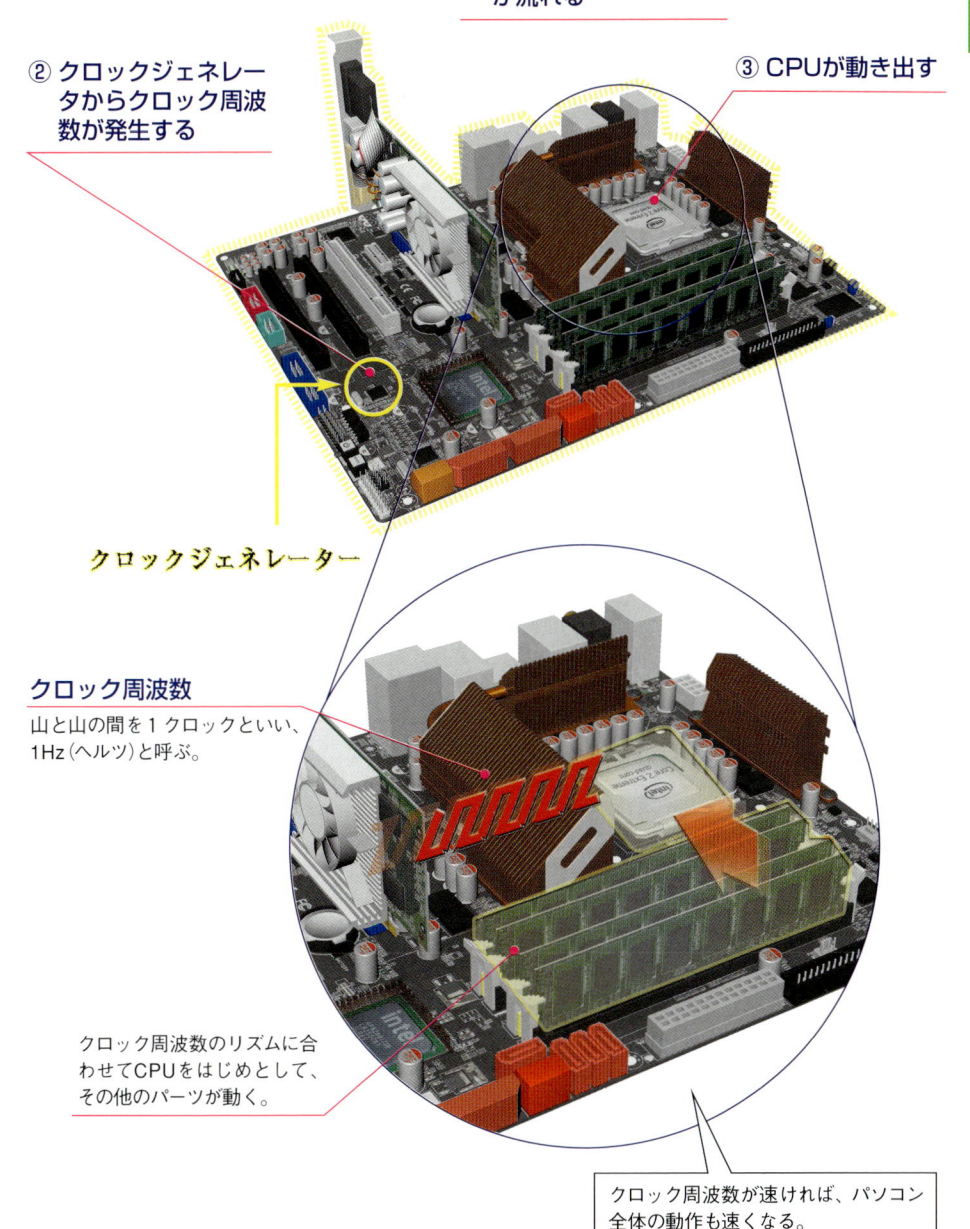

② クロックジェネレータからクロック周波数が発生する

③ CPUが動き出す

クロックジェネレーター

クロック周波数
山と山の間を1クロックといい、1Hz（ヘルツ）と呼ぶ。

クロック周波数のリズムに合わせてCPUをはじめとして、その他のパーツが動く。

クロック周波数が速ければ、パソコン全体の動作も速くなる。

> **豆知識** クロックジェネレータには水晶振動子が使われ、一定の電圧をかければクロック周波数を出す性質を持つ。

パソコンが起動するしくみ ②

Key word **BIOS** パソコンを起動するプログラムが記録されているメモリの1つ。従来はROMとも呼ばれていた。

BIOSの登場

　CPUが動き出すと、CPUは、まずマザーボードに取り付けられているBIOS（バイオス-Basic Input Output System）という半導体に記憶されている**起動プログラム**をメモリに読み込んでくる。このBIOSというのはメモリの一種で、いわゆる書き換え可能なフラッシュメモリが使われている。ここにパソコンの起動に必要なプログラムが記憶されているのだ。

　このBIOSから呼び出された起動プログラムは、まず**グラフィックスカード**を**初期化**する。このグラフィックスカードというのは、パソコンのディスプレイに文字や画像を表示するときに使う装置で、これが使えるように準備することをグラフィックスカードの初期化という。

　その後で更に、メモリ、ハードディスク、DVD-ROMドライブ、キーボード、マウスなどに異常がないかをチェックする。もし、これらの装置に何らかの問題があれば、直ちにビービーという**ビープ音**を出して起動を中断してしまうのだ。

IPLの働き

　この作業を終了したら、次にCPUはいよいよOSを起動するプログラムをハードディスクに探しにいく。ハードディスクの一番外側のトラックの最初のセクターに**IPL**（Initial Program Loader）と呼ばれるプログラムがあり、これをメモリに読み込んでくるのだ。

　このIPLというのは、ハードディスクの内側にあるOS、つまりWindowsを読み込むために一番最初に起動するプログラムで、このIPLがメモリに呼び込まれると、CPUはそのプログラムの命令にしたがって、Windowsを読み込むというわけだ。ちなみに、このIPLは**ブート・ストラップ・ローダー**とも呼ばれており、ブーツ（なが靴）の後ろの上についている「つまみ革」のことで、これを引っ張ることによってOSというブーツを上に引き上げることを意味する。

　以上のようにして、Windowsが読み込まれると本格的にパソコンの起動へと進んでいくのである。

知っ得 BIOSは最初はROMという書き換え不可能なメモリであったが、最近はフラッシュメモリという書き換え可能なメモリになった。

1-7 BIOSから起動プログラムを読み込む

① CPUはBIOSから起動プログラムを読み込む

② グラフィックスカードを初期化する

BIOS

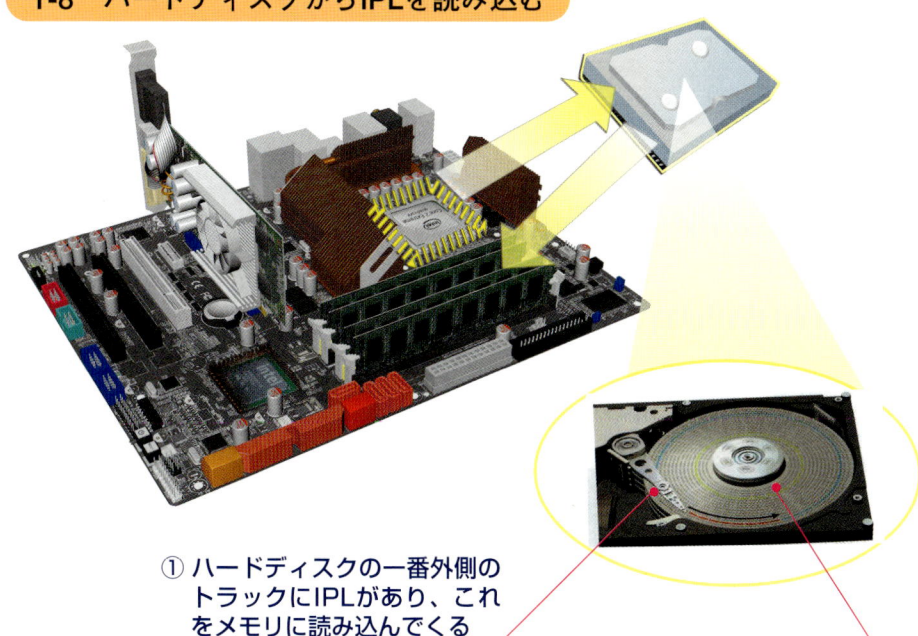

③ メモリをはじめとして、ハードディスク、DVD-ROMドライブ、キーボード、マウスなど異常がないかチェックする

1-8 ハードディスクからIPLを読み込む

① ハードディスクの一番外側のトラックにIPLがあり、これをメモリに読み込んでくる

② ハードディスクの内側にあるWindowsがあり、これを読み込んでくる

豆知識 グラフィックスカードというのは画面に画像を表示するときに使う基盤のこと。

OSが起動して画面に表示するしくみ ①

Key word **カーネル** OSのもっとも核心的なプログラムのこと。これがないとメモリやファイルの管理などのOSの機能がはたせない。

Windowsのカーネルが起動

　BIOSの起動プログラムがハードディスクからIPLを読み込むと、次はIPLがWindowsのシステムファイルである「ntoskrnl.exe」などをメモリに呼び込む。Windowsのシステムファイルは、**中核的なファイルと周辺的なファイル**に分かれるが、この「ntoskrnl.exe」は中核的なファイルである。このように、Windowsの中核的なファイルを**Windowsのカーネル**という。このカーネルがメモリに呼び込まれ**Windowsのロゴマーク**が表示されパソコンを動かすための最初の準備ができるのだ。

　ちなみに、このカーネルがメモリに読み込まれることによって、私たちはアプリケーションソフトをインストールしたり、起動したり、またそのアプリケーションソフトを使って作成したデータを印刷することができるのである。

ドライバの起動

　Windowsのシステムファイルが読み込まれると、今度はそのWindowsのシステムファイルがハードディスクからディスプレイやプリンタ、その他の周辺機器を動かすためのプログラムを読み込み、その周辺機器を使う準備をする。どのような周辺機器であっても、それを動かすにはプログラムが必要で、このようなプログラムのことを**デバイスドライバ**、略して**ドライバ**という。Windowsのシステムファイルは、このドライバをメモリに読み込むのだ。

ユーザーログオンの表示

　Windowsのカーネルがドライバを読み込んだら、その後で「winlogon.exe」というプログラムを読み込み、それを起動して**ユーザーログオン画面を表示**することになる。この画面はユーザーにIDとパスワードを入力させるもので、そこにIDとパスワードを入力すると「Explorer.exe」が起動して**デスクトップ**が表示されるという手順になる。

知っ得 プリンタ用のドライバは機種ごとに異なる。同じように、すべての周辺機器のドライバは機種ごとに異なるのである。

常駐プログラムの起動

このように、「Explorer.exe」が起動してデスクトップが表示されると、最後に常駐プログラムが起動される。例えば、ウイルス対策ソフトがインストールされていると、それが起動し画面の右下にアイコンが表示される。また、Vistaではガジェットが表示されるが、それも常駐プログラムとして画面に表示されるのだ。

1-9 カーネルの起動とその他のプログラムの起動

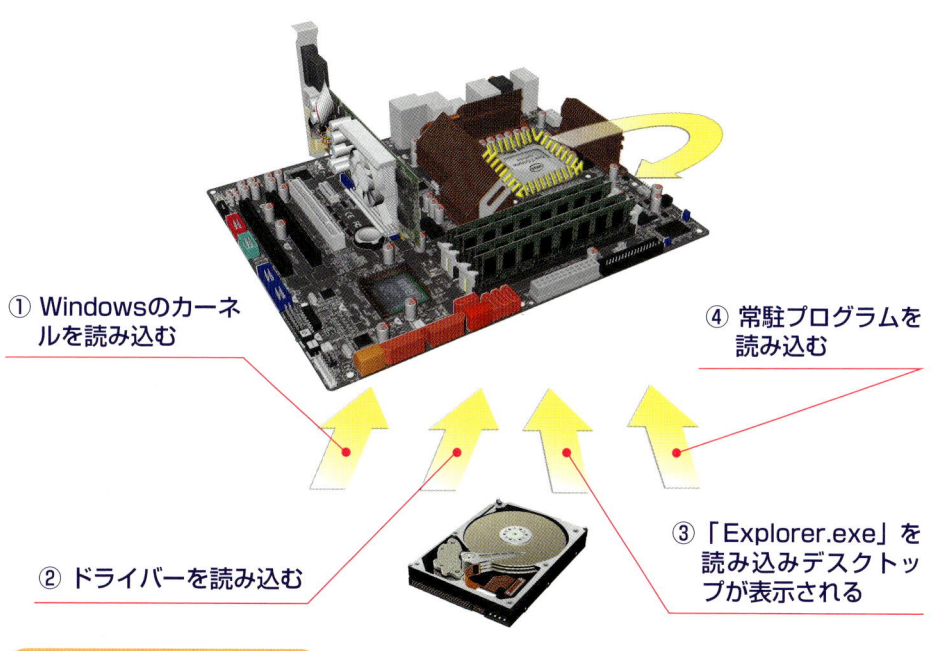

① Windowsのカーネルを読み込む

② ドライバーを読み込む

③ 「Explorer.exe」を読み込みデスクトップが表示される

④ 常駐プログラムを読み込む

1-10 パソコンの起動

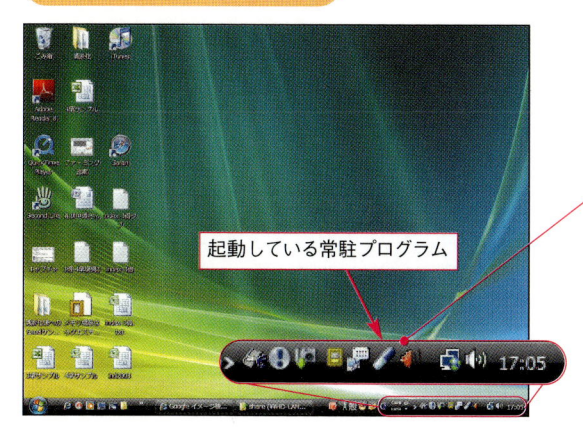

起動している常駐プログラム

常駐プログラム
「Explorer.exe」が起動してデスクトップを表示すると常駐プログラムが起動され、画面の右下にアイコンとして表示される。この常駐プログラムが多いとパソコンの起動が遅れるので、不要な常駐プログラムは起動しないほうがいい。

豆知識 周辺機器を取り換えたら、その新しい周辺機器用のドライバをインストールしなければならない。

OSが起動して画面に表示するしくみ ②

Key word RGB　パソコンの画像を構成する光の3原色のことで、RED（赤）、GREEN（緑）、BLUE（青）の3つの色が合成されて画像の色となる。

Windowsが起動

　常駐プログラムがすべて起動すると、Windowsが起動した状態、つまりパソコンが起動した状態となる。画面を見る限り、Windowsは何にもしないで静止しているように見えるが、実は画面右下に表示される時計を進行させたり、ユーザーのマウスやキーボードからの命令を待っているのだ。

　したがって、ユーザーが画面左下の「スタート」ボタンをクリックして、例えばWordをクリックすると、Windowsはハードディスクの中から、そのソフトを読み込んでメモリに書き込んで起動する。その他のアプリケーションも同じようにして起動する。これがアプリケーションの実行ということになる。

画像や文字が画面に表示されるしくみ

　以上がWindowsが起動して画面表示される手順だが、ここではWindows上に表示される画像や文字が、どのようなしくみで表示されるのかを簡単に説明する。詳しくは第6章を読んでいただきたい。

　私たちがパソコンの画面上に画像や文字を見ているとき、そのような画像や文字はディスプレイ上には1枚のように表示されているが、実際には3枚の画像が合成されて1枚として表示されている。この3枚の画像を「3枚の画面」としてイメージしてもよい。そして、それぞれの3枚の画像のうちの1枚目は赤（Red）を表示し、2枚目は緑（Green）、3枚目は青（Blue）を表示しているのだ。ちなみに、この赤、緑、青をまとめてRGBと呼ぶことが多い。

　このように画面上に表示されている画像は小さな点の連続、つまりピクセルで構成されているが、このピクセルの連続で3枚の画像が表示されたものを合成して1枚として表示されているのだ。

　さて、このような画面を表示するためにグラフィックスカードというものがパソコン本体には搭載されており、ここにGPUという画像処理専門の半導体とグラフィックスメモリが搭載されている。そして、私たちが一定の画像を描くと、それがGPUを通してグラフィックスメモリに記憶される。このグラフィックスメモリは3種類に分かれ、それぞれに赤、青、緑が記憶される。そして、これが3枚の画像に反映され、合成されて画面上には1つの画像として表示されるのだ。

　次に文字を表示させるには2つの方式がある。1つは**ビットマップ方式**といい、

知っ得　デスクトップの表示の後、Windowsは画面上に表示されているアイコンのリンク先をチェックする。このアイコンの数が多いとパソコンの起動が遅くなる。

2つ目は**アウトライン方式**という。この2つの方式は第6章で詳しく説明するが、ここでは簡単に説明しておく。まず、ビットマップ方式というのは、メインメモリのなかに24×24ドットのマス目を作り、そこに表示させるドットを1、表示させないドットを0として記憶させて文字を形成するのだ。また、アウトライン方式というのは、一定間隔のポイントを線で結んで文字を形成するのだ。

このどちらにしても、これをグラフィックメモリに記憶させれば、それが画面上に文字として表示されることになる。以上から理解できるように、私たちが画像や文字を作成すると、それがグラフィックメモリに記憶されて、それがディスプレイに表示されるのだ。

1-11 画像が表示されるしくみ

画像はピクセルの連続で構成される。

RGBの3色が合成されて画像や文字が表示される。

赤の表示を担当する　　緑の表示を担当する　　青の表示を担当する

1-12 文字が表示されるしくみ

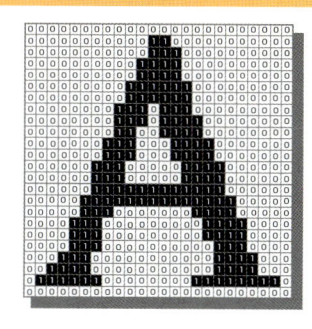

ビットマップフォント
このように、表示させたい文字を1というデータで埋める。

アウトラインフォントフォント
このように、一定間隔のポイントを線で結ぶ。

> **豆知識** デスクトップの表示の後で常駐プログラムが起動するので、これが多いとそれだけパソコンの起動が遅くなる。

アプリケーションが起動するしくみ

Key word **アプリケーションの起動** アプリケーションのショートカットをクリックしてから、そのプログラムがメモリに記憶されて画面に表示されること。

イベント・ドリブンから開始

　パソコンのスイッチを入れると、いろいろな処理をし、Windowsを起動させて静止して待つ。Wordといったアプリケーションを起動させる際には、画面左下の「スタート」ボタンをクリックして「Word」をクリックすると、どのような手順で指示されたかを**ハードウェア・メッセージ・キュー**に一旦記憶させる。このように、Windowsが待機している間に、マウスであれキーボードであれ、何らかの命令を与えることを**イベント（event）**といい、このイベントを受け取ってから動作する方式を**イベント・ドリブン（Driven）**方式という。

アプリケーションの実行ファイルを探す

　この後は、Windowsは「ハードウェア・メッセージ・キュー」からWordを起動させるといった命令情報を受け取り、ハードディスクから「Word」のプログラム本体である「WINWORD.EXE」を探す。一般的にWordに限らず、この「EXE」という拡張子を持つプログラムが、そのソフトの実行ファイル本体である。そして、次にその「EXE」ファイルと共に動作する「DLL」という拡張子を持つファイルを探すことになる。この「DLL」ファイルというのは、「EXE」ファイルと共に動くサブファイルで、これなしにはWordはワープロとして機能しなくなるものである。例えば私たちがWordの画面上で何らかの操作をするとワープロ機能とは別に入力場所として提示するウィンドウなどが「DLL」ファイルから実行されたものだ。

アプリケーションの起動

　Windowsは「EXE」ファイルと「DLL」ファイルを探したら、そのファイルをメモリの空いている領域に次々に記憶させていく。そして、メモリに空き容量がなくなったら、残りをハードディスクに記憶させ円滑に動かしていく。このようにして、Wordのファイルをメモリやハードディスクなどの記憶装置に一旦記憶させてからWordを起動する。その後、画面上に表示されたWordはユーザーからの命令をじっと待つことになり、このアプリケーションが待ちの状態になることを**メッセージ・ループ**という。

　なお、このようにアプリケーションの画面が表示された状態であっても、そこでマウスやキーボードなどから何らかの

知っ得 DLLファイルはEXEファイルとセットで使われるものである。

データや命令を入力すると、そのデータや命令はいったんWindowsのハードウェア・メッセージ・キューに再び記憶され、それがWordの**メッセージ・キュー**に引き渡されるのだ。それから、Wordが、それが文字であればそれを画面上に表示することになる。

1-13 画像や文字が表示されるしくみ

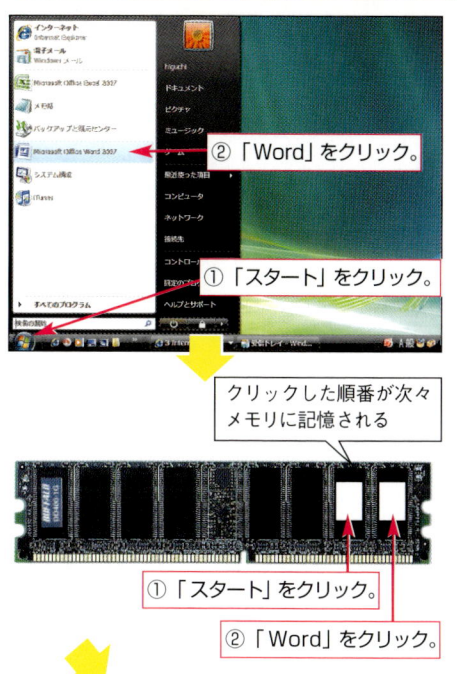

イベント・ドリブン方式

『「スタート」ボタンをクリックするとメニューが表示され、「Word」をクリックする』というように、Windowsが待機しているときに、何らかの操作をして動きだすことをイベント・ドリブン方式という。

① 「スタート」をクリック。
② 「Word」をクリック。

ハードウェア・メッセージ・キュー

最初に操作した「スタート」→「Word」といった指示が来たかを判別するため手順をメモリに記憶させる。そして、この後でWindowsはユーザーが「Word」を選択したと判断し、Wordの起動に入るのだ。
もし、デスクトップの「Word」のショートカットをクリックしたとしても、ハードウェア・メッセージ・キューには「Wordのショートカット」→「Word」という情報が順番に記憶され、WindowsはWordのショートカットからリンク先のWordを探しWordの起動に入る。このように、最初に何をクリックしたかによってWordの探し方が異なるのでハードウェア・メッセージ・キューには最初から手順が記憶されるのだ。

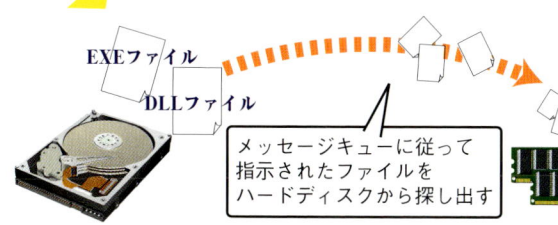

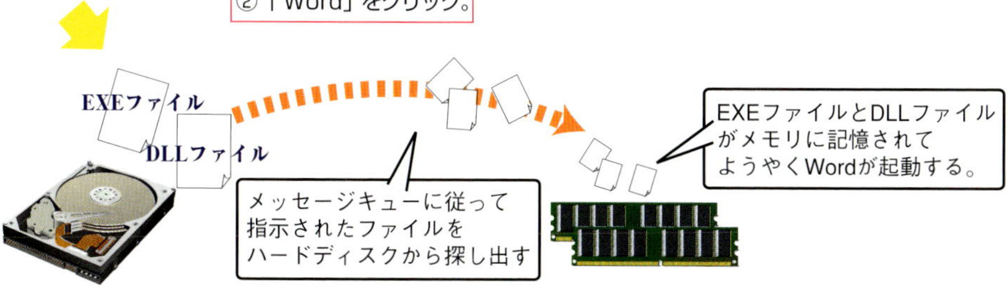

クリックした順番が次々メモリに記憶される

① 「スタート」をクリック。
② 「Word」をクリック。

EXEファイル
DLLファイル

メッセージキューに従って指示されたファイルをハードディスクから探し出す

EXEファイルとDLLファイルがメモリに記憶されてようやくWordが起動する。

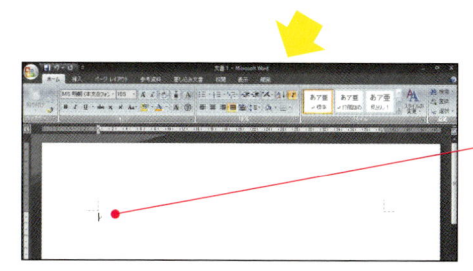

メッセージ・ループ

このようにWordが起動した。画面上に表示されたWordはユーザーからの命令をじっと待つことになり、このアプリケーションが待ちの状態になることをメッセージ・ループという。

豆知識 多くのDLLファイルは複数のアプリケーションの共有となっている。したがって安易に削除してはならない。

ハイブリッド・ハードドライブのしくみ

> **Key word** ハイブリッド・ハードドライブ　ハードディスクにフラッシュメモリを搭載して、頻繁に使うプログラムをそこから読み込むこと。

ハードディスクからの起動のしくみ

　従来のハードディスクからの起動では、パソコンのスイッチを入れるとCPUはハードディスクからWindowsのシステムファイルを読み込んでくる。

　このときハードディスクのプラッタという円盤が回転し、ハードディスクの磁気ヘッドが目的のトラックに移動してファイルを読み込む。そこで、プラッタが回転し磁気ヘッドが目的のトラックに移動するのに時間がかかる。

　このことはパソコンが起動するときだけではなく、起動した後で何らかのプログラムやファイルを読み込むときも同じで、やはりプラッタが回転し磁気ヘッドが目的のトラックに移動するのに時間がかかりパソコンの動作が遅くなる。

　また、ファイルを読み込むたびにプラッタが回転するから壊れやすくなり、消費電力もかかる。このことから、ハードディスクでは動作が遅い、壊れやすい、そして消費電力がかかるという短所が浮かび上がるのである。

ハイブリッド・ハードドライブのしくみ

　このように、動作速度、壊れやすい、そして消費電力の問題を解決するためにハイブリッド・ハードドライブが登場した。ハイブリッド・ハードドライブでは、ハードディスクの内部にプラッタと共にフラッシュメモリを搭載しておき、パソコンの起動に必要なWindowsのシステムファイルや頻繁に使うプログラムやファイルは、あらかじめ記憶させておく。

　そして、ハードディスクからファイルを読み込むときは、頻繁に使うファイルは**フラッシュメモリ**から読み込んで、フラッシュメモリに存在しないプログラムやファイルはハードディスクから読み込んでくるようにしておく。フラッシュメモリは、メモリと同様、プラッタよりも動作速度が格段速いのでこのようにすれば、パソコンの動作時間は短くなり消費電力も少なくなる。

　ハイブリッド・ハードドライブのメリットは、何といっても起動や起動後の動作が速くなること、壊れにくいこと、そして消費電力が少ないことである。最近は、フラッシュメモリの価格が下がっていることから以上のようなハイブリッド・ハードドライブを搭載しているパソコンが急速に多くなることが期待されている。

知っ得　平均シーク時間とは、ハードディスクの磁気ヘッドがデータを読み書きする場所（セクター）まで移動する時間のこと。

1-14 ハードディスクからの起動

① プラッタが回転する

② 磁気ヘッドが目的のトラックに移動する

このような動作が頻繁に起きるとパソコンの起動や動作が遅くなり、消費電力も多くなりコストがかかる。

③ プログラムを読み込む

1-15 ハイブリッド・ハードドライブの動作のしくみ

フラッシュメモリ

プラッタよりも動作が速いWindowsのシステムファイルや頻繁に使うプログラムは、あらかじめここに記録。起動時には、ここにあるプログラムを読み込むので高速化が図れる。

豆知識 ハイブリッド・ハードドライブは消費電力が少なくなるので、特にノートパソコンでバッテリだけで使用している時に有益である。

SSD (Solid State Drive) のしくみ

> **Key word**
> **SSD** フラッシュメモリをハードディスクの代わりに用いるドライブのこと。Solid State Driveの略。

SSDのしくみ

　内蔵ハードディスクの代わりにフラッシュメモリを使ったドライブをSSDという。したがって、パソコンを起動したり、アプリケーションを使うときにプログラムをこのSSDから読み書きする。Solid State Driveの略で「半導体ドライブ」の意味だが、今では「エスエスディ」と呼ぶのが主流である。

ハイブリッド・ハードドライブとの比較

　ハイブリッド・ハードドライブでは、頻繁に読み書きするファイルはフラッシュメモリを使うが、そうでないファイルはハードディスクを使う。

　したがって、そのハードディスクを使うときは、消費電力がかかり、壊れやすい。SSDはこのようなことが少ないので優れている。

　以上のように、すべての面でSSDが優れているが、問題は価格である。ハードディスクは販売個数が多いことがあって価格はかなり安いがSSDは高い。そこで、5万円台のミニパソコンのようにSSDに収めるファイルが小さくて、もっぱら通信に使われるようなパソコンにはSSDが使われている。将来にかけて、フラッシュメモリの価格が下がってくればハイエンドパソコンにも搭載される可能性は高くなる。

1-16 ハードディスクにとってかわるSSD

64GB当たりハードディスクの価格は約4000円だがSSDは2万円台である。しかし、SSDの価格は急速に下がっている。

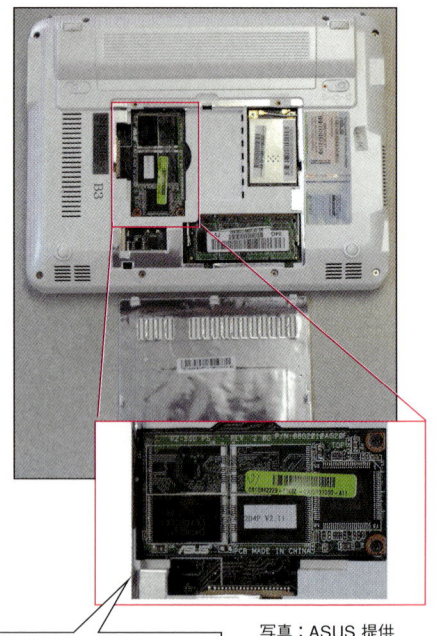

写真：ASUS 提供

知っ得 5万円パソコンというのはASUS社が発売した「Eee PC」シリーズが発端で機能を制限して価格を下げている。

第2章

CPUが高速に動くしくみ

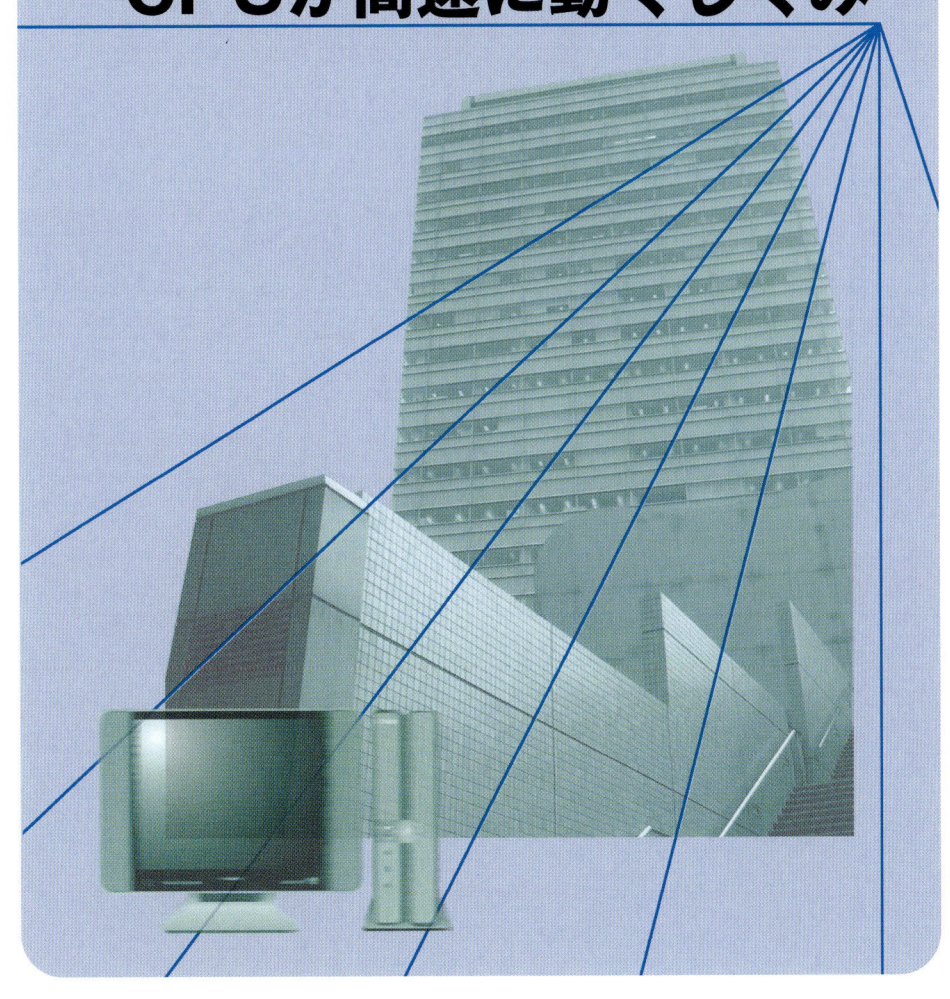

CPUが動くしくみ ①

Key word
CPU 人間から与えられた命令を実行する装置。中央演算処理装置ともいう。

パソコンの頭脳はCPU

　会社などで、上司が部下に仕事をさせるときは命令を与える。このとき、1つひとつの命令を与えるというよりも、その日に行うことを順序よく箇条書きにして並べたものを渡すことが多い。そのようにすれば、部下は仕事をしやすいからである。

　これと同じように、私たちがパソコンに何らかの仕事をさせるときは命令を与えるが、やはり命令を一定の手順で書いたものを渡す。そうすると、パソコンの中のCPUは、それをいったん**メモリ**という装置に記憶させてから、そこから1つずつ取り出して実行していく。

　ちなみに、このように命令を一定の手順で書いたものを**プログラム**といい、これをDVDに収めているものを**アプリケーションソフト**、または**ソフトウェア**という。私たちがアプリケーションソフトをパソコンのハードディスクにインストールし、それを起動すると、CPUはそれをハードディスクからメモリに記憶させ、そこから命令を取り出して実行するのである。

　さて、このように人間の頭脳は命令をいったん記憶してから実行するが、CPUの場合は命令をすべてメモリという記憶装置に記憶させてから、最初から1つずつ取り出して実行していく。したがって、パソコンの場合は記憶する場所と実行する場所が異なり、**記憶する装置がメモリで、実行する装置がCPU**である。

CPUがメモリに命令を記憶させるしくみ

　さて、メモリというものは小さな小部屋に分かれており、この1つひとつの小部屋に命令やデータが記憶できるようになっている。この小部屋1つの大きさは、aやbやcのように半角文字にして1文字分が入る大きさであり、これを1バイト分の大きさと呼んでいる。

　また、それぞれの小部屋には小部屋の所在を表すアドレス（番地）が割り当てられているので、CPUはメモリに命令やデータを記憶させるときは、このアドレスを指定してそこに記憶させることができる。これは、郵便配達人が手紙を配達するとき配達先の住所（アドレス）をみて家に配達するのと同じイメージである。

知っ得　メモリには電気信号で8ビット単位、つまり1バイト単位で記憶される。

2-1 CPUの内部

インテル Core 2

パッケージ
ダイを保護する。内部にはピンとダイを接続するための回路配線が組み込まれている。現在はプラスチック製が多い。

ダイ
ダイはそれぞれの機能によって複数のユニットに区分けされている。

ヒートスプレッダ
ダイの保護とCPUの放熱を助ける働きをする。この上にはCPUクーラーを取り付ける。

動作周波数　2.66GHz
TDA　130W

2-2 CPUが命令やデータをメモリに記憶させるしくみ

① キーボードから与えられたプログラムをメモリに記憶させるためメモリ内の記憶装置のアドレス「0002」を指定する。

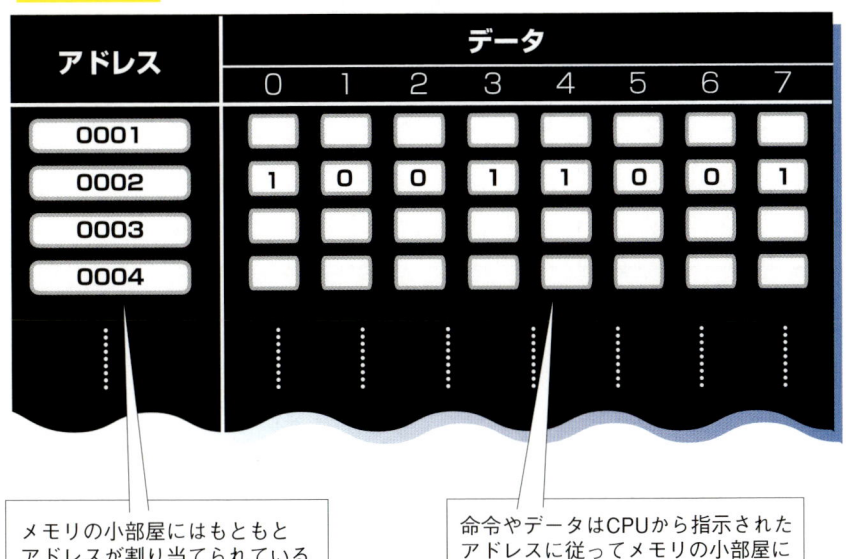

② 次にデータをアドレス「0002」に記憶させる

メモリ内部

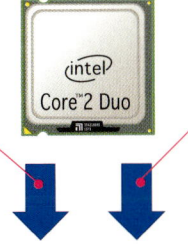

アドレス	データ							
	0	1	2	3	4	5	6	7
0001								
0002	1	0	0	1	1	0	0	1
0003								
0004								

メモリの小部屋にはもともとアドレスが割り当てられている

命令やデータはCPUから指示されたアドレスに従ってメモリの小部屋に記憶される

豆知識 1バイトというのは半角1文字のことである。漢字やひらがなは2バイト分の記憶領域を使う。

CPUが動くしくみ ②

CPUの動作手順 CPUはメモリから命令を取り出し、解読し、実行し、処理結果を出力する。

CPUが命令を実行する手順

CPUがアプリケーションなどから受けた指示に従ってメモリから命令を取り出して実行するまでの間、CPU内部では次のような作業が行われる。

① メモリから読み込む―フェッチ
② それを解読する―デコード
③ それを実行する―エグゼキュート
④ 結果を出力する―ライトバック

つまり、CPUは最初に命令をメモリから読み出し、それを解読して、実行する。例えば「3×5+(5-6)」を計算するときには、この「実行」段階で行われるのだ。そして、最後に実行した結果をディスプレイやプリンタ、そしてハードディスクなどに出力する。

以上から、CPUの中には、このそれぞれの仕事を担当するユニットが存在し、それぞれを**フェッチユニット**、**デコードユニット**、**エグゼキュートユニット**、そして**ライトバックユニット**という。

このうち、エグゼキュートユニットというのは、実際に命令を実行する装置である**ALU**(Arithmetic and Logical Unit)と命令やデータを一時的に記憶させておく**レジスタ**に分かれる。CPUの外部から入ってくる命令やデータは、いったんこのレジスタに記憶され、それからCPUが実行するのである。

32ビットCPUはなぜ32ビットといえるか

このようにCPUがメモリから命令を取り出して実行するときは、16ビット単位で取り出して実行するか、32ビット単位で取り出して実行するかによって、16ビットCPU、32ビットCPU、または64ビットCPUと分かれる。いうまでもなく64ビット単位で処理するほうが最も速い。

昔、聖徳太子が8人の人々に同時に発言させて陳情を聞き入れたというが、このように同時に処理できるビット数が多ければ多いほどCPUの情報処理能力は高速になる。

さて、CPUのユニットには、演算処理のみを担当するALUという部分があるが、このALUが32ビット単位で処理すれば32ビットCPUであり、64ビット単位で処理すれば64ビットCPUとなる。したがって、ALUが一度に処理できる能力が何ビットになるかで、そのCPUが何ビットになるかが決まる。

知っ得 最近のCPUには多くのレジスタがあり、その中には約20から100個ほども搭載されている。

2-3 CPUが命令を実行する手順

① 命令コードをメモリから読み込む。

② 読み込んだ命令コードを解読し、実行の準備を行う。

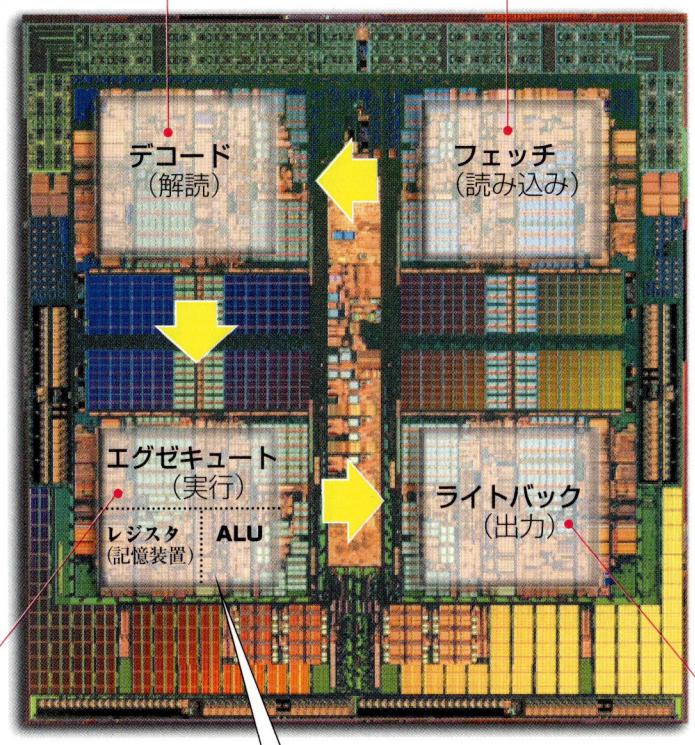

デコード（解読）

フェッチ（読み込み）

エグゼキュート（実行）
レジスタ（記憶装置）　ALU

ライトバック（出力）

③ 命令に従ってデータの移動や演算を行う、作業の中核となる部分。

ALUが命令に従ってレジスタからデータを引き出し、演算する。

④ 実行結果をレジスタやメモリに書き込む。

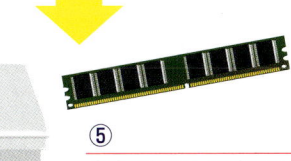

⑤ 命令を処理した結果をメモリ、プリンタ、ハードディスクなどに書き出す。

出力装置には、これ以外にも多くの記憶装置も含まれる。また、パソコンでメールを作成してそれを送信するとインターネットも出力装置となる。

豆知識 ALUが演算した結果を格納するレジスタがEAXレジスタであり、通常アキュムレータと呼ばれる。

CPUがアクセスできるメモリの容量

> **Keyword メモリの容量** メモリが記憶できるデータの量のこと。最近は3ギガバイト（3GB）以上の容量を記憶するメモリを搭載したパソコンがある。

CPUがメモリにアクセスするしくみ

CPUが命令やデータをメモリに読み書きすることを「CPUはメモリにアクセスする」という。このとき、CPUはどのような容量のメモリでもアクセスできるのだろうか。例えば、あなたのパソコンに32ビットCPUが搭載されていて、4GBのメモリが搭載されているとする。そして、メモリスロットが2個あいている場合、ここに新たに4GBのメモリを増設するとすれば、CPUはその追加分のメモリをきちんと認識して、命令やデータを読み書きできるのだろうか。もし読み書きできないとすれば、追加したメモリはムダになる。そのようなことがないように、ここではメモリにアクセスできる容量について説明しよう。

CPUが命令をメモリに読み書きするとき、メモリのアドレスを指定して読み書きする。このメモリのアドレスを指定するときに使う配線を**アドレスバス**といい、命令を取り出す配線を**データバス**という。

このアドレスバスもデータバスも、データを一度にやり取りできるビット数に制限がある。実はここがカギを握っているのである。例えば、32ビットCPUのアドレスバスとデータバスは両方とも最大32ビットでしかやり取りできないのだ。

CPUが管理できるメモリの容量

実は、CPUが管理できるメモリの容量は、この**アドレスバスのビット数に比例**して、次のようになる。

CPUの種類	アドレスバス	メモリの容量
8ビットCPU	16ビット	64Kバイト
16ビットCPU	20ビット	1Mバイト
32ビットCPU	32ビット	4Gバイト
64ビットCPU	64ビット	16Eバイト

表の一番下の「Eバイト」の「E」は「Exa」の略で「エクサ」と呼ぶ。

さて、例えば8ビットCPUのアドレスバスは16ビットなので「$2^{16}=65536=64K$バイト」となり「64Kバイト」まで管理できることになり、32ビットCPUは32ビットなので「$2^{32}=4,294,967,296=4GB$」となり「4Gバイト」までアクセスできることになる。以上から、パソコンのメモリスロットが空いていたとしてもCPUによって管理に上限があり、その上限を超えて増設しても無駄になることがわかる。

知っ得 CPUは、メモリ、ハードディスク、グラフィックスカードなどにアクセスするときは、実際にはチップセットを通して行う。

2-4 16ビットCPUが管理できるメモリ容量

1Mバイトの大きさを仮に1cm×1cmと表すとする。

アドレスバス=20ビット

1Mバイト 1cm × 1cm

アドレスバス(20bit)
データバス(16bit)

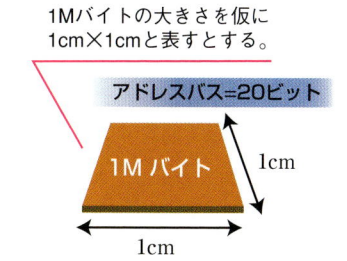

ここでは、16ビットCPUがアクセスできるメモリの容量「1Mバイト」と比較して、32ビットCPUや64ビットCPUがアクセスできるメモリの容量「4Gバイト」や「16Eバイト」がいかに大きいかを理解してもらうために、「1Mバイト」を一辺「1cm」の四角形としている。

2-5 32ビットCPUが管理できるメモリ容量

上の1Mバイトの大きさと比べて64cm×64cmと表せる。

アドレスバス=32ビット

4Gバイト 64cm × 64cm

アドレスバス(32bit)
データバス(32bit)

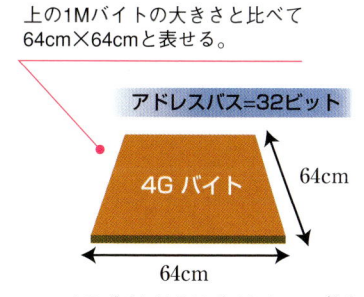

4Gバイトは1Mバイトの4096倍なので1辺が64cmの正方形となる。

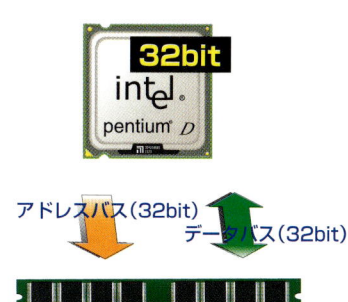

2-6 64ビットCPUが管理できるメモリ容量

4Gバイトの大きさと比べて42m×42mと表せる。

アドレスバス=64ビット

16Eバイト 42m × 42m

アドレスバス(64bit)
データバス(64bit)

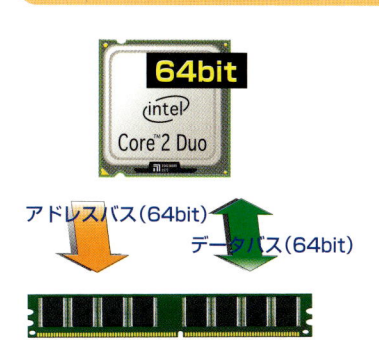

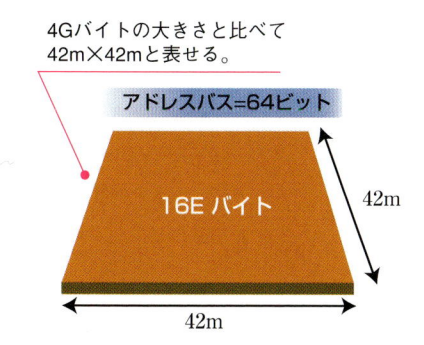

64ビットCPUでは最高16Eバイトまでアクセスできるが、実際にはこのような大容量のメモリを使うことは想定されていない。MacProのように最高でも32Gバイトのメモリが搭載されるのが限界である。

豆知識 チップセットは、ノースブリッジ、サウスブリッジに分かれるが、詳しくは第5章を参照のこと。

CPUが高速に動くしくみ〈クロック周波数 ①〉

Key word　クロック周波数　一定の周期で発信される電気信号のことでCPUやメモリなどはこの信号のリズムに従って動作する。クロック信号ともいう。

クロック周波数とパソコンの動作速度

　パソコンの性能はCPUの性能に比例するといわれ、CPUの性能は動作速度に比例するといわれている。このCPUを高速にする方法の1つは動作速度を表す**クロック周波数の向上**である。

　あらゆるマザーボード上には、クロックジェネレータという装置が搭載されており、それが一定のクロック周波数を発信する。このクロック周波数というのは、時計の秒針のように、カチカチとリズミカルに発信される信号であり、CPUやメモリやその他の装置は、このクロック周波数に合わせてデータをやりとりするのだ。このあたりのイメージは、複数の人がバケツリレーをするとき、1人だけが速くても意味がないので、全員が「はい、はい」と一定のリズムで掛け声をかけて手渡すのと似ている。

　さて、このようなクロックジェネレータが発信するクロック周波数を**ベースクロック**といい、通常CPUは内部でこれを4倍から14倍に上げて高速に動作する。CPUの内部には**逓倍(ていばい)回路**というものがあり、これがベースクロックを数倍にしてCPUを高速化するのだ。例えば、最近のクロックジェネレータは約260MHzのクロック周波数を出すが、CPUはこれを約14倍にして3.73GHzにして動作する。ちなみに、クロックジェネレータが発信するベースクロックを**外部クロック**ともいい、それを高速化したCPU内部のクロック周波数を**内部クロック**と区別して呼んでいる。

　CPUは、このクロック周波数の速度に合わせて、「命令の読み込み→命令の解読→命令の実行→結果の出力」という4つのプロセスで命令を実行する。最初の頃のCPUは、1クロックで1つの動作を行い4つの動作を行うのに4クロックかかっていた。このように1クロックで1つの動作を行うので、1秒あたりのクロック周波数を多くすればCPUの動作速度は速くなるということにつながる。

　例えば、CPU以外のメモリやその他のパーツは外部クロックで動作するのに対して、CPU内部では内部クロックで動作する。つまり、外部クロックよりも内部クロックのほうが速い。これは、CPUがメモリから命令を取り出してそれを処理するとき、CPU内部で上記の4つのプロセスとそれに付随する処理を高速にしなければならないからだ。

知っ得　クロックジェネレータは、水晶振動子を利用した発振回路を用いてクロック周波数を発生させる。

2-7 外部クロックと内部クロック

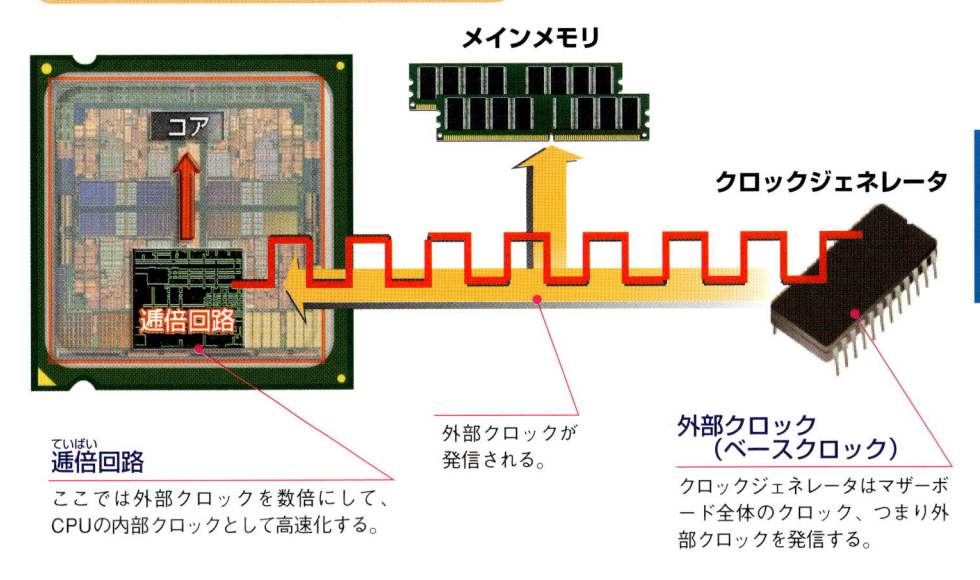

メインメモリ

クロックジェネレータ

逓倍回路
ここでは外部クロックを数倍にして、CPUの内部クロックとして高速化する。

外部クロックが発信される。

外部クロック（ベースクロック）
クロックジェネレータはマザーボード全体のクロック、つまり外部クロックを発信する。

2-8 内部クロックを速くするわけ

CPUは、メモリから命令やデータを読み込んでから、目的の結論を出すために、以下の4つのプロセスとそれに付随する処理を、メモリとの伝送速度に遅れないようにしなければならない。したがって、CPU内部のクロック周波数はメモリよりも高速でなければならない。

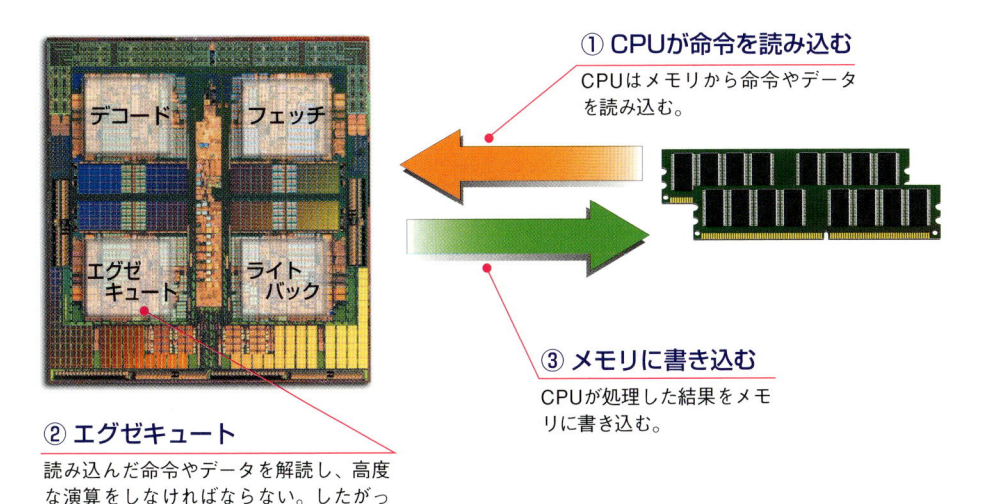

① CPUが命令を読み込む
CPUはメモリから命令やデータを読み込む。

② エグゼキュート
読み込んだ命令やデータを解読し、高度な演算をしなければならない。したがって、ここで高速な処理が必要である。

③ メモリに書き込む
CPUが処理した結果をメモリに書き込む。

豆知識　クロックジェネレータは電圧を加えるだけでクロック周波数を発信する性質を持つ。

CPUが高速に動くしくみ〈クロック周波数 ②〉

Key word　トランジスタ　情報を処理する半導体素子である。さまざまな電子部品に組み込まれている。

クロック周波数の高速化

1秒間に1回のクロック周波数のことを **1ヘルツ(Hz)** と呼んでおり、この単位は次のように繰り上がる。

```
1000ヘルツ＝1キロヘルツ(KHz)
1000キロヘルツ＝1メガヘルツ(MHz)
1000メガヘルツ＝1ギガヘルツ(GHz)
```

世界で初めて発売されたパソコン用のCPUは、インテルの8ビットCPUの8080で、これが対応できるクロック周波数は2MHz（1秒間に200万回）であった。

その後、クロック周波数が高速化し、最近のパソコンに搭載されているCPUは約2GHzから4GHzとなった。例えば、CPU内部のクロック周波数が3.8GHzの場合、1秒間に38億回のクロック周波数ということになるので、毎秒38億回も命令を処理できるまでになったのだ。

CPUの高速化の限界

CPUが高速に動作するしくみの核心は何といってもその中に搭載されている**トランジスタの大きさ**である。トランジスタというものは、小さく作れば作るほど回路が短くなり、互いの距離が縮まる。その結果、その内部に流れる電気信号が速く伝わるようになると理解することができる。また、トランジスタが小さくなると、1つのCPUに搭載されるトランジスタの数が多くなり、より多くの情報を一度に処理できるまでになった。現在では1つのCPUに搭載されているトランジスタの数は1億個以上といわれている。

以上のように、クロック周波数の高速化に対応できるように、CPUの内部のトランジスタを小さくしてその動作を高速化してきた。

しかし、このようにしてトランジスタを小さく高速化を実現してきても、最近ではこれ以下には小さくできないというところまで小さくなってしまった。つまり、トランジスタをいくら小さくしてCPUの高速化を図ろうとしても、これ以上小型化できない問題が発生してきたのだ。そこで、CPUメーカーは、次の段階の高速化を目指した。

知っ得　263ピコ秒というのは光が約8cmしか進めない時間である。

2-9 8MHzと3.8GHzの違いをイメージする

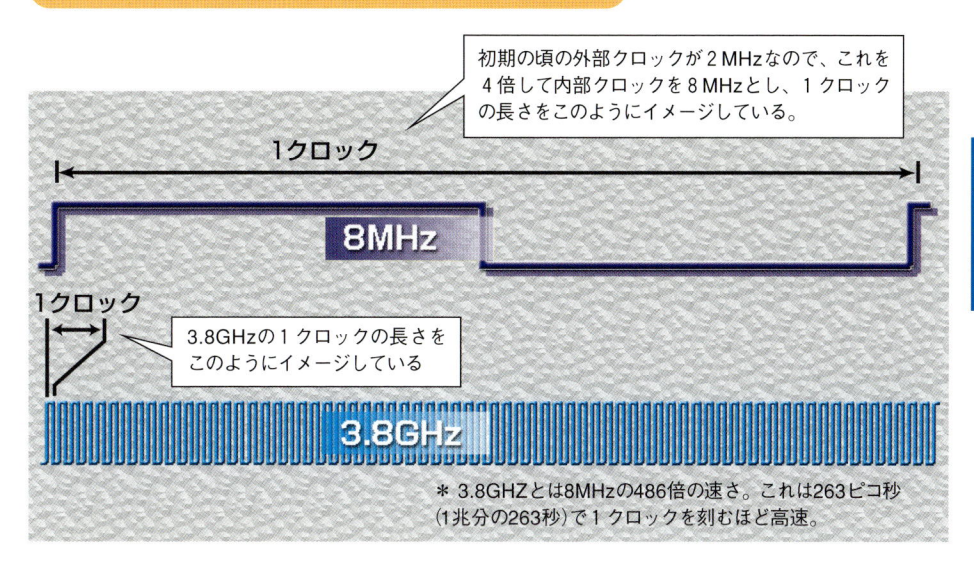

初期の頃の外部クロックが2MHzなので、これを4倍して内部クロックを8MHzとし、1クロックの長さをこのようにイメージしている。

|←―――――― 1クロック ――――――→|

8MHz

|←1クロック→|

3.8GHzの1クロックの長さをこのようにイメージしている

3.8GHz

＊ 3.8GHZとは8MHzの486倍の速さ。これは263ピコ秒（1兆分の263秒）で1クロックを刻むほど高速。

2-10 トランジスタの構造

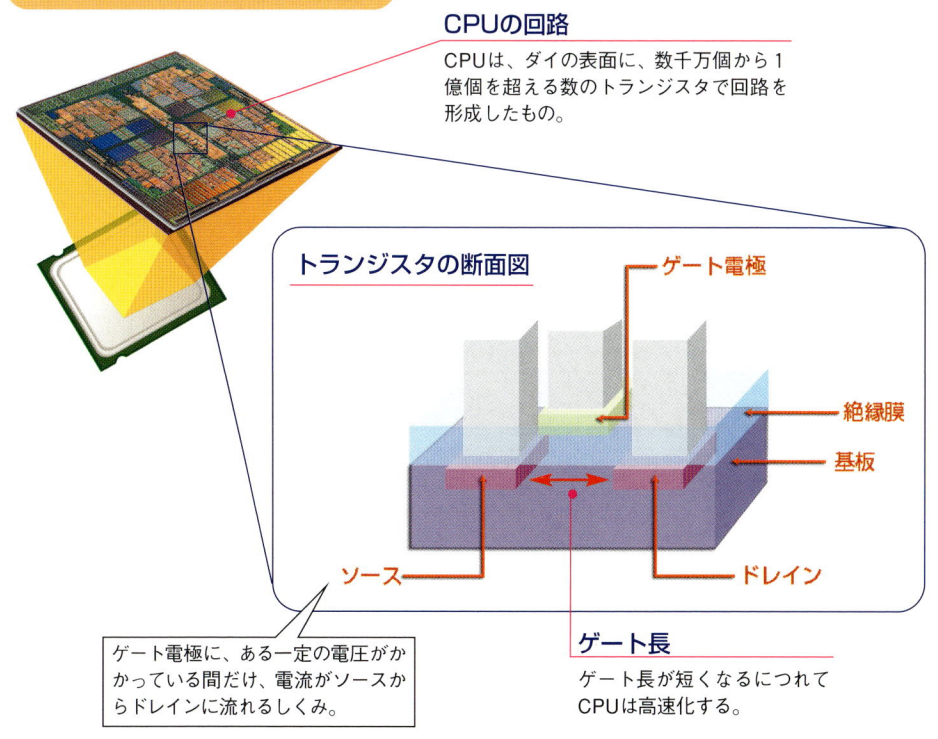

CPUの回路
CPUは、ダイの表面に、数千万個から1億個を超える数のトランジスタで回路を形成したもの。

トランジスタの断面図

- ゲート電極
- 絶縁膜
- 基板
- ソース
- ドレイン
- ゲート長

ゲート電極に、ある一定の電圧がかかっている間だけ、電流がソースからドレインに流れるしくみ。

ゲート長が短くなるにつれてCPUは高速化する。

豆知識 内部クロックにあわせて高速に動作できるようにトランジスタを小さくしていった。

CPUが高速に動くしくみ〈パイプライン処理〉

> **Keyword** パイプライン処理　CPUが1つ目の処理を終って、次のパーツにバトンタッチしたら直ちに2つ目の処理に入るようにすること。

パイプライン処理

　CPUの高速化が物理的にこれ以上だめなら、プログラム（論理的）の動作上で解決できないかと考え出されたのが次のような処理法方だ。

　CPUがメモリから1つの命令を取り出して実行するとき、「**命令の読み込み→命令の解読→命令の実行→結果の出力**」の4つのプロセスを行う。CPUの中には、この4つの処理を行う回路が独立して組み込まれているのだ。初期の頃のCPU、つまりインテルの80386以前のCPUは、それぞれの処理を1クロックで行っていた。したがって、4つのプロセスを1回処理するのに4クロックもかかっていた。このように考えるとなんでもないようだが、「命令の読み込み」を行ってから、「結果の出力」が終わるのを待って次の「命令の読み込み」を行うと、1プロセスにつき、処理動作を行わない3クロック分が無駄になってしまう。そこで、「命令の読み込み」が済んで、次の「命令の解読」に進んだら、直ちに「次の命令の読み込み」をするようにした。このことは、工場の生産ラインで部品を組み立てる人が4人いて、1人目が作業を終って2人目にバトンタッチしたら、すぐに次の作業に入ればロスがなくなり速くなるのと同じである。

　このように、CPUが1つ目の処理を終えて次のパーツに処理が移動したら、直ちに2つ目の処理に入るように高速化する作業を、パイプライン処理という。

スーパーパイプライン処理

　CPUの「命令の読み込み→命令の解読→命令の実行→結果の出力」の4つのプロセスは、さらに似たような複数のプロセスで構成されていることがある。例えば、フェッチユニットが命令を読み込むとき、最初にメモリのアドレスを指定して、そのアドレスから命令を読み込むというようにである。このように、4つのプロセスのそれぞれのユニットがさらに複数の小さなプロセスに分かれるとき、その1つひとつのプロセスを**ステージ**と呼ぶ。この各々のステージが「1つ目の仕事が終れば次の仕事をする」というようにすればCPUはさらに高速になる。このように、1つひとつステージが次から次へと処理をすることを**スーパーパイプライン処理**という。最初は4つのプロセスを2つのステージに分けて8段構成で高速化を実現したが、これがPentium4では20段構成へと進化しているのだ。

知っ得　スーパーパイプラインでは、ALUで演算の結果を条件判断してから、次の命令を読み込むとき、その間は「命令の読み込み」は待たなければならない。

2-11 CPUのパイプライン化以前の処理

> 1つの命令の処理が終わるまで次の命令に取りかかれない

命令　　　　　　　　　　　　　　　　　　　　　　処理結果

（フェッチ）　（デコード）　（実行）　（ライトバック）
読み込み　　　解読　　　命令の実行　結果を出力

2-12 パイプライン処理

> 各部分は同時に作業が可能になり単位時間あたりの処理量が向上する。

作業中　　作業中　　作業中　　作業中

パイプライン処理をしていない時と比べて4倍のスピードになる

2-13 スーパーパイプライン処理

> パイプライン処理の作業行程を細分化して1工程あたりの作業量を減らし、より高速化される。

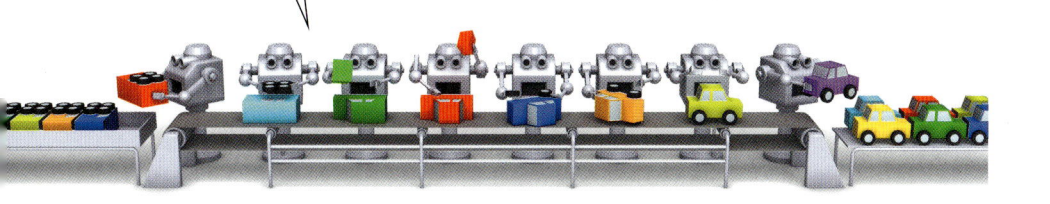

豆知識 左頁の「知っ得」の問題を解決するためCPUはあらかじめ演算結果を予測して次の命令を読み込むようにしている。

CPUが高速に動くしくみ〈スーパースケーラ〉

Keyword　スーパースケーラー　CPUがメモリから命令を取り出して複数の並列パイプラインで実行すること。スーパースカラーともいう。

スーパースケーラーのしくみ

スーパーパイプラインの採用でCPUの高速化を実現したが、さらに進化していく。似たような命令をこなす場合に対しこのようなスーパーパイプラインが複数、並列して存在している場合には、さらにCPUは高速になるはずである。これを実現したのが**スーパースケーラー**である。

私たちがCPUに何かをさせるときは命令を与えるが、このような命令を一般的にインテルのCPU「8086」や「80386」の「86」の名をとって「**x86命令**」という。CPUがこの命令を取り出して実行する手順は、これまでの「命令の読み込み→命令の解読→命令の実行→結果の出力」と基本的に同じである。ただし、スーパースケーラーでは「命令の実行」の前後から少し異なってくる。まず、CPUは解読ユニットで命令の解読をしたら、プログラムを構成するx86命令を**μOP（マイクロオペレーション）**という複数の処理しやすい単純命令にさらに分解する。そして、分解されたμOPを、並列に並んだ**解読ユニットの後半部分**、**実行ユニット**、そして**ライトバックユニット**が並列処理をし効率よく実行するのだ。

初期のころのCPUでは解読ユニットの後半部分、実行ユニットとライトバックユニットは**Uパイプ**と**Vパイプ**という2つのパイプラインに分かれていた。このうち、UパイプはμOP命令のすべてを実行できるが、Vパイプは単純な命令しか実行できなかった。そのため当時においても、このように2つのパイプラインを持って並列処理をしていたものの、これでもまだ遅いということで、以下の方法が考えられるようになった。

リザベーションステーションの活用

PentiumⅡ（ペンティアム ツー）以降（1997年以降）では、解読ユニットでx86命令をμOP命令に分解して、それをメモリ上に「**リザベーションステーション**」という場所を設けそこに置くようにした。この「リザベーションステーション」にはμOP命令を20個まで一旦おくことができる。その後の実行ユニットは5つに分かれ、ここで分担して「リザベーションステーション」からμOP命令を取り出して1つずつ実行していく。ただし、この5つの実行ユニットのそれぞれは実行できる命令が異なるので、自分が実行できる命令を選んで実行することにな

知っ得　CPUが命令を実行するユニットはエグゼキュートユニットだが、これを実行ユニットともいう。

る。このようにしておくと、5つの各実行ユニットが1クロックの間に同時に命令を処理できるので、CPUはより高速に動作するようになった。

2-14 初期のスーパースケーラーのしくみ

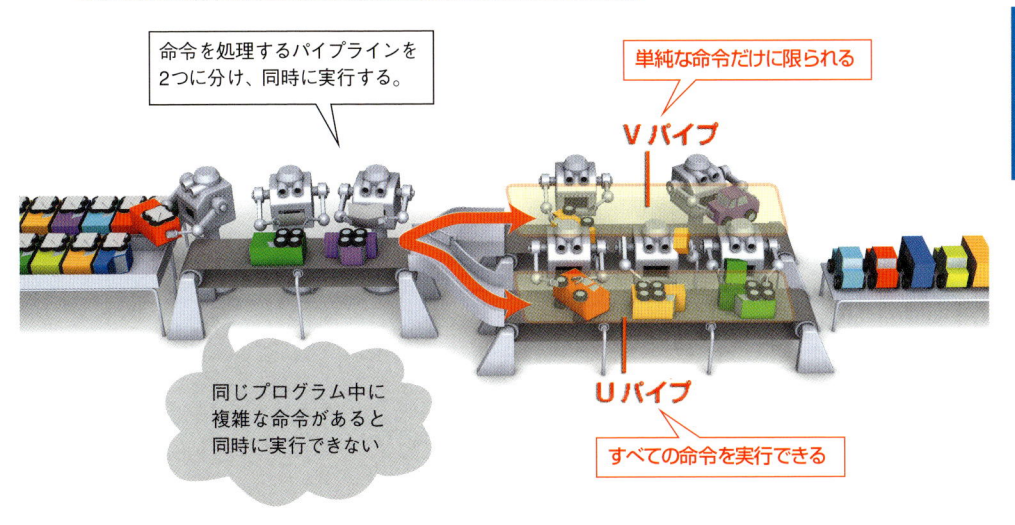

命令を処理するパイプラインを2つに分け、同時に実行する。

単純な命令だけに限られる

V パイプ

U パイプ

同じプログラム中に複雑な命令があると同時に実行できない

すべての命令を実行できる

2-15 最近のスーパースケーラーのしくみ

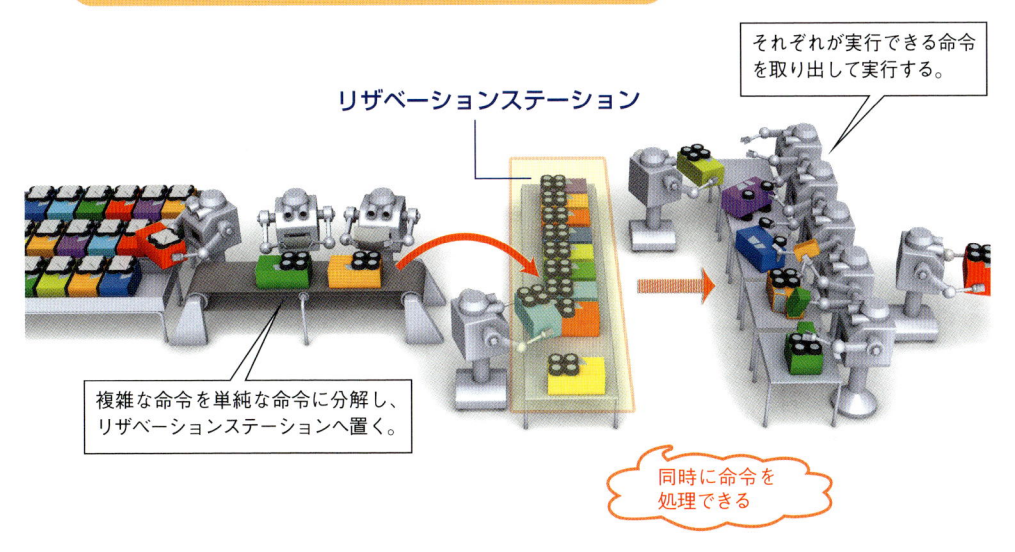

リザベーションステーション

それぞれが実行できる命令を取り出して実行する。

複雑な命令を単純な命令に分解し、リザベーションステーションへ置く。

同時に命令を処理できる

豆知識　CPUが命令を処理するユニットはフェッチユニット、デコードユニット、実行ユニット、ライトバックユニットである。

CPUが高速に動くしくみ〈マルチコア〉

> **Keyword** マルチコア　1つのCPUに複数のCPUコアを搭載してCPUの高速化を実現する技術。

CPUの高速化の限界とマルチコアの誕生

　CPUを高速にする技術はパイプライン処理からスーパースケーラー処理まで進化させたが（1998年頃が全盛期）、それでもこれ以上にCPUの高速化を実現することは困難になってきた。

　そこで、1つのCPUでの高速化を実現することをやめて**CPUのパッケージ化**という考え方が浮上してきた。これは1つのCPUのパッケージに複数のCPUの核（コア）を搭載し、物理的にCPUの数を増やすことで、それぞれに処理を分担させるという技術である。この**CPUのコアというのはフェッチユニット、デコードユニット、実行ユニット、そしてライトバックユニット**という中核的な回路を含んだものであり、いわゆるキャッシュメモリなどを省いたものである。

　このようにして誕生したCPUパッケージを**マルチコア**といい、2つのCPUコアを搭載したものを**デュアルコア**、4つのCPUコアを搭載したものを**クアッドコア**という。このうちのデュアルコアを実現したものがインテルの場合は「Core™ 2 Duoプロセッサー」で、クアッドコアを実現したものが「Core™ 2 Quadプロセッサー」である。

　最近のパソコンカタログでCPUを見てもCeleronとかPentiumは見かけなくなった。これらはPentium Dをもって終了となり、CPUといえば「Core™ 2」というようにマルチコアが主流になってきている。

マルチコアで実現した新技術

　このようなマルチコアが高速になった理由には、単に1つのCPUパッケージに複数のコアを搭載したからだけではない。画面上に画像を高速に表示する**SSE（Streaming SIMD Extensions）命令セット**を処理する技術が取り入れられたことでCPUへの負担を減らしたことが高速化に大きく結びついている。私たちがパソコンの画面上に画像を表示するとき、この画像を構成する最小単位はドット（点）である。そして、このドットは最小で8ビットの電気信号が割り当てられており、それぞれの組み合わせで256色も表示できる。私たちは何気なく画面を見ているが、そこで表示される画像は、このような膨大なドットが連続して瞬時に表示されている。

　マルチコアでは、このようなドットを高速に表示するために1つの命令で複数のデータ（ドット）を処理することで処理

知っ得　CPUのダイ（Die）というのはシリコン・ウェハー上に半導体回路を作り、四角に切り出したものである。

にかかる時間短縮を図り表示できるようにしている。このような命令を**SSE命令セット**というが、この命令を使うと1クロックにつき、32ビットで1つのデータのかたまりなら4組も処理でき、64ビットのデータなら2組、そして128ビットのデータなら1組を一気に処理して表示できるのだ。この技術によって画像が高速に表示されるようになったのである。

2-16 マルチコアCPUのしくみ

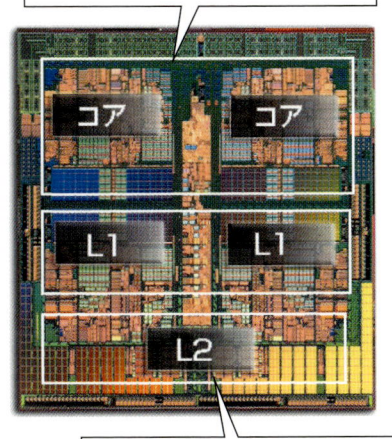

1つのCPUパッケージに2つのコアが搭載されており、それぞれに1次キャッシュメモリ（L1）が専属している。

2つのコアが2次キャッシュメモリ（L2）を共有している。

1-17 画像を構成するドット

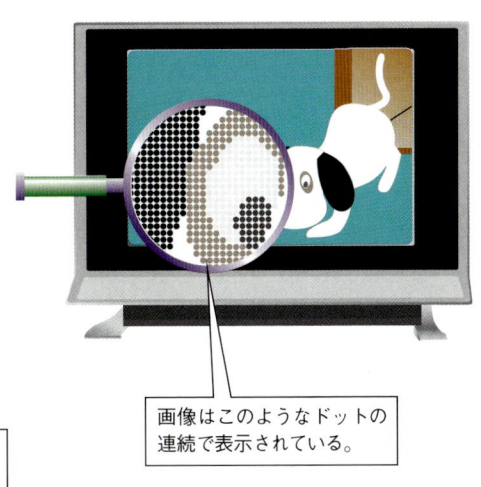

画像はこのようなドットの連続で表示されている。

2-18 SSE機能の特色

| 32ビットのデータ | 32bit | 32bit | 32bit | 32bit |

32ビットのデータ×4

64ビットのデータ： 64bit | 64bit
64ビットのデータ×2

128ビットのデータ： 128bit
128ビットのデータ×1

1クロックあたり、32ビットで1かたまりのデータを4組、64ビットのデータなら2組、128ビットのデータなら1組処理できる。

豆知識　マルチコアCPUの「コア」というのは、CPUダイ上に作成されるCPU回路の中核部分で「2次キャッシュメモリ」を除く部分である。

CPUとキャッシュメモリの連携のしくみ ①

> **キャッシュメモリ** CPUコアとメモリの間に置いてデータのアクセスを高速化する記憶装置。

メモリの限界を克服する

　CPUはメモリから命令を取り出し、それを実行する。そして、その実行して作成したデータをメモリに書き込む。このように、CPUはメモリとの間で命令やデータを頻繁にやり取りしている。

　このとき、CPUとメモリの動作速度が同じなら問題はないが、実際にはCPUよりメモリの動作速度は遅い。さらに、メモリの記憶容量が多くなるにしたがって、メモリ内部の離れ離れの場所にある命令やデータをランダムに読み込むときに非常に時間がかかるので、処理速度の遅いメモリは、CPUから送られるデータを待たされることが多いのだ。

キャッシャメモリのしくみ

　このようなCPUとメモリの動作速度のギャップを解決する方法として、メモリよりも動作速度の速い**キャッシュメモリ**（Cache Memory）をCPUとメモリの間に置くことが考えられた。以下ではこのキャッシュメモリのしくみを説明しよう。

　パソコンで使われるメモリにはいくつかの種類があるが、ここでは多く用いられている**ダイナミックRAM**（Randam Access Memory）と**スタティックRAM**を取り上げてその違いについて説明しよう。まずダイナミックRAMは、価格は安くて、1つのメモリチップでデータを記憶する容量は大きいのだが、動作速度は遅い。これに対してスタティックRAMは、価格は高くて、1つのメモリチップで大容量化はできないが、動作速度は速い。そこで、この2つのメモリの特色を生かして、パソコンのメインメモリとしてダイナミックRAMが使われるようになった。なぜなら、価格が安くて大容量化が可能でパソコンに多く搭載できるからだ。ただし、このメモリはCPUと比べてかなり動作速度が遅いので、CPUが命令やデータを読み込むときに待たされることが多い。そこで、このメインメモリの動作速度が遅いという弱点を補うために、CPUの内部に高速に動作するスタティックRAMを組み込んでそれを利用する方法が考え出された。つまり、CPUコアがメモリから命令やデータを呼び出すとき、一番最初だけそれをスタティックRAMに書き込み、命令を実行するようにした。そして、次からCPUが同じ命令やデータをメモリから読み込むとき、もしスタティックRAMにその命令があればそこから読み込むが、なければメインメモリから読み込んでいる。

> **知っ得** ダイナミックRAMというのは常に電荷を与えて記憶を維持することから「ダイナミック」と呼ばれる。

2-19 CPUの読み書きが遅くなるわけ

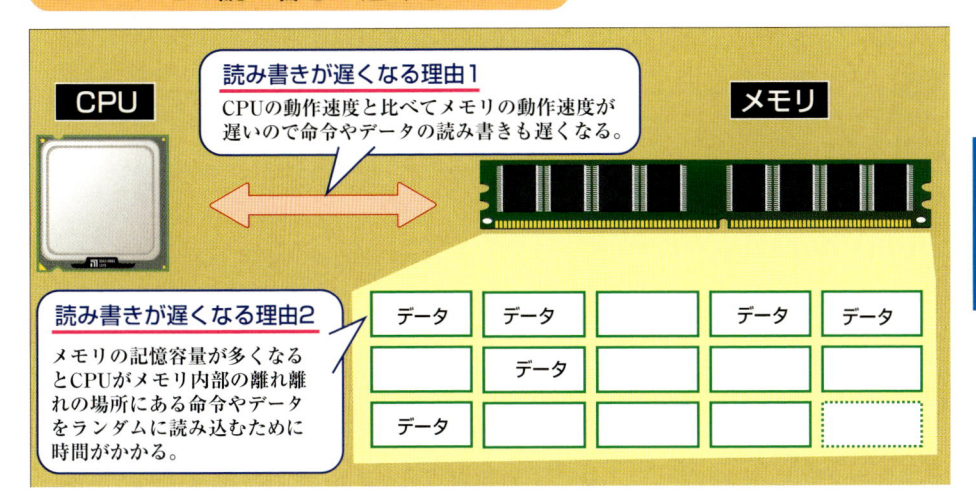

CPU　**メモリ**

読み書きが遅くなる理由1
CPUの動作速度と比べてメモリの動作速度が遅いので命令やデータの読み書きも遅くなる。

読み書きが遅くなる理由2
メモリの記憶容量が多くなるとCPUがメモリ内部の離れ離れの場所にある命令やデータをランダムに読み込むために時間がかかる。

2-20 キャッシュメモリのしくみ

メインメモリ

① CPUコアがメモリから命令やデータを読み込むとき、最初だけキャッシュメモリに記憶させる。

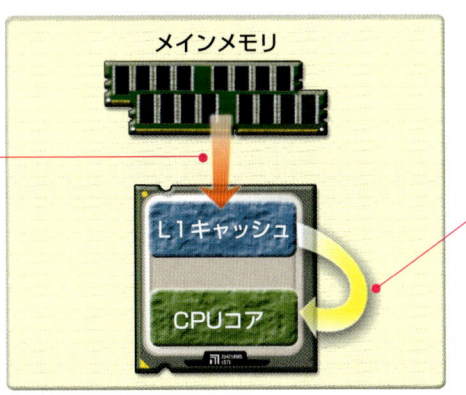

② キャッシュメモリに記憶させた命令やデータを処理する。

キャッシュメモリにデータがない場合

キャッシュメモリにデータがないため、メインメモリを検索する。
→時間がかかる

検索　読み込み

キャッシュメモリにデータがある場合

キャッシュメモリはCPUからの距離が近いので短時間でデータを読み込むことができる。
→早く動く

検索　読み込み

豆知識 メインメモリの動作速度はクロックジェネレータから発生するクロック周波数、つまりベースクロック（外部クロック）に従う。

CPUとキャッシュメモリの連携のしくみ ②

> **Key word**　**1次キャッシュメモリ**　スタティックRAMを使っているが2次キャッシュメモリと比べてさらに高速に読み書きできる。

スタティックRAM

　CPUコアとメモリの間に置いて、データの読み書きを高速化するスタティックRAMを**キャッシュメモリ**という。CPUがメモリから命令やデータを読み込むとき、**直前に読み込んだものと同じものを読み込むことが多い**という傾向に着眼して高速化を実現したのである。

　ここで注意しておくが、スタティックRAMは超高速で動作するからキャッシュメモリとして使えるが、価格は高く大容量を搭載できない。だから、メインメモリは4GBというように大容量を搭載できるが、キャッシュメモリは約64KB〜12MBというようにわずかしか搭載できないのだ。

1次キャッシュと2次キャッシュのしくみ

　マルチコアCPUでは、このようなキャッシュメモリは**1次キャッシュメモリ（L1）**と**2次キャッシュメモリ（L2）**があり、2つともCPUの内部に存在する。そして、1次キャッシュメモリはそれぞれのCPUコアに専属しており、2次キャッシュメモリは複数のCPUコアの共有になっている。そして、CPUによっても異なるが、1次キャッシュメモリとして約64KBが搭載されており、2次キャッシュメモリとして約1〜12MBが搭載されている。これは複数のコアで共有しているから容量が大きくなっているのだ。

　この状態でCPUコアがメインメモリから命令やデータを読み込むとき、まず1次キャッシュメモリと2次キャッシュメモリに書き込み、それから実行する。そして、次回からCPUコアが同じ命令やデータをメモリから読み込むとき、もしその命令やデータが1次キャッシュメモリにあれば、そこから読み出し、そこになければ2次キャッシュメモリから読み込み、そこにもなければメインメモリから読み込んで実行するのだ。

　この1次キャッシュメモリと2次キャッシュメモリの違いは、まず1次キャッシュメモリのほうが高速で価格が高く、2次キャッシュメモリは1次キャッシュメモリと比べて速度が遅いが価格が安い。ただし、メインメモリよりも速度が速く価格が高い。したがって、1次キャッシュメモリは一番容量が少なく、メインメモリが一番多いということになる。マルチコアCPUでは、このようにしてメモリアクセスを高速化しているのだ。

知っ得　1次キャッシュのことをL1キャッシュというが、このL1というのはLevel1ということ。

2-21 マルチコアCPUでキャッシュメモリを活用させる

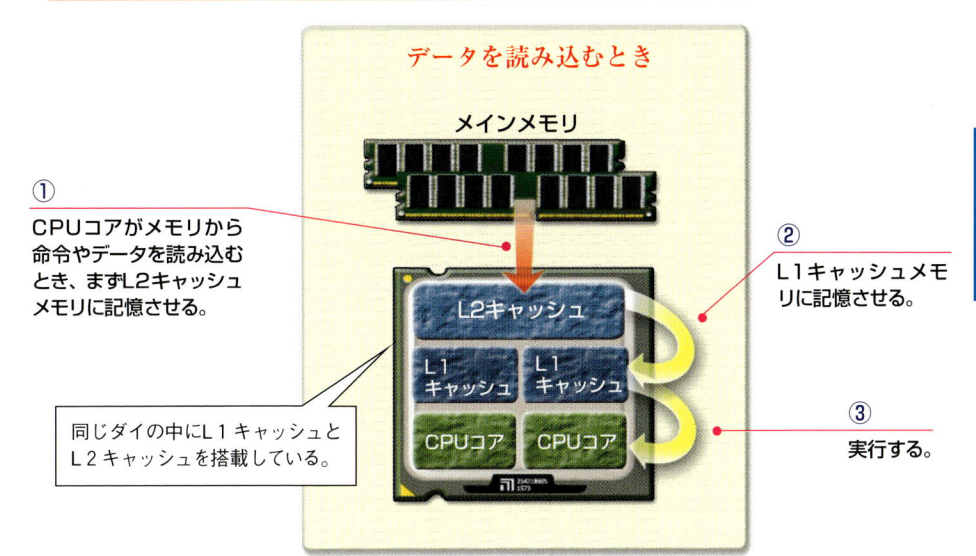

データを読み込むとき

① CPUコアがメモリから命令やデータを読み込むとき、まずL2キャッシュメモリに記憶させる。

同じダイの中にL1キャッシュとL2キャッシュを搭載している。

② L1キャッシュメモリに記憶させる。

③ 実行する。

データを取り出すとき

① CPUコアが命令やデータを読み込むとき、まずL1キャッシュメモリから読み込む。

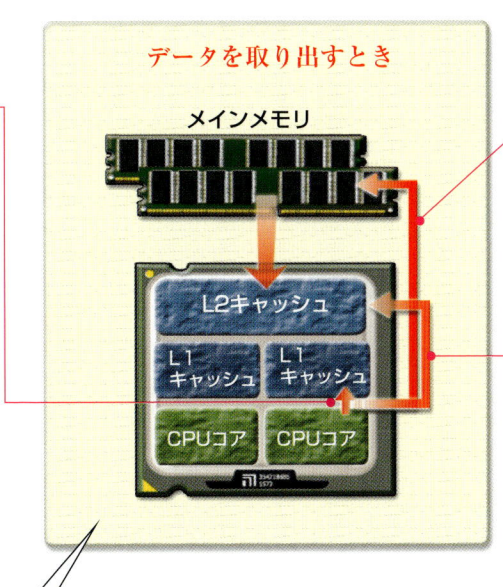

② L1キャッシュメモリになければ、L2キャッシュメモリから読み込む。

③ L1、L2キャッシュに何もなければメモリから読み込む。

アクセス頻度が高いデータや命令をより近くのキャッシュメモリに置き、アクセス頻度の低いものはメインメモリに置くことで、効率よくデータにアクセスすることができる。

> **豆知識** ダイナミックRAMには数種類あるが、最近の主流はDDR2 SDRAMやDDR3 SDRAMである。

Core i7のしくみ ①

Key word Core i7　Core2シリーズの後継CPUで「コア・アイ・セブン」と呼ぶ。Core2シリーズの最上位モデルより約40パーセント以上高速。

4つのコアの搭載

　CPUの歴史では、長い間Pentium（ペンティアム）シリーズが使われてきたが、これもPentiumD（2005年）をもって終わりとなり、Core2シリーズへと移行した。しかし、このCore2シリーズも約2年間継続した後でCore i7へとバトンタッチされようとしている。

　このCore i7は、インテルが2008年11月18日に発表したCPUで、CPU内部の動作においても外部とのアクセスにおいても最速といわれており、これまでのCore2シリーズの最上位モデルより約40パーセント以上も高速に動作するという。この秘密の1つは、まずCPUの中に4つのコアが搭載されていること。Core2シリーズの「Core2 Quad」（コア ツークアッド）では、1つのCPUパッケージの中に2つの半導体ダイを載せて、それぞれに2つずつのコアを載せて4コアを実現していた。これに対して、Core i7では1つのダイに4つのコアを載せているのだ。したがって、回路が短くなりCore i7のほうが動作速度は速くなる。

3次キャッシュメモリの搭載

　Core i7では、4つのコアのそれぞれに1次キャッシュメモリと2次キャッシュメモリを専属させて、3次キャッシュメモリを共有させている。

　まず、CPUがメモリとやりとりするのは「命令」と「データ」である。そこで、1次キャッシュメモリでは命令だけを記憶する領域として32KB確保し、データを記憶する領域として32KB確保している。また、2次キャッシュメモリではそれぞれのコアに256KB搭載されている。そして、3次キャッシュメモリとして8MBが搭載されているのだ。

トリプルチャンネルのメモリを実現

　また、Core2シリーズではメインメモリは2枚単位で取り付けていたが、Core i7では3枚単位で取り付けることになり、これによって大容量のメモリにアクセスできるようになった。これをトリプルチャンネルという。また、Core2シリーズで使われていたメモリはDDR2 SDRAMだったが、Core i7ではDDR2 SDRAMの2倍高速なDDR3 SDRAMが使われるようになった。

　そして、このように大容量のメモリに高速にアクセスするためにCPU内部に**メモリコントローラ**を内蔵した。従来はCPU外部にあるチップセットにメモリコ

知っ得　トリプリチャンネルでは3枚単位でメモリを取り付ける。したがって、メモリスロットは3個の次は6個である。

ントローラを載せて、CPUはいったんチップセットのメモリコントローラを経由してメモリにアクセスしていたのだが、これを直接CPUからメモリにアクセスするようにしたのだ。

2-22 Core 2とCore i7の比較

Core2 Quad
1つのCPUパッケージに2つの半導体ダイを載せて、それぞれに2つのコアを載せて4コアを実現している。

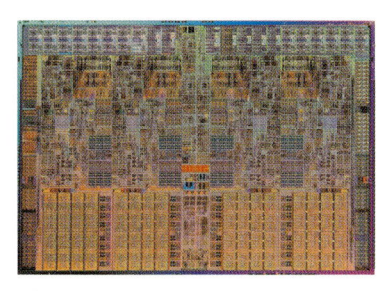

Core i7
1つのCPUパッケージに1つの半導体ダイを載せて4つのコアを載せている。

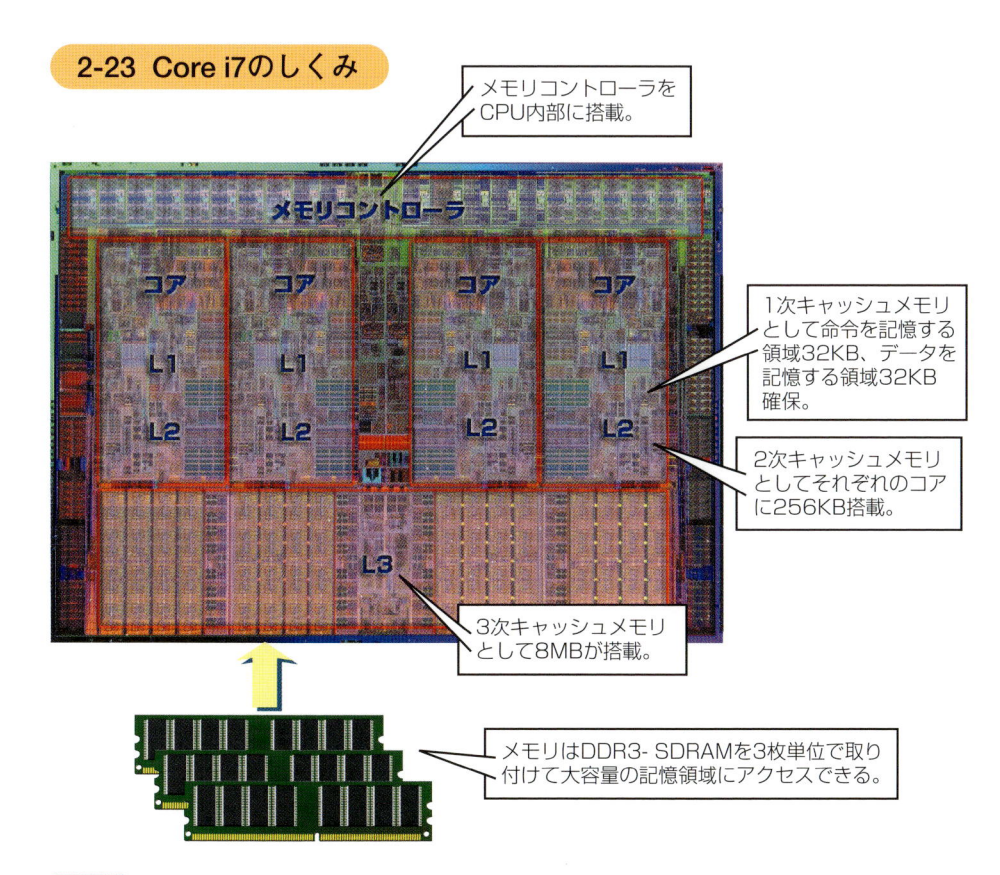

2-23 Core i7のしくみ

メモリコントローラをCPU内部に搭載。

1次キャッシュメモリとして命令を記憶する領域32KB、データを記憶する領域32KB確保。

2次キャッシュメモリとしてそれぞれのコアに256KB搭載。

3次キャッシュメモリとして8MBが搭載。

メモリはDDR3-SDRAMを3枚単位で取り付けて大容量の記憶領域にアクセスできる。

豆知識 ダイというのは集積回路がプリントされたシリコンの板のこと。

Core i7のしくみ ②

ハイパー・スレッド OSから見れば1つのコアが2つに見えて、同時に並列処理ができる技術

ターボ・モードの実現

Core i7は、さらに**ターボ・モード**という高速処理と省電力を実現している。例えば、4つのコアすべての使用率が50パーセントだとすれば、2つのコアの動作を停止して、残りの2つのコアだけで処理をする。そして、使用する2つのコアの周波数をアップさせてそれぞれの使用率を100パーセントにする。この結果、CPU全体の処理速度は変わらず、しかも消費電力を減少させることができるのだ。

ハイパー・スレッドの実現

また、このCore i7にはハイパー・スレッドという機能が実現されている。Core i7には4つのコアしか存在しないが、Windowsはこの4つのコアのそれぞれに2つの並列処理をさせて、あたかも8個のコアとして使っている。実際にCore i7を搭載したパソコンで「Windowsタスクマネージャ」を開くと、つぎのように8個のCPUコアの使用率が表示される。

2-24 ハイパー・スレッドの実現

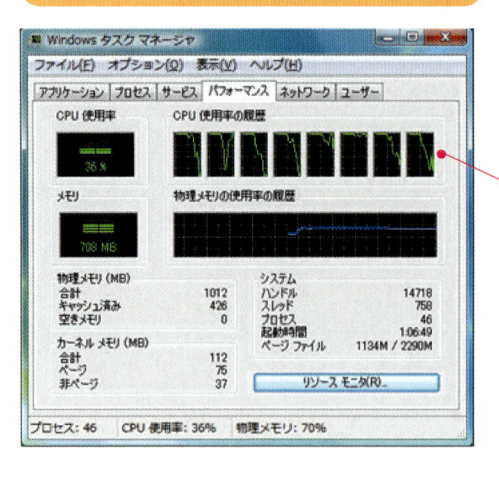

このようにWindowsは8個のコアとして認識し、それを使い分けている。

知っ得 Core i7専用のチップセットは「Intel X58」である。

第3章
メモリが高速に動くしくみ

メモリの役割とアドレスのしくみ

> **Key word**　**メインメモリ**　ユーザーからの命令やデータを記憶する装置でダイナミックRAMが使われる。

メモリの役割と形状

　メモリは記憶装置の一つで、CPUが仕事をするためには、処理する命令（プログラムやデータ）をすべてメモリの中に一旦記憶させておく必要がある。なぜなら、パソコンの中のCPUは、一旦メモリという装置に記憶させて、1つずつ取り出して実行していく方法をとっているからだ。ここでは、メモリがCPUから受け取ったデータを記憶する原理から、メモリの種類、アクセス方法について詳しく説明しよう。

　メモリはメモリモジュールという1枚の細長い基板の上に複数のメモリICと、メモリのスペック情報が書き込まれたSPDというROMチップを搭載している。

メモリの種類

　メモリには、記憶原理や読み書きする性能の差により**RAM**（Randam Access Memory）と**ROM**（Read Only Memory）とに分けられる。このうちRAMというのは、パソコンの起動中にのみ、私たちがデータを自由に記憶させたり読み込んだりできるメモリであるが、電源が入っていなとデータは維持されない。さらに使用される場所により**ダイナミックRAM**（DRAM）と**スタティックRAM**（SRAM）に分けられる。ダイナミックRAMはパソコンのメインメモリとして使われ、スタティックRAMはキャッシュメモリとして使われる。

　一方ROMというのは、パソコンが起動していなくてもデータが記憶され、私たちに書き込みできないデータが保存されているメモリだ。

　ここでは、メインメモリとして役割を果たしているダイナミックRAMを例にメモリが動く原理を紹介しよう。

メインメモリのアドレスのしくみ

　さて、メインメモリ、つまりダイナミックRAMは膨大な数のセルというデータを入れる入れ物で成り立っており、このセルには1ビットずつのデータが記憶される。けれども、CPUがメモリに対してデータを読み書きするときは、このセルのデータを8個分まとめて、つまり8ビット＝1バイト単位で読み書きしている。また、それぞれの8ビット単位にはアドレスが割り当てられて

知っ得　スタティックRAMはダイナミックRAMより高速に動作するのでキャッシュメモリとして使われており、このことは第2章で説明している。

おり、CPUはメモリに命令やデータを読み書きするときには、このアドレスを指定して、そこに割り当てられているデータを1バイト単位で読み書きしている。

3-1 メモリの内部

パッケージ
プラスチック製でメモリチップを保護している。

メモリチップ（DRAM）
情報の記憶場所。電気的に情報を読み書きする。

メモリモジュール
メモリICを搭載した基板。メモリの種類によって形状が異なる。SDRAMを搭載した基板をDIMMという。

端子
マザーボード上のメモリスロットに接続するための端子。

3-2 メモリの種類

- メモリの種類
  - ROM：書き込み不可。読み出し専用。
  - RAM：読み書き可
    - DRAM：メインメモリとして使用
    - SRAM：キャッシュメモリとして使用

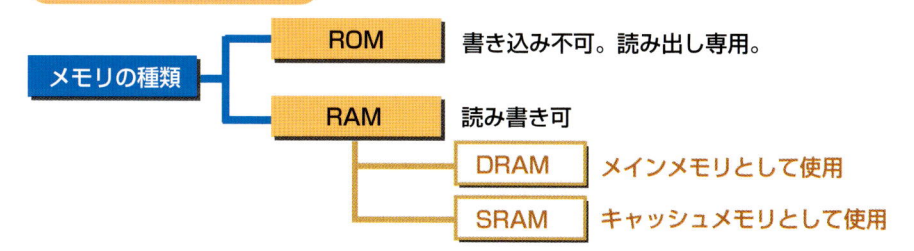

3-3 メモリとアドレス

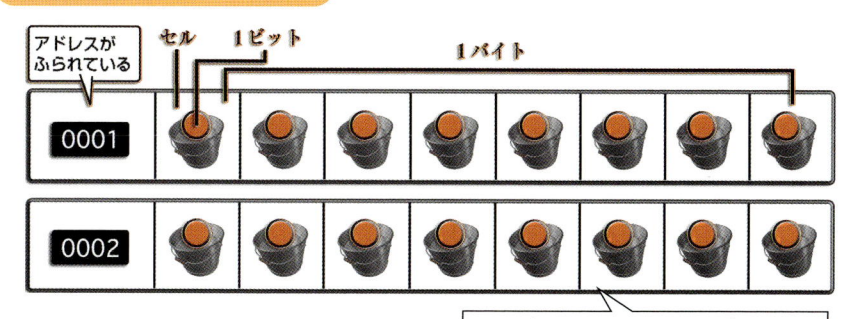

アドレスがふられている

0001　セル　1ビット　1バイト

0002

それぞれのセルには1ビットずつデータが入り、CPUがアドレスを指定すると、この8ビット単位で読み書きする

豆知識 外部記憶装置としてもっとも多く使われているUSBメモリは、書き換え可能な電源を切ってもデータが消えないフラッシュメモリでROMの1種となる。

ダイナミックRAMのしくみ〈マトリックス回路〉

> **Key word　ダイナミックRAM**　パソコンのメインメモリとして使われる記憶装置。記憶された情報は自然放電されるので、常に再記憶させなければならない。

ダイナミックRAMのしくみ

　パソコンのCPUが命令やデータをやりとりするメインメモリにはDIMM（デュアル・インライン・メモリ・モジュール）が使われている。これは一定の基盤上にダイナミックRAMと呼ばれるメモリチップを10～16個搭載しているものだ。このメモリチップは、まずセルという単位で構成されており、このセル1個分は**コンデンサ**と**トランジスタ**という2つの回路で構成されている。そして、コンデンサには電気信号として0か1が記憶されるようになっており、この0か1がメモリに記憶させる情報の最小単位になっている。つまり、コンデンサには**1ビットのデータが記憶**されていることになるわけだ。一方トランジスタはこの電気信号をコンデンサに書き込むときのスイッチの役割を演じる。トランジスタのスイッチをオンにするとコンデンサに電気信号を書き込み、オフにすると電気信号を書き込めないことになっている。

　以上がセルの構造だが、1つのセルには1ビットの情報が記憶されることに注意していただきたい。

コンデンサの数と記憶容量

　現在の1つのダイナミックRAMには非常に多くのセルが搭載されており、その数は約10億個以上にもなる。したがって、約10億個のコンデンサが搭載されていることになり、約10億ビットの情報を記憶することが可能になっている。

セルのマトリックス構造

　さて、このような無数のセルは縦横の直角に交わる配線でつながっており、横の配線を**ワード線**、縦の配線を**ビット線**と呼ぶ。そして、この配線に電圧をかけてコンデンサに情報を書き込んだり、読み込んだりする。このワード線とビット線に囲まれたセルの姿は、あたかも「行と列」の格子状に配列されているので**マトリックス構造**（格子構造）といわれている。ただし、このコンデンサに書き込まれた情報はすぐに自然放電して消えてしまうという特色がある。これでは、記憶装置として役に立たないので、常に書き込み動作を繰り返すようになっている。これを**リフレッシュ**という。ちなみに、このように情報を何回も書き込みを行わなければならないからダイナミックRAMというのだ。

知っ得　DIMM以前はSIMMというメモリモジュールが使われていたが、現在はDIMMしか使われていない。

3-4 ダイナミックRAMを構成する1個のセルのしくみ

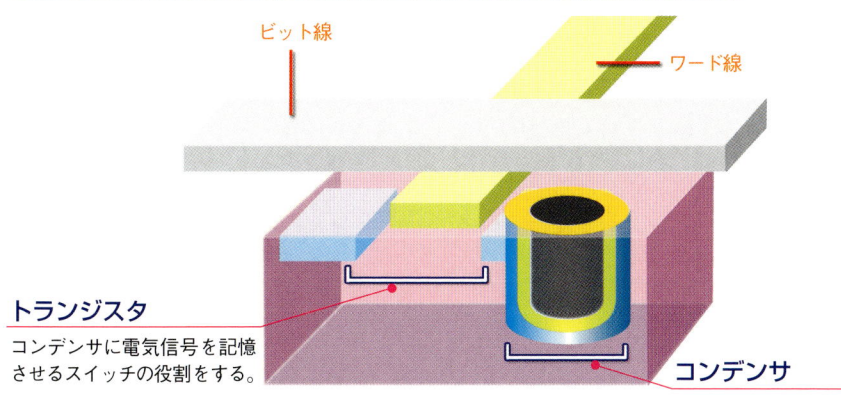

ビット線
ワード線

トランジスタ
コンデンサに電気信号を記憶させるスイッチの役割をする。

コンデンサ
ここに電気信号が記憶される。

3-5 セルに電気信号を書き込むしくみ

トランジスタ
トランジスタはスイッチの役割をして、通常はオフになっている。

コンデンサ
コンデンサは電気信号を保持する役割を持つ。保持していない状態をデジタルでは0とみなす。

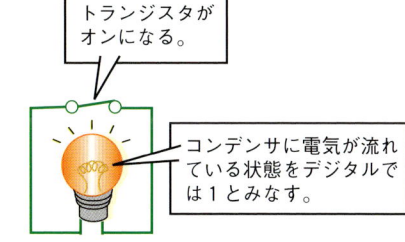

トランジスタがオンになる。

コンデンサに電気が流れている状態をデジタルでは1とみなす。

＊ この図はコンデンサーを模式的に電球と置き換えている

3-6 ダイナミックRAMのマトリックス構造

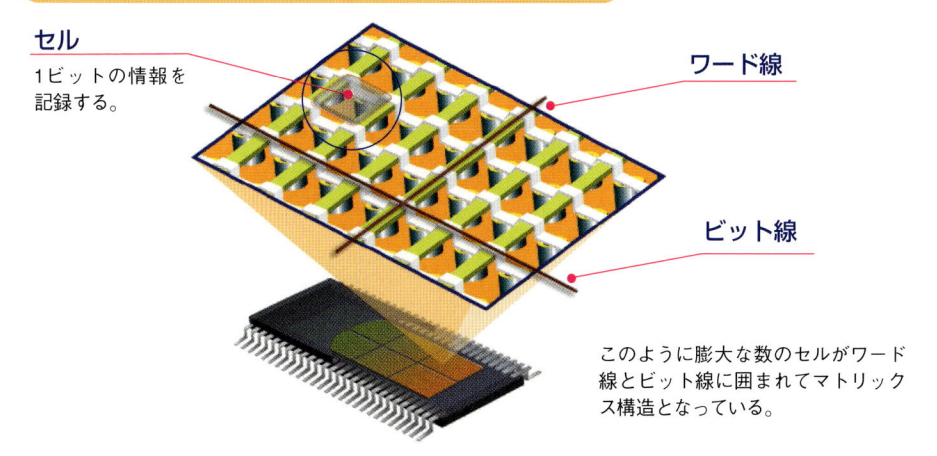

セル
1ビットの情報を記録する。

ワード線

ビット線

このように膨大な数のセルがワード線とビット線に囲まれてマトリックス構造となっている。

豆知識 ダイナミックRAMのセルという用語は細胞という意味．つまり、記憶装置の最小単位という意味だ．

CPUがデータをメモリから読み込むしくみ①

> **Keyword** メモリコントローラ　CPUがメモリにアクセスするときの仲介役をする半導体で、これがなくてはメモリにアクセスすることはできない。

CPUからメモリコントローラへのバトンタッチ

　パソコンのCPUは、メモリからデータを読み込んだり書き込む働きを持つ。ここでは、CPUがどのようにメモリからデータを読み込んでいるのか説明しよう。

　CPUがメモリからデータを読み込むときは、まずCPUが**メモリコントローラ**にメモリの中のデータが記憶されている場所、つまりアドレスを出力する。このメモリコントローラというのは、CPUがメモリにアクセスするときの仲介役をする回路で、アドレスを**行アドレス**と**列アドレス**の2つに分ける役割を持つ。このうち行アドレスというのは、メモリのセルにつながっている配線のうちワード線（行の配線）を指定するもので、列アドレスというのはビット線（列の配線）を指定するものだ。

1行のデータを取得する

　さて一方、メモリの背面にはメモリの内部に張りめぐらされた回線の端子（配線の先端）がある。これらが行アドレス、列アドレスをどう動かしていくのだろうか。ここではまず、この端子の中でも**行アドレス**を指示する**/RAS端子**に注目していこう。メモリコントローラがメモリに対して行アドレスを出力して、この/RAS端子をオンにすると、この/RAS端子が有効になる。その結果、その行アドレスがメモリ内部の**行セレクタ回路**に到達すると、その行アドレスに相当するワード線がオンとなる。例えば、メモリコントローラが行アドレスとして4行目を指定すると4行目のワード線がオンとなるのだ。

　さて、このように4行目のワード線がオンとなると、その4行目のワード線につながっている膨大な数にも及ぶセルのトランジスタがすべてオンになり、コンデンサに記憶されているビット（電荷）がビット線にコピーされる。例えば、ビット線につながっているセルが1024個あるとすれば、それがすべてビット線に放出されるというわけだ。そうすると、このビット線に乗ったビットがすべて**センスアンプ**というメモリ内部の装置に送信されることになる。したがって、センスアンプには1024個のビットが並ぶことになる。ところが、このようにセンスアンプに出力されたビット（電荷）が非常に弱くなることがあるので、センスアンプ内で電荷が増幅される。このようにセンスアンプ内の電荷を増幅することを**リフレッシュ**という。

> **知っ得** メモリコントローラはクロックジェネレータから発信されるクロック周波数、つまり外部クロック周波数に合わせて動作する。

3-7 CPUからメモリにアドレスが送信される

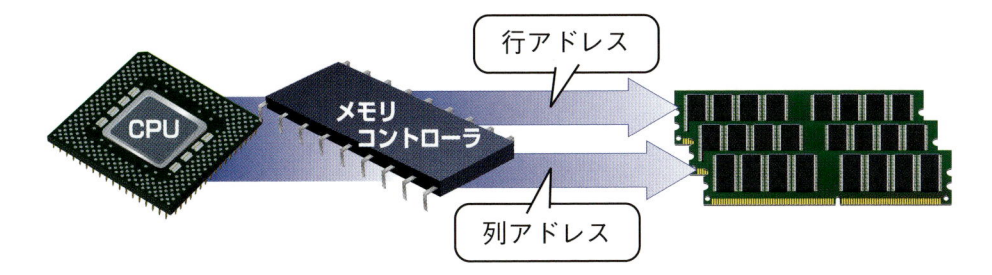

行アドレス
CPU
メモリコントローラ
列アドレス

3-8 メモリチップの背面のイメージ図

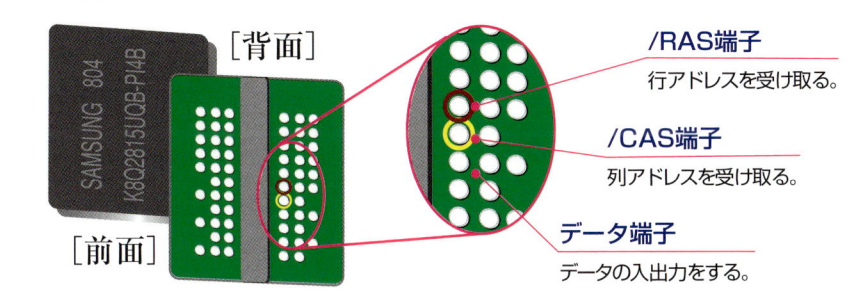

[背面]
[前面]

/RAS端子
行アドレスを受け取る。

/CAS端子
列アドレスを受け取る。

データ端子
データの入出力をする。

3-9 1行のデータを取得する

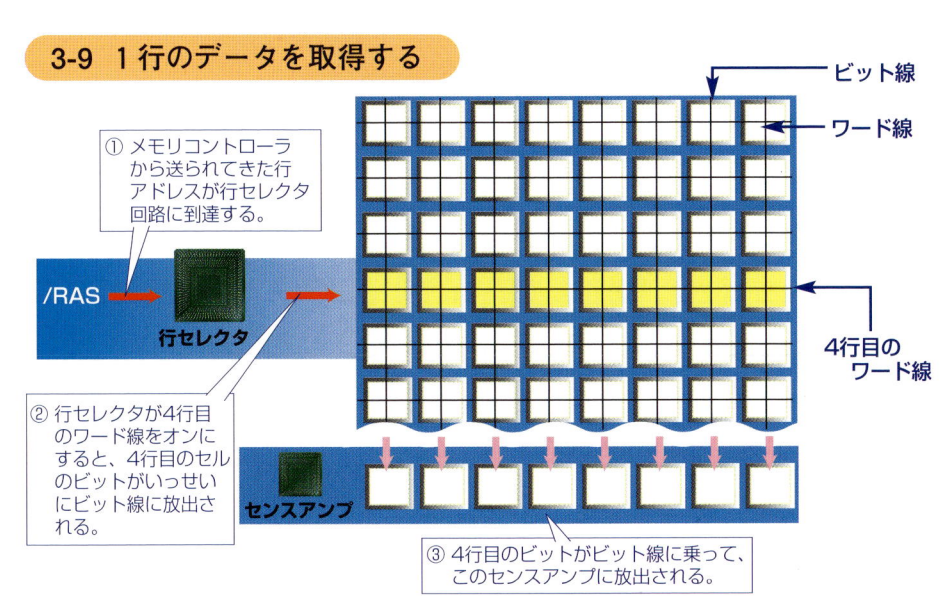

ビット線
ワード線

① メモリコントローラから送られてきた行アドレスが行セレクタ回路に到達する。

/RAS
行セレクタ

4行目のワード線

② 行セレクタが4行目のワード線をオンにすると、4行目のセルのビットがいっせいにビット線に放出される。

センスアンプ

③ 4行目のビットがビット線に乗って、このセンスアンプに放出される。

＊ この後は、このビットの中の1つを選ぶのだが、この手順は次ページで説明する。

豆知識 メモリコントローラは、CPUがCore2シリーズまではチップセット内に存在したが、Core i7ではCPU内部に存在する。

CPUがデータをメモリから読み込むしくみ②

> **Keyword** バースト転送　センスアンプに並んだビットを連続的に出力アンプに出力することをいう。最大8ビットの連続的なデータを出力できる。

1列分のデータを取得する

　前項では1行のワード線につながったセルに記録されているビットがセンスアンプにコピーされることまでを説明したが、ここではこのセンスアンプにコピーされた1行分のビットの中から1つのビットを選択して**出力アンプ**というCPU側の入口になっている回路に出力されるまでを説明しよう。

　さて、センスアンプに1行分のビットが出力されると、今度はメモリコントローラはメモリに対して**列アドレス**を出力して列アドレスを指示する**/CAS端子**をオンにする。この/CAS端子というのも、メモリチップの背面に存在する端子で、これを有効にするのだ。なぜなら、この/CAS端子を有効にすることによって、その列アドレスがメモリ内部の**列セレクタ回路**に到達させられるからだ。そうする

と、その列アドレスに相当するビット線がオンとなる。例えば、列アドレスとして5列目が指定されると、5列目のビット線がオンとなるのだ。このように5列目のビット線がオンとなると、センスアンプに保持されていた電荷の中から5列目の電荷だけが選択されて、**出力アンプ**という装置に放出される。このように、出力アンプに出力された電荷がCPUに渡されることになるのだ。

　以上のようにして、1ビットの情報が電子の流れによりCPUに渡されることを説明してきたが、実際には以上の動作が何億回と繰り返されて、瞬時にして一連の意味あるデータとして出力されることになる。以上がCPUとメモリとのデータのやりとりのしくみである。

バースト転送の話

　ところで、CPUが一定のデータをメモリに記憶させるとき、そのデータを構成するビットは連続的に記憶されることが多い。つまり、1つのデータが8ビットで構成されるとき、このそれぞれのビットがメモリのセルのあっちこっちに記憶されるのではなく、一定の行のセルに連続的に記憶されるのが普通である。とな

れば、例えば4行目のセルのデータを読み込むとき、4行目のデータがすべてセンスアンプに放出されると、そのセンスアンプの列アドレスを、例えば5→6→7→8というように連続的に指定して出力アンプに出力させればいいことになる。つまり何回も行アドレスを指定しなくても、8ビットが出力されるまで列アドレ

> **知っ得**　パソコンのカタログではダイナミックRAMをSDRAMと表記するがSynchronous DRAMの略でクロック信号に同期して動作する意味である。

スだけを指定すればいいことになるのだ。このように、列アドレスを連続的に指定して、センスアンプ内のデータを連続的に出力アンプに出力することを**バースト転送**という。バースト転送では最大8ビットまで連続的に出力されるのである。

メインメモリの動作が遅い理由

さて、メモリコントローラがメモリに行アドレスを出力してデータがセンスアンプに出力されるまでに待ち時間が生じる。また、このようにセンスアンプに出力されたことを確認してから列アドレスを入力して出力アンプに出力されるまでにも待ち時間がある。

これを「CAS Latency-レイテンシ」と

いう。この2つの待ち時間があることによってメモリの動作速度は遅いといわれている。なお、「CAS Latency」を略して「CL」といい、これがメモリの性能を表わす指標として使われている。例えば、「CL=6」というように表され、この数字が小さいほど高速となる。

3-10 1列のデータを取得する

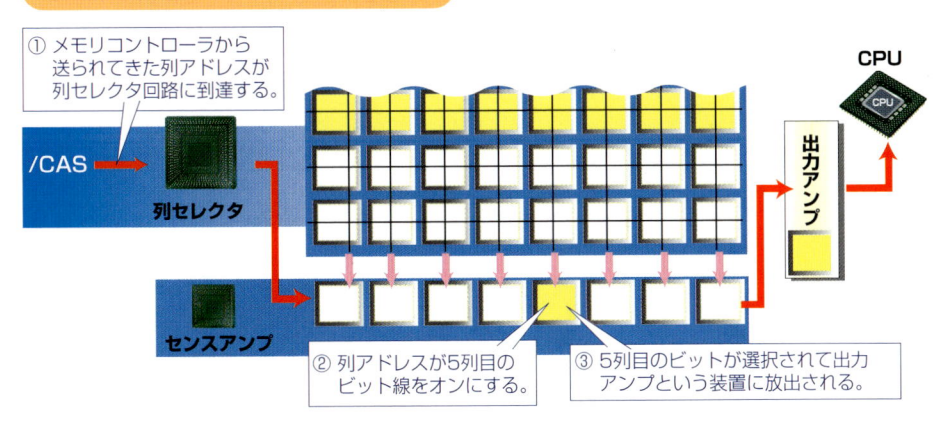

① メモリコントローラから送られてきた列アドレスが列セレクタ回路に到達する。
② 列アドレスが5列目のビット線をオンにする。
③ 5列目のビットが選択されて出力アンプという装置に放出される。

3-11 バースト転送のしくみ

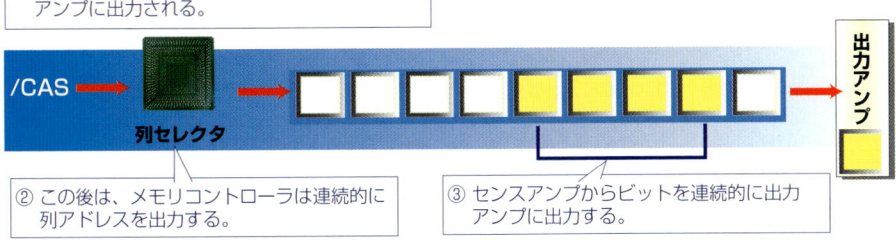

① メモリコントローラから4行目の行アドレスが送られてくると4行目すべてのビットがセンスアンプに出力される。
② この後は、メモリコントローラは連続的に列アドレスを出力する。
③ センスアンプからビットを連続的に出力アンプに出力する。

豆知識 メモリの動作が遅いのは外部クロック信号自体が遅いことも原因の1つである。

CPUがデータをメモリに書き込むしくみ

> **Key word** センスアンプ　メモリ内部にあってデータの読み書きのときに使う一時的な記憶場所。

1個のデータを出力する

　ここでは、CPUがデータをメモリに書き込むしくみを説明する。CPUがメモリにデータを書き込むときは、CPUはまず以下の2つの動作をする。

① そのデータをメモリコントローラに出力する。
② そのデータを記憶させるアドレスもメモリコントローラに出力する。

　この結果、メモリコントローラにはメモリに書き込みたいデータと、実際にメモリ内に書き込む場所を指示するアドレスが一緒に到達することになる。

　そして、メモリコントローラは、まずメモリに書き込みたいデータを出力してメモリの背面にある**データ端子**をオンにする。この結果、メモリの**入力アンプ**という回路には1ビットだけ保持されることになる。

1行のデータを取得する

　この後の手順は、しばらくの間はデータの読み込みとほとんど同じになる。つまり、メモリコントローラはメモリに対してデータを書き込む行アドレスを指示して**/RAS端子**をオンにする。この結果、その行アドレス、例えば3行目がメモリ内部の**行セレクタ回路**に到達すると、その3行目のワード線がオンになるのだ。このように3行目のワード線がオンとなると、その3行目のワード線につながっている膨大なセルのビットがビット線に放出されることになる。そして、そのビット線に放出されたビットはメモリ内のセンスアンプに出力されるのである。

1ビットだけ書き換える

　さて、このようにセンスアンプに1行分のビットが出力されると、次にメモリコントローラはメモリに対して**列アドレス**を出力して**/CAS端子**をオンにする。この/CAS端子をオンにすることによって、その列アドレス、例えば4列目がメモリ内部の**列セレクタ回路**に到達すると4列目のビット線がオンとなるのだ。

　このように4列目のビット線がオンとなると、**入力アンプに保持されている1ビット**が、センスアンプに保持されて

知っ得　メモリの中のデータは自然放電するので、常にリフレッシュし続けなければならない。

いるビットの中の4列目に入力される。つまり、1024個のビットの中の4列目のビットだけが書き換えられるというわけだ。そして、その後でワード線で指示している3行目にこのセンスアンプのデータがすべて書き戻されてデータの書き込みは終了するというわけだ。

3-12 メモリの入力アンプに1ビットを書き込む

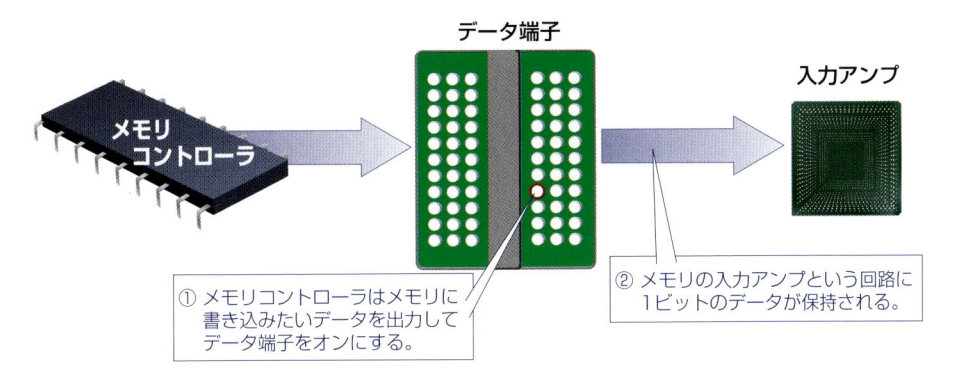

① メモリコントローラはメモリに書き込みたいデータを出力してデータ端子をオンにする。

② メモリの入力アンプという回路に1ビットのデータが保持される。

3-13 1行のデータを書き込む

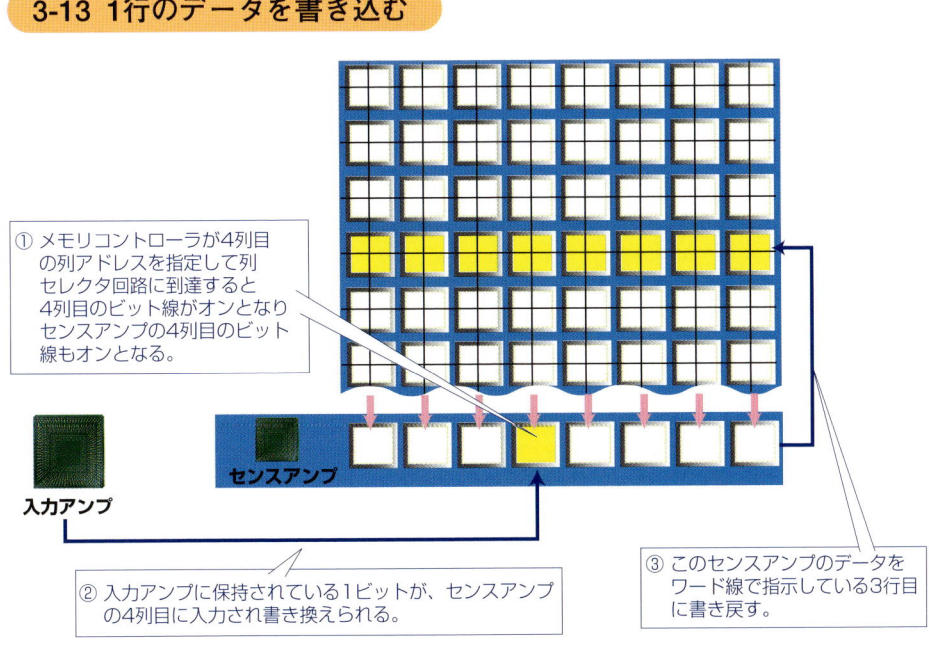

① メモリコントローラが4列目の列アドレスを指定して列セレクタ回路に到達すると4列目のビット線がオンとなりセンスアンプの4列目のビット線もオンとなる。

② 入力アンプに保持されている1ビットが、センスアンプの4列目に入力され書き換えられる。

③ このセンスアンプのデータをワード線で指示している3行目に書き戻す。

豆知識　メモリの中のデータのリフレッシュのときもセンスアンプに1行のビットを出力して増幅して書き戻すことを繰り返す。

メモリの進化と最先端のメモリ

> **Keyword** シンクロナスDRAM 1回の外部クロックで1回のデータの読み書きできるメモリのこと。SDRAMとも表記する。

CPUの進化とメモリ

これまでに誕生したCPUには多くのものがあるが、最近のCPUにはCeleron、Pentium、Core2、そして、Core i7がある。そして、このような歴史を通して高速化を実現してきたのだ。

これに対して、メモリも高速化を実現して最近の進化は著しい。特にフラッシュメモリとダイナミックRAMの進化は著しいのだ。ここでは、この2つのメモリのうち、ダイナミックRAMの最近の進化過程と最先端の「Double DataRate3 Synchronous DRAM（DDR3 SDRAM）」の特色を説明する。

DDR2 SDRAMまでの流れ

まず、SDRAM（Synchronous DRAM）では1クロックで1回のデータの読み書きだったが、その後に誕生したDDR SDRAMは「Double Data Rate Synchronous DRAM」といわれる通り、1クロックで2回の読み書きができた。そして、DDR2 SDRAMではCore2シリーズというCPUで使われるメモリで、DDR SDRAMをさらに高速化して2倍の読み書きができるようになった。

DDR3 SDRAMの特色

このメモリは最先端のCPU「Core i7」で使われるもので、DDR2 SDRAMの2倍の速さで読み書きができる。また、このメモリは3枚単位でメモリスロットに取り付けて高速にアクセスできるようにしている。現在までのところ、このダイナミックRAMが最先端のメモリである。

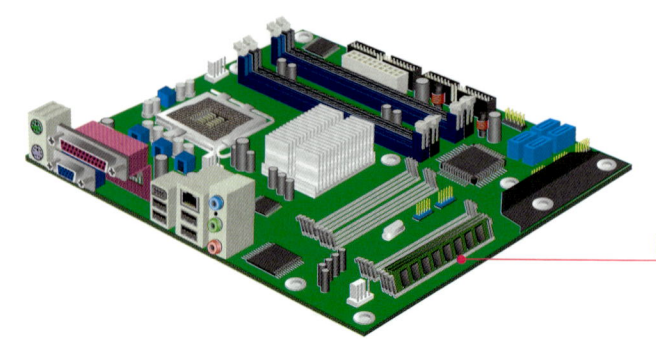

DDR3 SDRAM
3枚単位で取り付ける。これをトリプルチャンネルという。

知っ得 ダイナミックRAMというのは、常に記憶の更新をしなければ記憶内容が消失するメモリのこと。

第4章
高速LSIを製造するしくみ

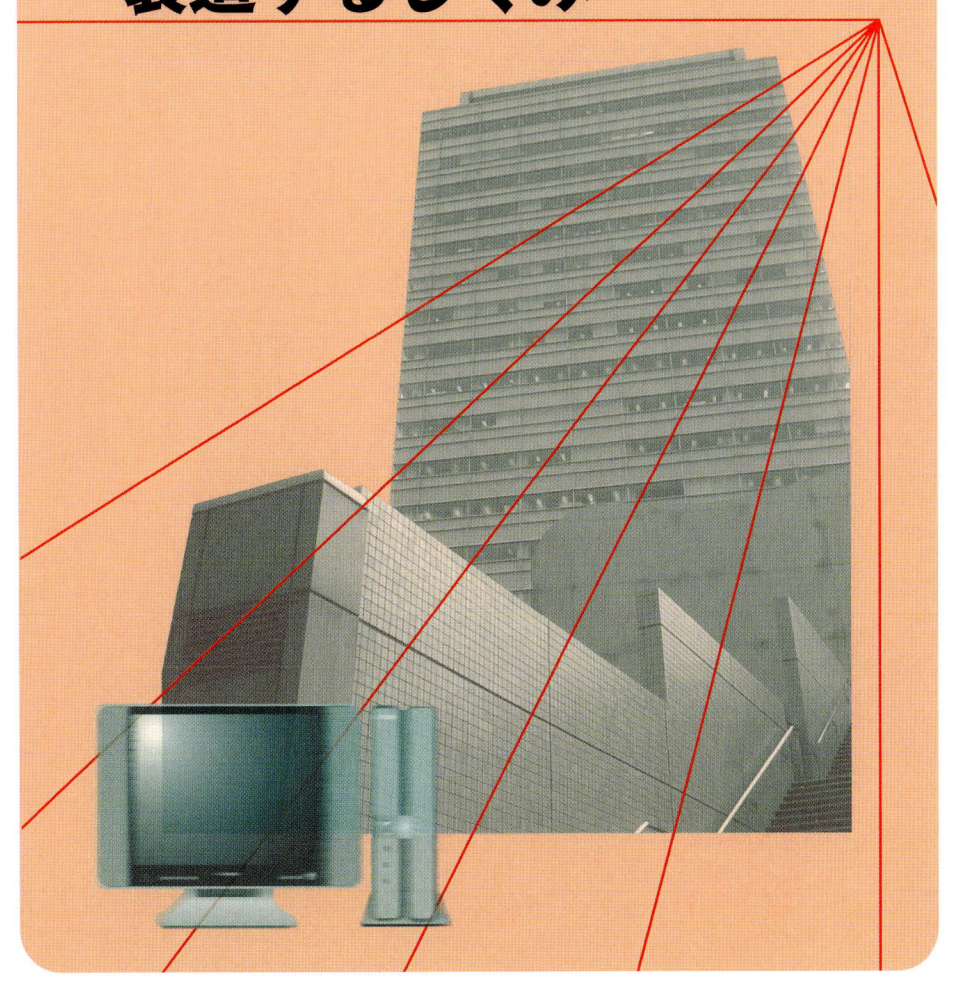

トランジスタの製造プロセスを眺める

> **Key word** **シリコン** CPUやメモリなどを集積回路を作る原料。地球上の岩石の約27パーセントを占める物質である。

シリコンからトランジスタへ

パソコンに搭載されているCPUやメモリなどを**集積回路(LSI)**というが、この集積回路を製造するには、シリコンウェハを精製することから始める。このシリコンウェハは、地球上の岩石に存在するケイ石（SiO_2）を溶かしてシリコンの棒、つまり**シリコンインゴット**を精製することから始めるのだ。ここでは、高速LSIの製造方法を説明するにあたって、シリコンインゴットからシリコンウェハ、そしてトランジスタまでの全製造プロセスをサッと俯瞰(ふかん)(眺める)することにしよう。

4-1 シリコンウェハまで

シリコンの原料となるケイ石
これがケイ石。これを細かく砕いて洗浄して石英ルツボという炉に入れて溶かしてシリコンインゴットを精製する。

シリコンインゴット
このようにシリコンの棒、つまりシリコンインゴットを精製する。

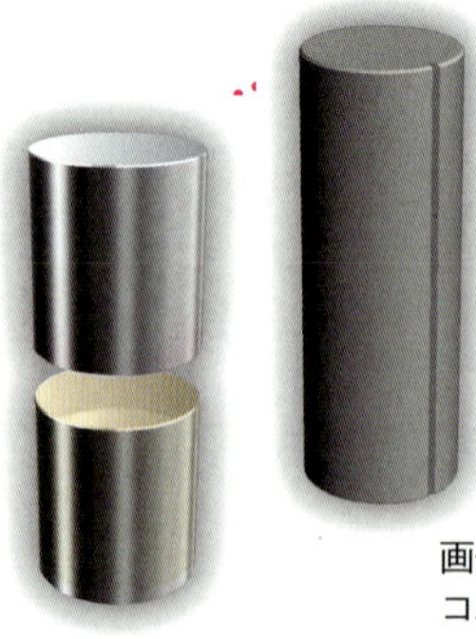

画像：
コバレントマテリアル株式会社 提供

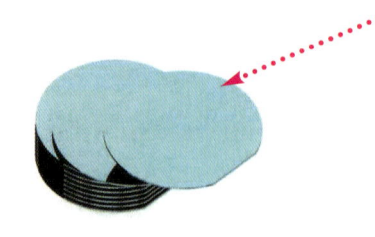

完成したシリコンウェハ
シリコンインゴットを約700ミクロンの厚さに切ってシリコンウェハを作る。

シリコンインゴットを切断する
シリコンインゴットの前後を切り捨てて、さらに一定の長さに切断する。

> **知っ得** CPUやメモリなどを総称して集積回路(Integrated Circuit、IC)という。

4-2 完成したウェハ

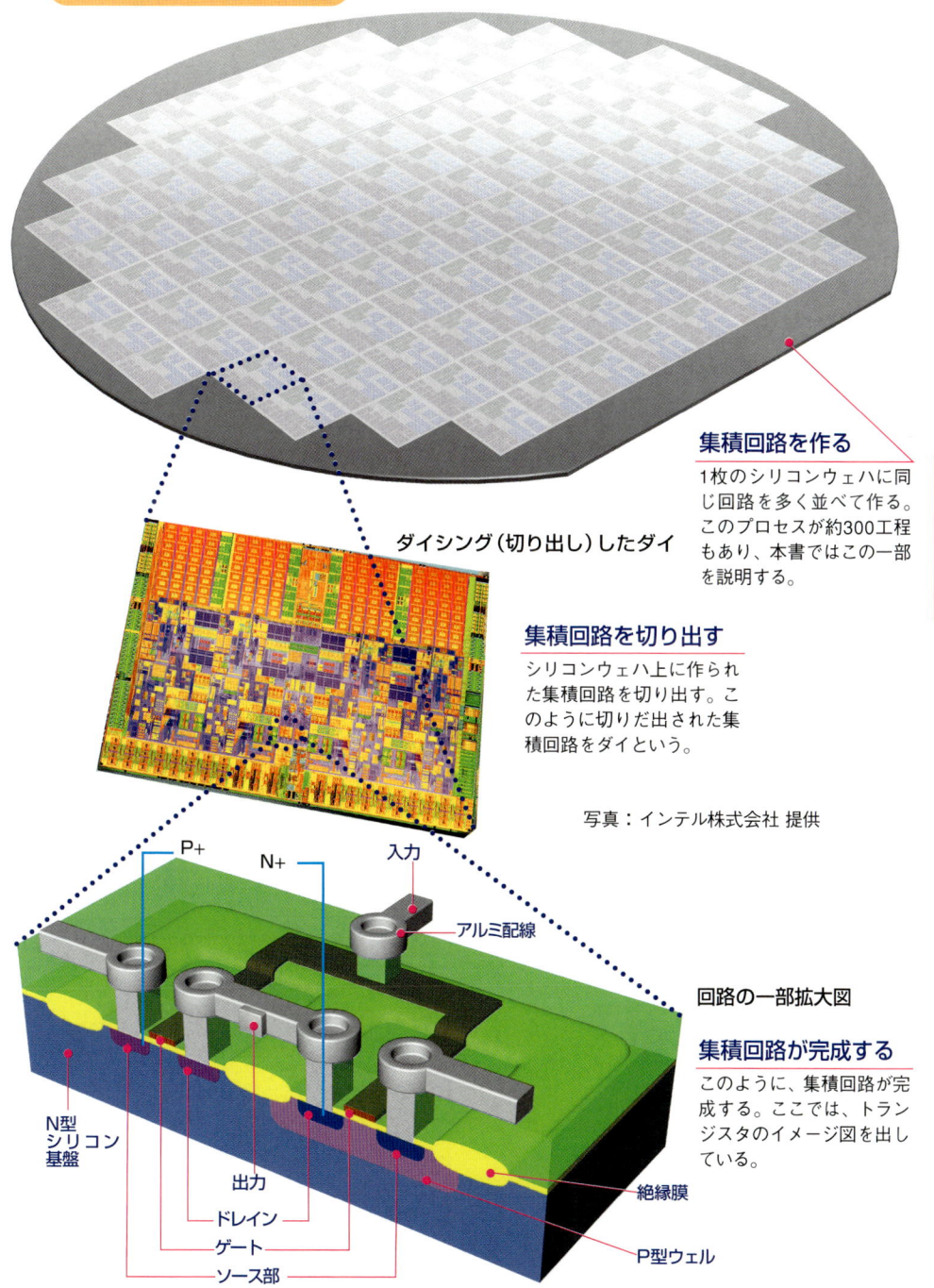

集積回路を作る
1枚のシリコンウェハに同じ回路を多く並べて作る。このプロセスが約300工程もあり、本書ではこの一部を説明する。

ダイシング（切り出し）したダイ

集積回路を切り出す
シリコンウェハ上に作られた集積回路を切り出す。このように切りだ出された集積回路をダイという。

写真：インテル株式会社 提供

P+　N+　入力
アルミ配線

回路の一部拡大図

集積回路が完成する
このように、集積回路が完成する。ここでは、トランジスタのイメージ図を出している。

N型シリコン基盤
出力
ドレイン
ゲート
ソース部
絶縁膜
P型ウェル

豆知識 集積回路を構成するトランジスタ、抵抗、コンデンサなどを素子という。

シリコンインゴットの製造プロセス

Keyword **シリコンインゴット** ケイ石（SiO2）から精製された純度99.999999999％の単結晶シリコン棒である。

集積回路

　パソコンに搭載されているCPUやメモリ、その他の回路を一般的に集積回路という。これは薄くスライスしたシリコンウェハの上に、多くの同じ回路を作り、その回路に多くのトランジスタやコンデンサなどの素子を作ったものだ。つまり、1つひとつの回路が集積回路となる。1つの集積回路を構成するトランジスタやコンデンサなどの素子の数が多ければ「集積度が高い」という。なお、私たちが集積回路の集積度を表わすとき、この素子の中でもトランジスタの数で表す。

　さて、この集積回路は、当初はIC（Integrated Circuit）とも呼ばれたが、トランジスタが1万個以上になってからLSI（Large Scale Integration）と呼ばれるようになった。最近は、1億個以上のトランジスタが搭載された集積回路が登場しており、このような集積回路をULSI（Ultra Large Scale Integration）という。以前は、このように集積規模によって集積回路の名称を変えてきたが、最近では一般的にこれらを総称してLSIと呼んでいる。

シリコンインゴット精製

　さて、集積回路はシリコンウェハで作られるが、このシリコンは地球上の岩石の約27パーセントも占めているケイ石（SiO2）から作る。このケイ石から、まず**純度99.999999999％**（イレブン・ナイン）の単結晶シリコンの棒、つまり**シリコンインゴット**を精製するのである。この純度99.999999999％というのは1000トンのシリコンの中に不純物がたったの1グラムという驚異的な純度である。

　このシリコンインゴットを作るには、まず石英ルツボという窯（かま）の中に荒くくだいて洗浄したシリコン片と微量のホウ素やヒ素などを入れて1400度以上に加熱して溶かす。このホウ素やヒ素などは、シリコンウェハにトランジスタを作る際に基（もと）になる重要な素材なので欠かせない。

　そして、それと同時にシリコンインゴットを引き上げるための1本のピアノ線を用意し、その先端に核となる小さなシリコンのかたまりを付けて、溶解したシリコンの中に下ろす。なお、このシリコンのかたまりはシリコンインゴットのもとになることから「種（たね）」と呼ばれ、これからできるシリコンの純度の高いかたまりでもあるので「種結晶（たねけっしょう）」とも呼ばれる。そのシリコンの種結晶を1日がかりでゆっくりと回転させながら引き上げるのだ。

知っ得　シリコンの原料は北欧で採掘された純度の高いケイ石を使う。

このようにすることによって、シリコンが棒のように成長して、回りがゴツゴツした荒削りなインゴットができあがる。

このシリコンインゴットは、長さが約2メートル、重さが約150kg、そして直径は20-30cmもある大きなものだ。

4-3 シリコンインゴットを精製する

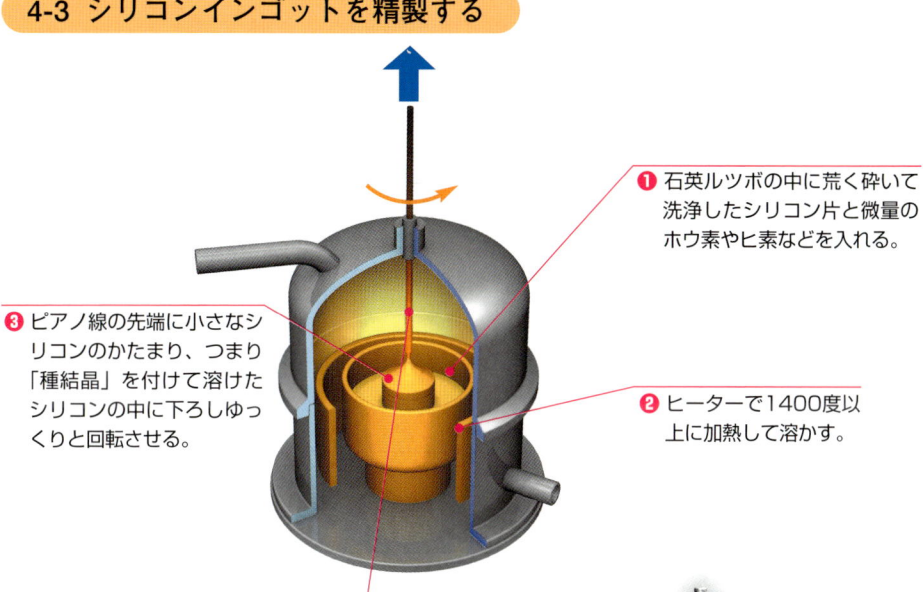

❶ 石英ルツボの中に荒く砕いて洗浄したシリコン片と微量のホウ素やヒ素などを入れる。

❸ ピアノ線の先端に小さなシリコンのかたまり、つまり「種結晶」を付けて溶けたシリコンの中に下ろしゆっくりと回転させる。

❷ ヒーターで1400度以上に加熱して溶かす。

❹ ピアノ線を1日がかりで回転させながら引き上げるとシリコンの種結晶が棒のように成長して周りがゴツゴツした荒削りなインゴットができあがる。

❺ 石英ルツボから引き上げられたシリコンインゴット。まだこの段階では荒削りなもの。長さが約2メートル、直径は20-30cm、重さが約150キログラムという巨大なものである。

第4章

豆知識 シリコンの原石であるケイ石（SiO2）は地球上の岩石の約27パーセントも占めているので酸素について2番目に多い元素である。枯渇することはない。

シリコンウェハの製造プロセス

Keyword シリコンウェハ　シリコンインゴットを薄くスライスしたもの。この上に集積回路を作る。

シリコンインゴットを切断してオリフラを作る

　ここでは、完成したシリコンインゴットからシリコンウェハを製造するプロセスを説明する。まず、完成したシリコンインゴットを冷やしてから、先端部分と最後の不要部分を切り取って捨てることから始める。そして、残った部分を数ブロックにスライスして、それぞれを一定の太さになるように研磨する。先出のシリコンインゴットをルツボから引き上げる際には、このように研磨して細くすることを考慮して太めに成長させている。

　そして、インゴットの片方の側面をわずかに平らに削って**オリエンテーション・フラット**、つまり**オリフラ**と呼ばれる部分を作る。このオリフラというのは、シリコンインゴットを一定の台の上に固定させてその上から、薄くスライスするために必要なものである。

シリコンウェハを作る

　シリコンインゴットのオリフラに接着剤を塗って、一定の台の上に固定させる。それからインゴットを薄くスライスするのだが、この薄くスライスするには2つの方法がある。

　1つ目は**ブレードソー**と呼ばれる方法で、円盤状の刃物を用意して、その外側にダイヤモンドの粉を塗る。そして、その刃物を回転させて、インゴットを約700ミクロンほどの厚さにスライスする。このブレードソーの短所は、1枚ずつ切断しなければならず時間がかかることである。

　2つ目は**ワイヤソー**と呼ばれる方法で、まずワイヤソーと呼ばれる極細のピアノ線を用意してそれにダイヤモンドの粉を塗る。そして、固定したインゴットの上から、そのピアノ線をノコギリのように動かしてインゴットをスライスするのだ。この方法だとピアノ線の本数と同じ枚数のシリコンウェハができるので効率はよい。したがって、最近はこのワイヤソーの方法が用いられることが多い。

　さて、いずれにしても、そのようにシリコンウェハに切断しても、まだそれぞれのシリコンウェハは台の上に固定されている。したがって、オリフラの接着部分を溶解液で溶かして、それをはがし、1枚1枚の表面を鏡のように磨きあげることになる。そして、最後にそれぞれのシリコンウェハの周辺の角のところを面取りする。このようにすることによって、トランジスタを製造する工程で角の部分が欠けるのを防ぐことができるのだ。

知っ得　ブレードソーでは、円盤状の真ん中部分が空いていて、その中にシリコンインゴットを入れて切断する方法もある。

4-4 シリコンインゴットを切断してオリフラを作る

カットする
先端部分と最後の不要部分を切り取って捨てる。

数ブロックに切断して一定の太さになるように研磨する。

オリフラ
このように、インゴットの片方の側面をわずかに削るとオリフラができる。

画像：コバレントマテリアル株式会社 提供

4-5 シリコンウェハを作る

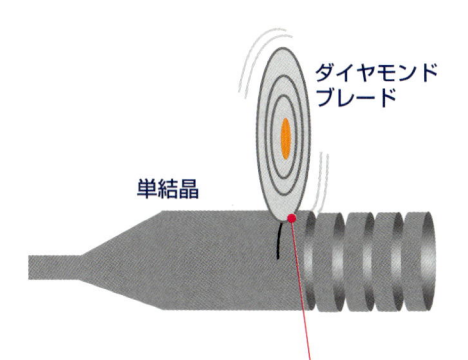

ダイヤモンドブレード

単結晶

ブレードソー
固定したインゴットの上から周辺にダイヤモンドの粉を塗ったダイヤモンドプレートを、回転させてインゴットをスライスする。

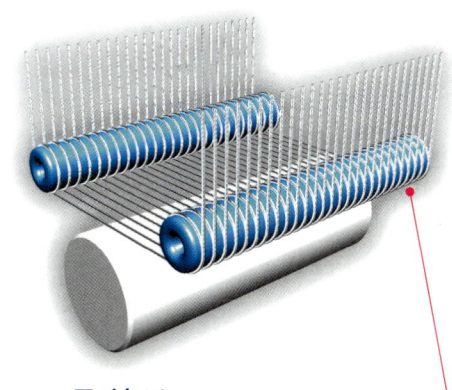

ワイヤソー
固定したインゴットの上から極細のピアノ線をノコギリのように動かしてインゴットをさらに薄くスライスすると、シリコンウェハに近い形状のものができる。

第4章

豆知識 ワイヤソーのピアノ線が1本につながって、それが一方から引っ張られて切断する方法もある。

CMOS型トランジスタの製造プロセス①

> **Key word** **CMOS型トランジスタ** Nチャンネル型トランジスタとPチャンネル型トランジスタという2つで構成されているトランジスタ。

トランジスタの製造手順

CPUやメモリの実体は、シリコンウェハで作ったLSI（大規模集積回路）である。しかし、CPUやメモリ、その他の装置が持つ役割によってLSIの構造が異なるが、ここではCPUを取り上げて、どれをとっても、同じ製造工程をとり中心部分となるトランジスタの製造工程を説明する。

このLSIの中心部分は**CMOS型トランジスタ**で構成される。その内部は「Nチャンネル型MOS FET」と「Pチャンネル型MOS FET」という2つの内部構造が異なるトランジスタで構成されている。

このCMOS型トランジスタは構造上の複雑さから**300から400**にもおよぶ工程で作られるが、この本ではシリコンウェハ上にトランジスタを作り込む工程を簡略化してイメージがわくように説明していく。詳しくは専門書を参考にしていただきたい。

❶ シリコン酸化膜を作る

一定の筒の中にシリコンウェハを縦に何枚も並べて、その周囲からヒーターで約900℃の高温にさらす。そして、外部から酸素を入れてシリコンと反応させて、シリコンウェハの表面全体にトランジスタを作るためのシリコン酸化膜（SiO_2）を作る。

シリコンウェハを縦に何枚も並べて約900℃の高温にさらし、外部から酸素を入れてシリコン酸化膜を作り、シリコンウェア表面に回路基盤作成の準備を整える。

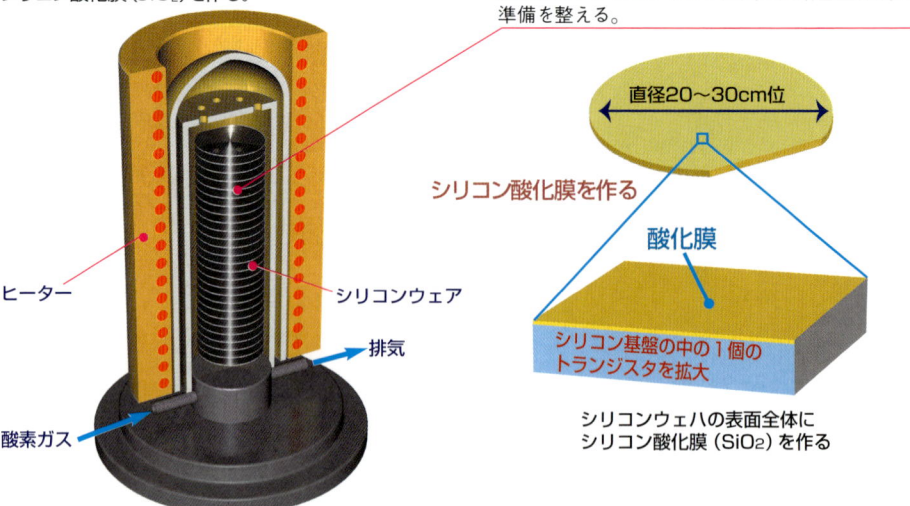

ヒーター
シリコンウェア
排気
酸素ガス

直径20〜30cm位

シリコン酸化膜を作る
酸化膜
シリコン基盤の中の1個のトランジスタを拡大

シリコンウェハの表面全体にシリコン酸化膜（SiO_2）を作る

> **知っ得** ダイナミックRAMのようなLSIは、内部がセルで構成されており、そのセルがトランジスタとコンデンサで構成されている。

❷ フォトレジスト膜を作る

筒の中からシリコンウェハを取り出した後、その表面にフォトレジスト（感光性樹脂）をたらしてから高速回転させ、厚さ1ミクロン程度のフォトレジスト膜ができる。この感光性樹脂とは「光に反応する樹脂」のことで、光を照射して一定の処理をすると表面を固めたり溶かしたりできる樹脂のことである。

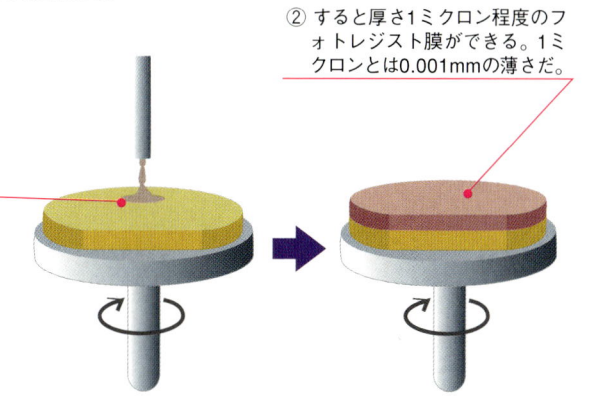

① シリコンウェハの表面にフォトレジスト（感光性樹脂）をたらしてから高速回転させる。

② すると厚さ1ミクロン程度のフォトレジスト膜ができる。1ミクロンとは0.001mmの薄さだ。

❸ ガラスマスクを用意する

ここで「一定範囲が黒く塗られている長方形」がたくさん描かれているガラスを用意する。これを「ガラスマスク」という。このガラスマスクに塗られている1つひとつの長方形は1個分のトランジスタ構造が描かれている。これが1枚のガラスに集まりLSIとなる。ここではわかりやすく単純化した図で描いているが実際には100万個位のトランジスタで構成される。

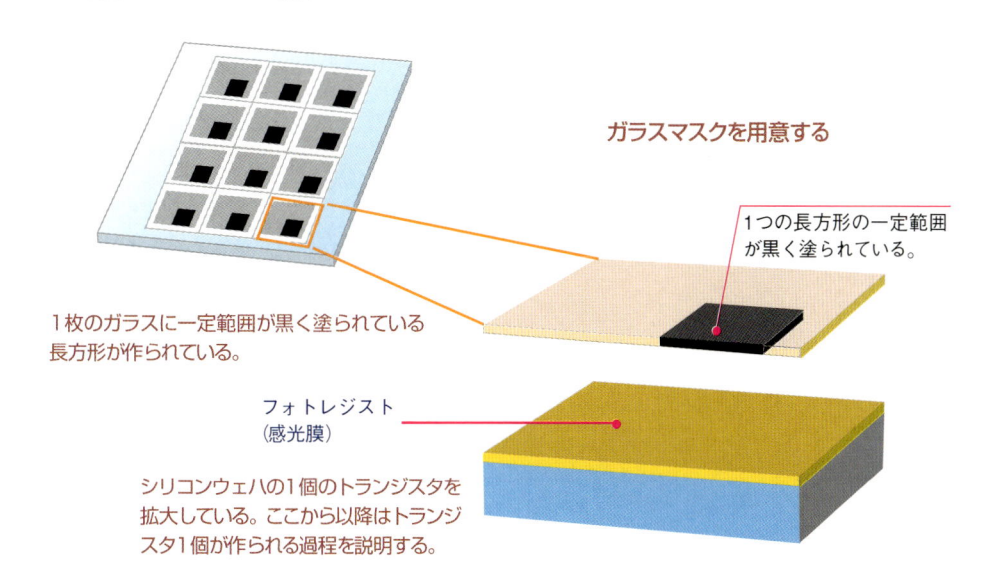

ガラスマスクを用意する

1枚のガラスに一定範囲が黒く塗られている長方形が作られている。

1つの長方形の一定範囲が黒く塗られている。

フォトレジスト（感光膜）

シリコンウェハの1個のトランジスタを拡大している。ここから以降はトランジスタ1個が作られる過程を説明する。

第4章

豆知識 MOS FETは「Metal-Oxide-Semiconductor Field-Effect Transistor」の略である。

CMOS型トランジスタの製造プロセス②

> **Key word** **Pウェル層** CMOS型トランジスタのNチャンネル型トランジスタの中核となる部分のこと。

シリコンウェア上にLSIを作るには、フィルムのネガを使って印画紙に色を焼き付けるのに似たプロセスをとる。つまり、前頁で紹介したガラスマスクをフィルムの代わりにし、その上に描かれたLSIの電子回路の土台となる形状を、シリコンウェア上に焼き付けていく。焼き付けられた形に作られたウェア上の溝に、トランジスタの働きをなす各素材を流し込んでいくのだ。

❹ 紫外線で焼き付ける

ガラスマスクをステッパーという装置に取り付け、そのガラスマスクの上から紫外線を照射する。この時、シリコンウェハが載っている台が動いて、すべてのLSIとなる範囲に紫外線が照射される。

ガラスマスクの上から紫外線をフォトレジスト膜に照射する。

ガラスマスクを透過した紫外線のみがフォトレジスト膜に届き、ガラスマスク上に描かれた回路を転写する。

紫外線で焼き付ける

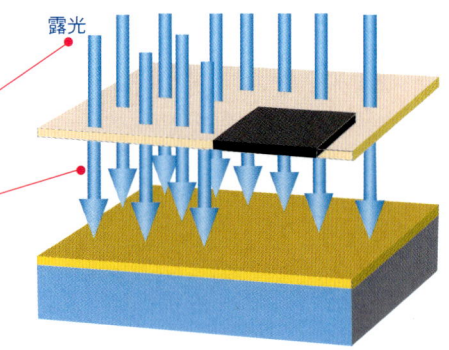

露光

＊ ここでは1つのトランジスタだけを拡大して描いている。

❺ 現像してフォトレジスト膜を除去

シリコンウェハを現像液にひたして感光しなかったマスクした部分のフォトレジスト膜を溶かして除去する。そして、その後で残ったフォトレジスト膜を約150℃で熱処理をして固める。

現像してフォトレジスト膜を除去

開口部を作る。　開口部

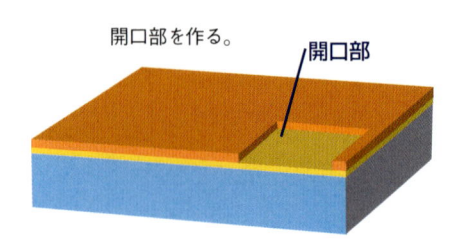

以上の❷から❺のように、シリコンウェハにフォトレジスト膜のような何らかの膜を塗って、ガラスマスクの上から紫外線などを照射する。そして、照射しなかった影の部分を除去する方法を**フォトリソグラフィ**（上の開口部）という。

知っ得　シリコン酸化膜は電気を通さない絶縁体である。

❻ フォトリソグラフィでホウ素を打ち込む

フォトリソグラフィの方法で、1個1個のトランジスタ部のレジスト膜の部分だけをガラスでマスク(隠し)し、上からイオン注入法によりホウ素をシリコンウェハに照射する。これで開口部だけにホウ素が到達してシリコンウェハの内部に浸透する。

ホウ素を照射

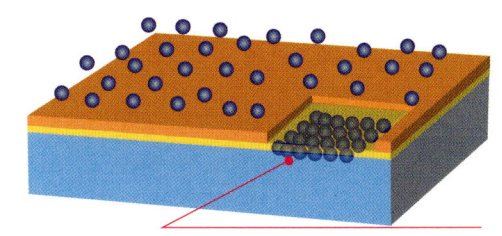

この開口部だけにホウ素が到達する。

❼ Pウェル層を作る

フォトレジスト膜を取り除き、シリコンウェハを約1200℃の高温にさらすとホウ素が熱拡散する。これでPウェル層が作られる。このPウェル層というのは、トランジスタである。

Pウェル層を作る Pウェル

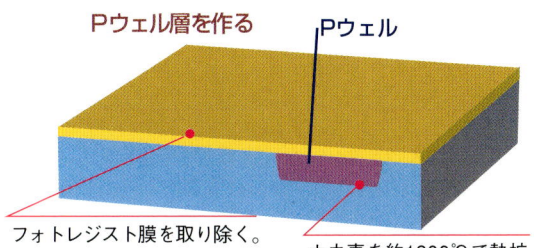

フォトレジスト膜を取り除く。

ホウ素を約1200℃で熱拡散してPウェル層を作る。

❽ 窒化マスクを作る

シリコンウェハにシリコン窒化膜を塗り、フォトリソグラフィの方法で、一定の範囲をガラスでマスクし、上から紫外線を照射する。そして、図のように窒化マスクだけを残して、他の窒化膜を除去する。

窒化マスクを作る 窒化マスク

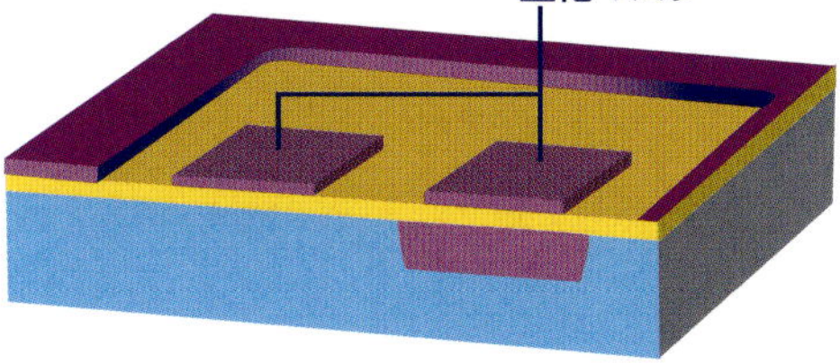

シリコンウェハにシリコン窒化膜を塗り、図の範囲だけ窒化膜を残して他の窒化膜を除去する。

❾ 分離層を作る

シリコンウェハを酸などの溶液に浸し洗浄して紛れ込んだホコリを落とす。そして、シリコンウェハを酸化炉に入れ、シリコン酸化膜だけを酸化成長させる。これで左側と右側のトランジスタの分離層(絶縁帯)ができあがる。

分離層を作る 成長した酸化膜

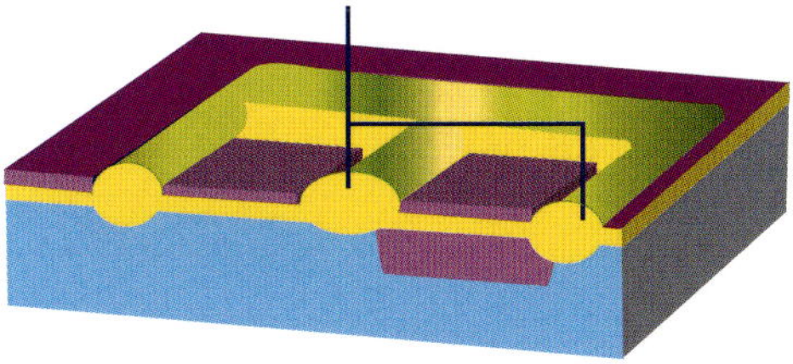

シリコンウェハを酸化炉に入れ、シリコン酸化膜だけを酸化成長させると図のように左右のトランジスタの分離層が作られる。

第4章

> 豆知識　ステッパーというのはガラスマスクの上から紫外線などの光線を照射する装置である。

CMOS型トランジスタの製造プロセス③

Key word ソース部とドレイン部　ソース部が電子の注入口でドレイン部が排出口のことである。

❿ 窒化マスクを除去する
残っている窒化膜を高温のリン酸で溶かし除去し、その下のシリコン酸化膜もフッ酸溶液で除去する。ただし、分離層だけは残す。

窒化マスク除去

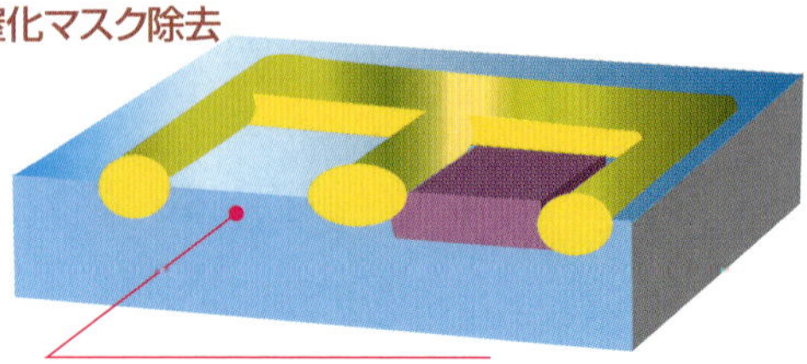

ここにあった窒化膜とシリコン酸化膜も除去された。

⓫ 再びシリコン酸化膜を塗る
ウェハを洗浄し、再び「1」と同じ薄いシリコン酸化膜（SiO₂）を塗る。このシリコン酸化膜は電気を通さない絶縁膜となる。

シリコン酸化膜を塗る

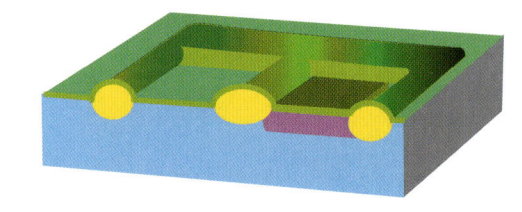

⓬ ポリシリコン膜を塗る
さらにポリシリコン膜（PolySi）を塗る。このポリシリコン膜がトランジスタ内で電子の通り道となる配線を作る。

ポリシリコン膜を塗る

⓭ トランジスタの配線だけを残す
フォトリソグラフィの方法で、トランジスタの配線となる部分だけを残し、シリコン酸化膜とポリシリコン膜を除去する。

トランジスタの配線だけを残す

ゲート電極　　配線部

この部分のシリコン酸化膜とポリシリコン膜を残す。

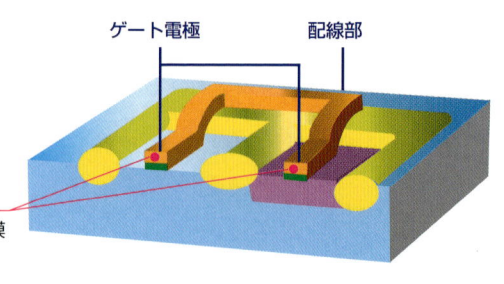

知っ得　シリコン酸化膜は電気を通さないがポリシリコン膜は電気を通す。

⓬ 左側のトランジスタ部に ソース部とドレイン部を作る

左側のトランジスタを作る部分にホウ素イオンを打ち込み、熱処理をしてソース部とドレイン部を作る。これも電子の注入口と排出口となる。

⓯ 右側のトランジスタ部に ソース部とドレイン部を作る

右側のトランジスタを作る部分にヒ素イオンを打ち込み、熱処理をしてソース部とドレイン部を作る。これが電子の注入口と排出口となる。

左右にソース部とドレイン部を作る

P+　　N+

ドレイン部
ソース部

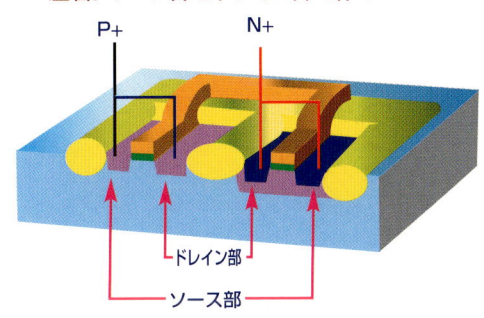

⓰ 配線部の穴を作る

全体をシリコン酸化膜で覆ってから配線の部分に4つの穴を開ける。

トランジスタの完成
シリコン酸化膜
コンタクトホール

⓱ アルミ配線を作る

配線以外の部分を除去して配線を形成する。

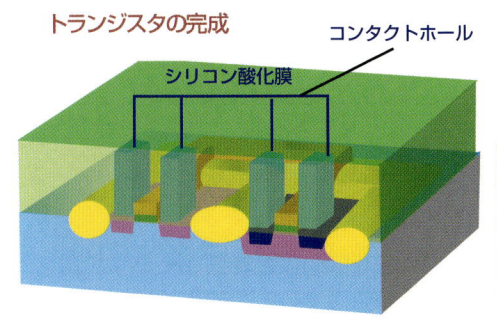

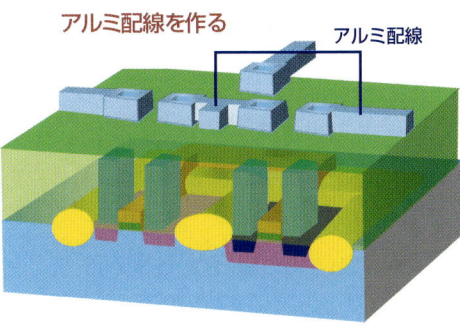

アルミ配線を作る
アルミ配線

以上がLSI内部の1個分のトランジスタとなる。このようなトランジスタが1個のLSIにつき、1億以上形成されている。LSIの基になる1枚のシリコンウェハ上には、LSIが非常に多く形成されているので、シリコンウェハ上には1億個という数のトランジスタが存在していることになる。ただし、その数はシリコンウェハの大きさによって異なるので一概にはいえない。

豆知識 完成したトランジスタの左側をPチャンネル型トランジスタ、右側をNチャンネル型トランジスタという。

MOS型トランジスタの後工程

> **Key word** ダイシング　シリコンウェハに作り込んだLSIをダイヤモンドカッターで切り分けること。

トランジスタを製造した後の工程

　シリコンウェハにLSI回路を作り込んだら、1個1個のLSI回路を検査して、回路ごとに切り分けなければならない。このLSIを切り分けることをダイシングという。そして、LSIの良品だけをリードフレームという台に載せ、LSIの電極とリードフレームの電極を細い金の線で接続するなどの作業をするのだ。

❶ LSI回路の検査

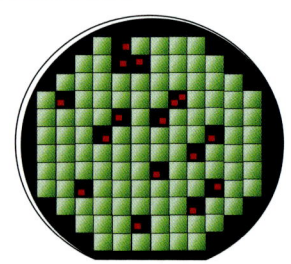

LSIの検査はG/W(Good chip/Wafer)工程で検査をする。シリコンウェハに製造するLSIの数が少ないと歩留まり(良品の数)が少なくなり、LSIの数が多いと歩留まりが多くなる。したがって、品質が高いとコストが低くなるのだ。

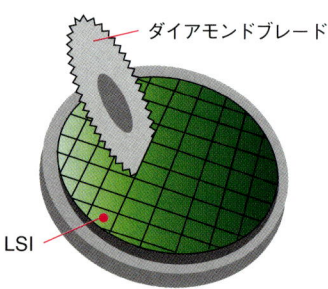

❷ ダイシング

ダイアモンドブレード
LSI

シリコンウェハに作り込まれたLSIをダイヤモンドカッターで切り分ける。この段階で不良と判断されたLSIは除去される。なお、1つのウェハに20個から30個のLSIができる。

❸ リードフレームに載せて接続する

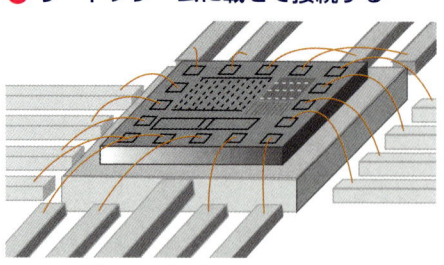

良品のLSIだけをリードフレームに載せてLSIの電極とリードフレームのリードを金の線で接続する。

❹ チップをモールド樹脂で保護して切り離す

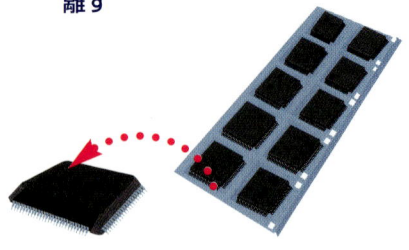

LSIチップが載っているリードフレームを一定の金型にセットして表面をモールド樹脂で保護する。そして、リードフレームからLSIを切り離し、表面に商標、品名、製造番号などを書き込む。

> **知っ得**　中古のパソコンから「金」を抽出するというのはトランジスタの金の配線から抽出することである。

第5章
マザーボードが高速に動くしくみ

マザーボードの全体を眺める

Key word マザーボード　パソコンの動作に必要なすべての装置が載っていたり、それらに接続する接続口が載っている基板のこと。

マザーボードの役割

　これまでに、第2章ではCPUが高速に動くしくみを説明し、第3章ではメモリが高速に動くしくみを説明した。けれども、このようなCPUやメモリが高速に動くためには、これらの装置を搭載しているマザーボード自体が高速に動くことが必要だ。そこで本章では、マザーボードが高速に動くしくみを説明するが、その前に「マザーボードって何なのか」をサッと眺めることにしよう。

　まず、マザーボードというのはパソコンの動作に必要なすべての装置が載っていたり、周辺機器を接続する接続口が載っている基板である。つまり、右の要素で構成されている。

● マザーボードの構成要素

① CPUを取り付けるソケットやメモリを取り付けるスロットが載っている。

② 各装置の間を高速にデータをやり取りさせるチップセットが載っている。

③ キーボード、マウス、プリンタなどを接続する接続口が載っている。

上記以外にも、パソコンが動作するのに必要なすべての装置が載っている機器がマザーボードである。

マザーボードの高速化をめざす

　さて、マザーボードの基板は様々な装置が接続されている「配線層」と「絶縁層」、「電源層」で構成され、重なり方の違いにより4層や6層がある。例えば、4層では「配線層」－「絶縁層」－「電源層」－「絶縁層」－「電源層」－「絶縁層」－「配線層」という構成である。

　ここでは、このようなマザーボードを高速化させる工夫として、2つのことを紹介しよう。

　まず、「電源層」の配線の効率化によって消費電力を少なくしてマザーボードの発熱を押さえているということ。

　次に、マザーボードは、あくまでも高速でなければならないので、そこに最初から搭載されているチップセットと「配線層」の配線、つまりバスの高速化を実現していることである。

　実は、CPUやメモリの高速化と同様にチップセットとバスの高速化は非常に重要である。以降では、チップセットとバスの高速化のしくみを説明しよう。

知っ得　6層のマザーボードは「配線層－絶縁層－配線層－絶縁層－電源層－絶縁層－電源層－絶縁層－配線層－絶縁層－配線層」という構成である。

5-1 マザーボード上の注目したい装置

拡張スロット
パソコンに機能を追加するために設けられたスロット。グラフィックスカードやキャプチャーカード、サウンドカードなどを実装できる。

ノースブリッジ
チップセットの1つで、CPUとメモリ、CPUとグラフィックスメモリの間でデータを高速にやり取りするときに仲介するLSIである。ここではファンの下に隠れて、見えていない。

ポート
キーボード、マウス、プリンタ、インターネットなどを接続する。

CPUソケット
CPUを取り付けるソケット。パソコン出荷時にはCPUが取り付けられ、その上に冷却ファンが取り付けられている。

写真：ASUS 提供

BIOS
パソコンのスイッチを入れた直後に動作するプログラムが納められている装置。

サウスブリッジ
チップセットの1つで、CPUと周辺機器などあまり高速でない装置でデータをやり取りするときに仲介するLSIである。

IDEコネクタ
ハードディスクやDVDドライブなどの光学ドライブを接続する。

線のように見えるのがCPUとメモリをつなぐバス。

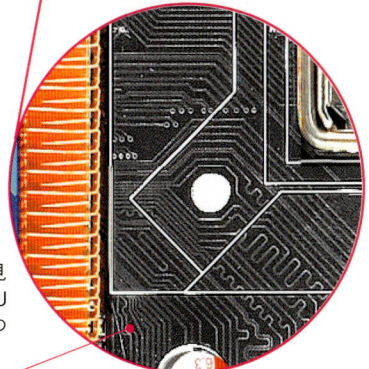

第5章

豆知識 通常Windowsパソコンではマザーボードと呼ばれるが、メインボードという同義語もある。アップル社のパソコンではロジックボードと呼ばれる。

チップセットが高速に動くしくみ①

Keyword **チップセット** CPUがメモリやグラフィックスカードなどの装置とデータをやり取りするときに仲介するLSIのこと。

チップセットの話

　パソコンのCPUが、メモリやハードディスクなどの機器とデータをやり取りするときは必ず**チップセット**という装置を介して行う。つまり、チップセットというのは、パソコンのマザーボードに搭載されているCPUやメモリ間に必要な周辺回路を集積した大規模集積回路（LSI）である。なお、チップセットは、**ノースブリッジ**と**サウスブリッジ**の2個で構成されている。

　ちなみに、なぜこのように呼ばれるかというと、タワー型のパソコンにマザーボードを入れたとき、それを地図に見立て、上部に配置されたチップセットをノース（北）、下部に配置されたチップセットをサウス（南）と呼び、CPUが周りの機器とデータをやり取りするとき、橋の役割を果たすことから、それぞれに「ブリッジ」が付けられたという。

ノースブリッジのしくみ

　まず、ノースブリッジというのはCPUとメインメモリに間に入って、データを高速にやり取りさせる回路である。CPUは様々な機器とデータをやり取りするが、CPUの全作業に欠かせないメモリとのやり取りの高速化は重要である。

　また、ノースブリッジはCPUからグラフィックスカードにデータを送り、グラフィックスカードからの画像データをサウスブリッジに送る役割も持つ。以下では、このあたりのしくみを簡単に説明しておこう。

　パソコンのマザーボードには、AGPバススロットやPCI Express x16スロットなどという細長い差し込み口がついているが、ここにグラフィックスカードが差し込まれている。このグラフィックスカードにはグラフィックスメモリが搭載されていて、CPUが、このグラフィックスメモリに画像データを出力すると、それがディスプレイ上に画像として表示されるのである。

　最近では、ディスプレイ上に映画やゲームの動画を表示して楽しむことが多いが、この動画データを高速に出力するのがノースブリッジの役割の1つである。

　以上のように、ノースブリッジというのはメインメモリやグラフィックスメモリとデータをやり取りするから、別名**メモリ・コントローラ・ハブ（MCH）**とも呼ばれる。

知っ得 グラフィックスメモリのことをVRAM（Video Random Access Memory）ともいう。

5-2　ノースブリッジとサウスブリッジの外観

【ノースブリッジ】　　【サウスブリッジ】　　　　　【CPU】

チップセットに決められた組み合わせがあるように、チップセットとCPUにも対応した製品が存在し、適切な組み合わせで最高のパフォーマンスが発揮できる。上記の「インテル X48 Express」チップセットは「インテル Core™2 Quad」プロセッサーに対応している。

写真：
インテル株式会社 提供

5-3　ノースブリッジの接続のしくみ

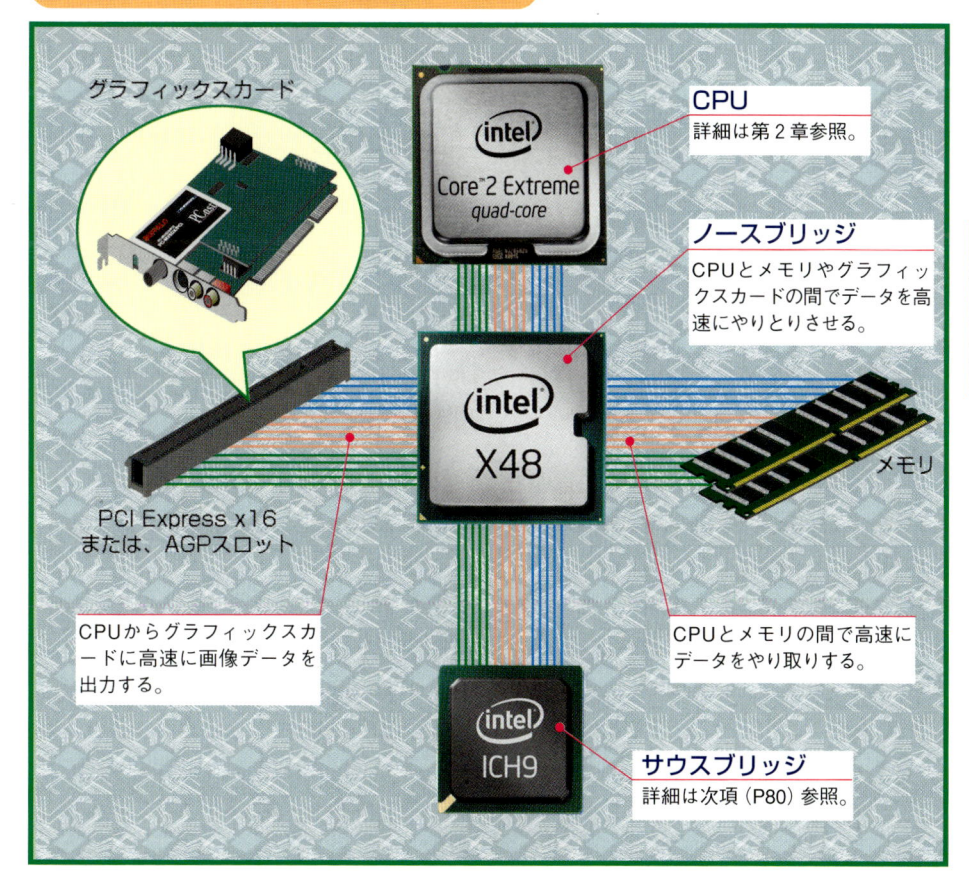

グラフィックスカード

CPU
詳細は第2章参照。

ノースブリッジ
CPUとメモリやグラフィックスカードの間でデータを高速にやりとりさせる。

メモリ

PCI Express x16
または、AGPスロット

CPUからグラフィックスカードに高速に画像データを出力する。

CPUとメモリの間で高速にデータをやり取りする。

サウスブリッジ
詳細は次項（P80）参照。

第5章

豆知識　従来はグラフィックスカードの差し込み口としてAGPバススロットが使われていたが最近はPCI Express x16スロットが使われている。

チップセットが高速に動くしくみ②

Keyword
サウスブリッジ CPUとキーボード、マウスなどの入出力装置とデータを仲介するチップセットのこと。

サウスブリッジのしくみ

さて、マザーボード上ではCPUからノースブリッジへと配線がつながり、このノースブリッジからサウスブリッジへとつながっている。前項ではノースブリッジの役割を説明したので、ここではサウスブリッジの役割を説明する。

サウスブリッジというのは、CPUとUSBポート、IEEE1394、LANポート、そしてPCIスロットなどのインターフェース（差し込み口）とデータのやり取りをするチップセットである。これらのUSB、IEEE1394、LANポート、そしてPCIスロットなどは、キーボード、マウス、ハードディスク、光学ドライブ、インターネットなどと接続している。そして、このような機器のうちキーボードやマウスはデータの入力、ハードディスク、光学ドライブ、インターネットなどはデータの入出力を行うので**入出力機器**とか**I/O(Input/Output)機器**とも呼ばれる。し

たがって、サウスブリッジはI/O機器との間でデータのやりとりをするから別名**アイオー・コントローラ・ハブ**（ICH）とも呼ばれるのだ。

なお、最近ではインターネットはLANポートに接続し、それ以外のほとんどのI/O機器はUSBに接続できる。例えば、キーボード、マウス、ハードディスク、プリンタ、USBメモリなどはUSBに接続できるのだ。けれども、今でもあえてIEEE1394などがあるのは、このポートにしか接続できない従来の機器を利用しているユーザーが多いからである。

なお、これまではUSB2.0が主流だったが、2008年11月にUSB3.0が発表された。これを搭載すると、高解像度（HD）ビデオカメラ、SSD、オーディオ機器などのように高速にデータのやり取りをする機器が接続できるようになる。

Core i7のチップセット

インテル株式会社から2008年11月に発売された1つのダイに4つのコアを載せたCPU「インテル Core i7」では「インテル X58 Express」というチップセットを使う。このCore i7は今までのものとは構造が全く異なり、CPU内部にメモリコント

ローラが内蔵されていて、メインメモリとのデータのやり取りはチップセットを介さないで、すべてCPUとメモリだけで直接行う。このため「インテル X58 Express」のノースブリッジには、メモリコントローラは内蔵されていない。つま

知っ得 高性能のチップセットには「インテル X38」などもあるが、これは「インテル Core™ 2 Quad」および「インテルCore2Extreme」プロセッサーに対応している。

りノースブリッジを介さない分さらに高速化されたのである。

したがって、このようなノースブリッジはメモリ・コントローラ・ハブ(MCH)ではなく、入出力ハブ(IOH)と呼ばれるようになった。サウスブリッジはこれまで通りアイオー・コントローラ・ハブ(ICH)と呼ばれている。

チップセットとCPUの関係

「インテル Core i7」のように、新しいCPUが開発されると、そのCPUに対応するチップセットが開発される。なぜなら、CPUの性能を最大に発揮させるチップセットが必要だからだ。つまりチップセットの開発はCPUとメモリと一体になっていると言える。さらに新しいチップセットが開発されると、その性能を最大限発揮させる新しいメモリ、グラフィックスカードなども開発されるのである。

5-4 サウスブリッジの接続のしくみ

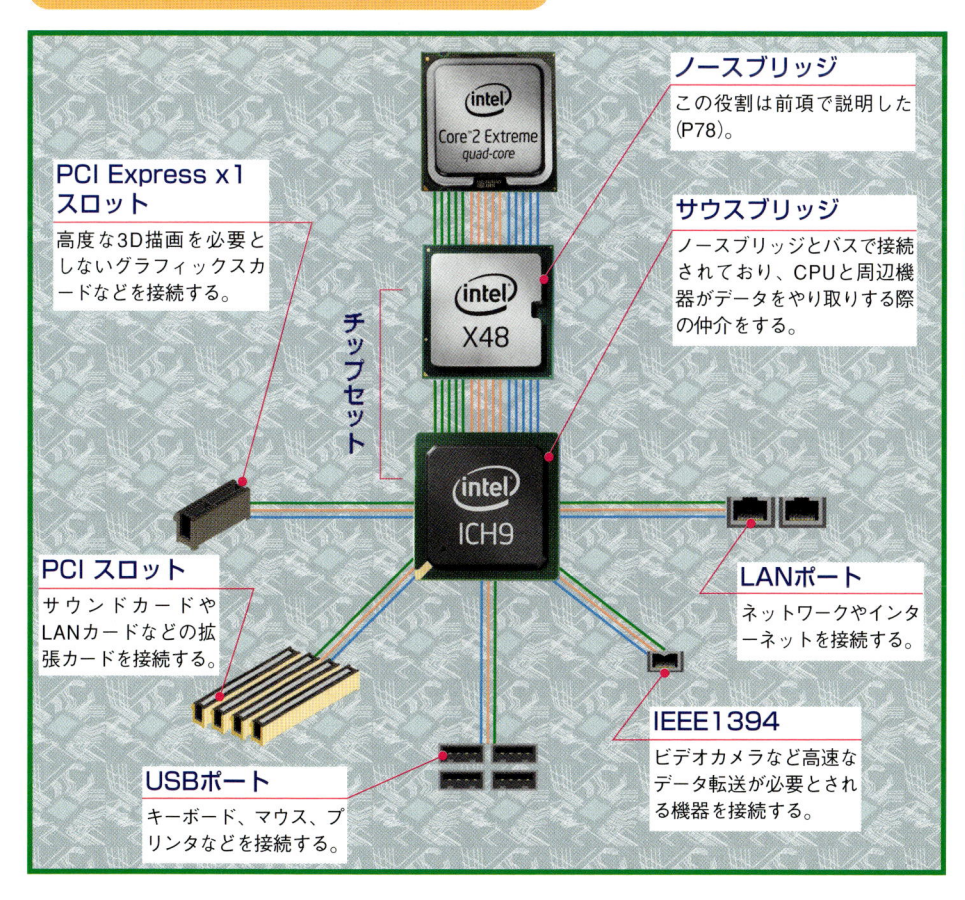

ノースブリッジ
この役割は前項で説明した(P78)。

PCI Express x1 スロット
高度な3D描画を必要としないグラフィックスカードなどを接続する。

サウスブリッジ
ノースブリッジとバスで接続されており、CPUと周辺機器がデータをやり取りする際の仲介をする。

チップセット

PCI スロット
サウンドカードやLANカードなどの拡張カードを接続する。

LANポート
ネットワークやインターネットを接続する。

USBポート
キーボード、マウス、プリンタなどを接続する。

IEEE1394
ビデオカメラなど高速なデータ転送が必要とされる機器を接続する。

豆知識 USB2.0にデータ転送速度は480Mbit/sだが、USB3.0では5Gbit/sである。

バスが高速に動くしくみ①

> **Key word** バス　CPUとチップセット、そしてI/O機器との間などをつなぐ配線のこと。

バスの話

マザーボード上のCPUやチップセットなどの装置の間の配線をバスという。このバスには、まずCPU内部の配線である**内部バス**がある。そして、CPUとノースブリッジの間やノースブリッジとメモリの間の配線である**外部バス**がある。

また、ノースブリッジからPCI Expressスロットにつながっている配線や、サウスブリッジからUSBポートやLANポートなどにつながっている**拡張バス**がある。通常、私たちがバスというときはCPUの外にある外部バスと拡張バスのことを指すことが多い。

外部バスと拡張バスの話

まず、外部バスにはCPUと直接ノースブリッジを結ぶ**FSB**(Front Side Bus)とノースブリッジとメモリを結ぶ**メモリバス**がある。どちらにしても、CPUの内部クロックに応じてCPUと高速にデータのやり取りをしなければならないので、いろいろとあるバスの中でも最も性能が高くデータ転送速度は9〜11GB/秒というようにバスの中でも最も速い。

また、拡張バスにはノースブリッジとPCI Express x16スロットを結ぶ配線と、サウスブリッジと多様なI/O機器を結ぶ配線がある。ここで、このI/O機器というのはキーボード、マウス、ハードディスク、光学ドライブ、インターネットなどのことを指す。

このうち、PCI Express x16スロットにはグラフィックスカードを接続して高速に画像データを転送するので、このバスもメモリバスについで高速である。

さて、このようなバス(外部バスと拡張バス)は、役割の異なる**コントロールバス、アドレスバス、データバス**で構成されている。以下では最初にコントロールバスから説明する。

コントロールバスのしくみ

CPUが周辺の装置とデータをやりとりするときに、まずメモリなのかグラフィックスカードなのか、それともその他の装置なのか、その転送先を指定しなければならない。また、その装置がメモリだとすれば、メモリにデータを書き込みた

> **知っ得**　回線のことをバスというが、これは「データを載せて走る」という意味で、乗り物のバスからきている。

いのか読み込みたいのかも指定しなければならない。

このように、CPUがアクセスしたり装置を指定して、読み込みなのか書き込みなのかを指定するのがコントロールバスである。そのために、コントロールバスのそれぞれの配線は「MR：メモリから読み込み」、「MW：メモリに書き込み」「IOR：I/O機器から読み込み」、「IOW：I/O機器に書き込み」などというように専属の機能を持っている。

5-5 バスの種類

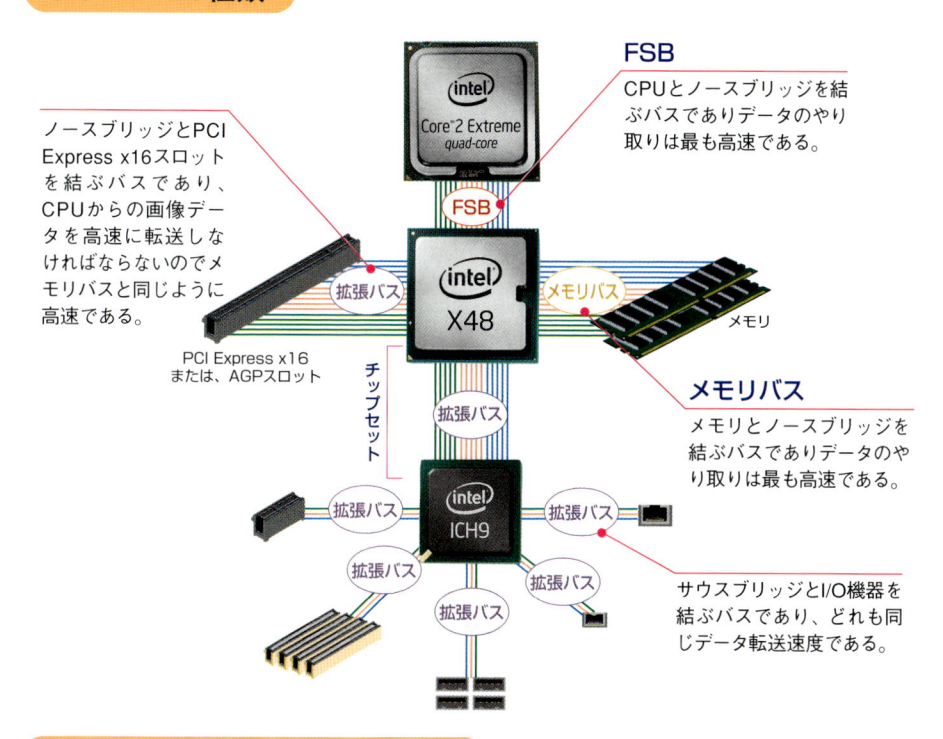

FSB
CPUとノースブリッジを結ぶバスでありデータのやり取りは最も高速である。

ノースブリッジとPCI Express x16スロットを結ぶバスであり、CPUからの画像データを高速に転送しなければならないのでメモリバスと同じように高速である。

PCI Express x16
または、AGPスロット

チップセット

メモリバス
メモリとノースブリッジを結ぶバスでありデータのやり取りは最も高速である。

サウスブリッジとI/O機器を結ぶバスであり、どれも同じデータ転送速度である。

5-6 コントロールバスのしくみ

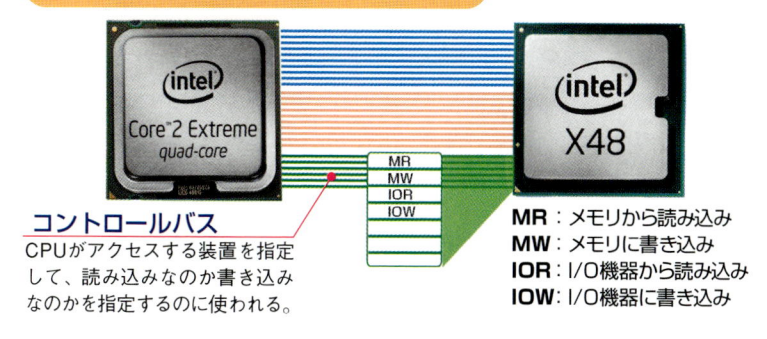

コントロールバス
CPUがアクセスする装置を指定して、読み込みなのか書き込みなのかを指定するのに使われる。

MR：メモリから読み込み
MW：メモリに書き込み
IOR：I/O機器から読み込み
IOW：I/O機器に書き込み

豆知識 サウスブリッジからつながっているI/Oポートには、それぞれに個別のアドレスがある。

バスが高速に動くしくみ②

Key word バス幅　バスが一度で同時に送ることのデータ量のことで、信号線の本数で決まる。PCIバスのバス幅は32本で、32ビットバスと呼ばれる。

アドレスバスのしくみ

　以上のように、コントロールバスがアクセスする装置と読み込みか書き込みかを指定したら、次にアドレスバスの登場となる。このアドレスバスというのは、CPUがデータの書き込むメモリのアドレスを指定するバスである。例えば、CPUがグラフィックスカードのグラフィックスメモリに画像データ出力するときにも、そのアドレスを指定するときに使う。

　また、キーボード、ハードディスク、マウスなどのI/O機器の窓口となるポートでは固有の I/Oアドレス が割り振られていて、どのI/O機器を使うかを、そのI/Oアドレスで指定するのだ。

データバスのしくみ

　以上のように、アドレスバスがメモリ内部のアドレスを指定したら、次にデータバスの登場となる。このデータバスというのは、CPUがメモリの一定のアドレスにデータを書き込むときのデータの通り道となる。また、CPUがグラフィックスメモリにデータを出力するときにもデータの通り道となる。データ1ビットにつき1本のバスが必要なので、CPUが32ビットの場合は、一度に32ビットの量をバスで転送することから、データバスの本数も32本となる。そして、32ビットのデータを同時に行うために32本の配線は並列に行なわれる。これらは、すべて電気的なやり取りで行われるのだが、それらが実際にどのようにされているのかをわかりやすく説明するために、以下では8ビットの配線でデータを流す例で説明する。例えば「10110010」という8ビットのデータをメモリに書き込むとすれば、CPUは8本のデータバスに次のような電気信号を送る。

　5V **0V** **5V** **5V** **0V** **0V** **5V** **0V**

　ここで5V（ボルト）は1を、0Vは0を表す。CPUがデータを流すときには、流れる途中で放電されて信号（電圧）が弱くなることがあり、2.5V以上で1、2.5V未満で0と取り決めている場合が多い。

　このデータバスのデータ転送速度は最新のものでCPUとノースブリッジ間では約9GB/秒以上、ノースブリッジとメモリ間では約11GB/秒以上、ノースブリッジとPCI Express x16間では約9GB/秒というように高速となっている。これに対して、サウスブリッジからI/O機器への転送速度は約500MB/秒以下というようにずっと遅い。

知っ得　バスの使用している機器のことをバスマスターといい、通常はCPUがバスマスターとなっている。

5-7 アドレスバスとデータバスのしくみ

アドレスバス
グラフィックスメモリに画像データを出力するときのアドレスを指定する。

アドレスバス
メモリのアドレスを指定する。

PCI Express x16 または、AGPスロット

コントローラバス

メモリ

データバス
CPUが指定したアドレスに画像データを転送する。

データバス
CPUが指定したアドレスにデータを転送する。

5-8 アドレスバスとデータバスのしくみ

8ビットCPU

メモリ

＊32ビットCPUでは32本の配線で並行して32ビットのデータを転送する。ここでは簡略化のための8ビットのデータを8本の配線で流している。

豆知識 PCI ExpressにはPCI Express x1からPCI Express x32スロットまであるが、PCI Express x32スロットが最も高速である。

CPUが外部のI/O機器にアクセスするしくみ

Keyword I/Oポート I/Oというのは入力装置と出力装置のことを指し、それらの装置にデータを送受信するために使う窓口。

CPUがI/O機器にアクセスするしくみ

ここでは、CPUが外部のキーボード、マウス、ハードディスクなどのI/O機器にアクセスするしくみを説明する。

CPUがI/O機器にアクセスするときも、やはりコントロールバス、アドレスバス、データバスの3種類のバスを使用する。

まず、CPUがI/O機器にアクセスするときはコントロールバスを使ってI/O機器への書き込みなのか読み込みなのかを指定する。

それと同時に、CPUはアドレスバスを使ってI/O機器の種類を指定する。CPUがI/O機器にデータを送受信するために使う窓口をI/Oポートといい、1つひとつに識別するための固有のI/Oポートアドレスが割り振られているので、これを使ってI/O機器の種類を指定することができる。そして、さらに指定したI/O機器に対してデータバスを使ってデータを送信したり受信するというわけだ。

5-9 CPUがI/O機器にアクセスするしくみ

コントロールバス
I/O機器への書き込みか読み込みかを指定する。

アドレスバス
I/O機器のI/Oポートアドレスを指定してI/O機器の種類を指定する

データバス
I/O機器に対してデータを送・受信する。

ハードディスク　USBメモリ　キーボード　プリンタ

各周辺機器にデータを送る窓口であるポートには、個々の出入口を識別するためのI/Oポートアドレスが割り振られている。例えばUSBメモリはUSBポートのいずれか1つを窓口として接続するが、そのポートに固有のI/Oポートアドレスが割り振られていて、それを使ってCPUはUSBメモリにアクセスする。

知っ得 現在は、マザーボードに予め搭載されていない拡張ボードでもプラグ・アンド・プレイという機能があるので自動的にI/Oポートアドレスが割り振られるようになった。

第6章
3Dグラフィックスと
グラフィックスカードのしくみ

グラフィックスカードの全体像を眺める

Keyword グラフィックスカード　CPUが転送した画像データをディスプレイに高速に表示させる基板のこと。ビデオカードとも呼ばれる。

グラフィックスカードの役割

　これまでにCPUが高速に動くしくみ、メモリが高速に動くしくみ、そしてマザーボードが高速に動くしくみを説明したが、パソコン全体が高速に動くしくみを知るにはCPUの次に重要な部分、グラフィックスカードが動くしくみも知る必要がある。最近はパソコンの画面上に表示される画像が非常に高精細になり、しかも動画も表示しなければならなくなった。グラフィックスカードは、この部分の処理を一手にになうため、マザーボード全体の働きに占める割り合いが非常に大きいからだ。

　かつて、パソコンが誕生した当初は、ディスプレイ上に表示したのはテキストだけ、つまり文字列だけと、今に比べると非常にシンプルな画面だったため当時は、テキストを表示する程度のグラフィックスカードを搭載していればよかったので、それ程重要なものではなかった。

　しかし、パソコンの画面上に画像を表示したりゲームの画像のように多くの画像が次から次へと切り替わって表示されるようになるにつれて、パソコンとは別売りのグラフィックスカードを購入して、それをマザーボードのスロットに取り付ける必要性がでてきた。こうして現れた最初の本格的なグラフィックスカードが**VGAグラフィックスカード**である。

　その後も、パソコンが扱う画像や動画が非常に高精細になり、グラフィックスカードだけでなくCPUとの間を繋ぐバスやスロットも高速化しなければならなくなった。

グラフィックスカードの高速化をめざす

　こうして誕生したのが**AGPグラフィックスカード**（パラレル転送）や**PCI Expressグラフィックスカード**（シリアル転送）と呼ばれるものであるが、最近は転送速度や容量の大きいPCI Expressグラフィックスカードが主流となっている。このグラフィックスカードは、例えばハイビジョン映像を表示できる2,048×1,536ドットという超高解像度の画像を高速に表示したり、動画もテレビのように滑らかに表示する機能を持っている。

　このPCI Expressグラフィックスカードの「PCI Express」とは、マザーボードとグラフィックカードをつなぎ、データを伝送する役割をもつ**バス**のことで、データ伝送路を2本束ねた1レーン（最小構

知っ得　GPUというのは、3Dグラフィックスの表示に必要な計算処理を行なうLSIのこと。CPUの「C」に代わってGPUの「G」が使われている。

成の伝送路）をx1と表記し16レーン束ねたx16が利用されることが多い。

　また、グラフィックスカードはマザーボードと構造が似ていて、CPUにあたるものにGPUがあり、メモリも同じように搭載されている。このうちメモリの容量が表示させる画質の性能に大きくかかわってくる。

　なお、**PCI Expressバス**に対応した

グラフィックスカードとして現れたのが**PCI Expressグラフィックスカード**である。そして、PCI Expressグラフィックスカードとマザーボードを繋ぐのが**PCI Expressスロット**だ。

　以降、グラフィックスカードの詳細な説明に入る前に、次項で先にディスプレイ画像を表示するしくみを解説しよう。

6-1　PCI Express x16のしくみ

高解像度画像
グラフィックスカードから送信されてきた画像を表示する。今では超高解像度の画像や動画をストレスなしに表示できる。

PCI Express x16バス
CPUからノースブリッジまで転送されてきた画像データを約9GB/秒で高速送信するバスである。

PCI Express x16　グラフィックスカード
CPUから送信されてきた画像データをディスプレイに表示させる。このカード上にCPUに代わって画像データを処理するGPU（Graphics Processing Unit）やメモリを持つ。

写真：
株式会社 アイ・オー・データ機器 提供

PCI Express x16スロット
グラフィックスカードを接続する。CPUからノースブリッジ、そしてグラフィックスカードに画像データが送信されディスプレイに画像を高速に表示する。

CPU
ノースブリッジ
マザーボード上のイメージ

豆知識 PCI ExpressのPCIというのはPeripheral Component Interconnectの略でこれもバスの規格の1つである

ディスプレイに画像が表示されるしくみ①

> **Key word** **解像度** 画面に表示されるピクセル数のことをいい、最近は2,048×1,536ピクセルのように高解像度になっている。

ディスプレイに表示されるの画像しくみ

　私たちがパソコンのディスプレイ上に画像や文字を見るとき、そのような画像や文字はどのようなしくみで表示されるのであろうか。ここでは、まずディスプレイ上に表示される画像のしくみから説明する。

　私たちがディスプレイ上で見る画像は1枚のように表示されているが、イメージ的には3枚の画像が合成されて1枚として表示されていると考えるとわかりやすいだろう。この3枚の画像というのは、1枚目は赤（Red）を表示し、2枚目は緑（Green）、3枚目は青（Blue）を表示して、それが合成されて1枚の画像として表示されているのである。

　ディスプレイに表示されている画像は、光の3原色である赤、緑、青の光が合成されて1枚の画像として表示される。なお、このような画像は、赤（Red）、緑（Green）、青（Blue）のアルファベットの頭文字をとってRGBと呼ばれる。

　ちなみに、液晶ディスプレイでは画面背後の蛍光灯から光が放出されて、それが液晶を通り、赤、緑、青のフィルターを通して、前面に画像や文字が表示されるようになっている（P138参照）。

ディスプレイの解像度

　パソコンのディスプレイ上に表示される画像は赤、緑、青の光が構成する**ピクセル**と呼ばれる小さな点の連続で構成されている。つまり、これが解像度と呼ばれるものである。

　初期のパソコンでは横に640ピクセルが並び、縦に480ピクセルが並んでいて、1つの画面上には全部で640×480=307,200個の点（ピクセル）が表示されていた。このように横に640ピクセル、縦に480ピクセル並ぶことを**640×480ピクセルの解像度**という。

　その後、パソコンの進化が進み、この解像度は増え1,280×800ピクセルで表示される『Wide XGAモード』や2,048×1,536ピクセルの『Quad-XGAモード』といった高い解像度を表示できるディスプレイが開発された。

　例えば、図6-3で確認できるように、2台の同じサイズのディスプレイに異なる解像度を設定した場合、高解像度に設定した方が鮮明で美しい画面になるのだ。もちろん、高解像度にすればする程、膨大なドットを一瞬にして表示させる必要が生じる。

なるほど ピクセルとドットは同義語としても扱われるが、厳密にいえば、ピクセルというのは画素のことで、色情報をもったドットのこととされている。

6-2 画像が表示されるしくみ

赤の表示を担当する

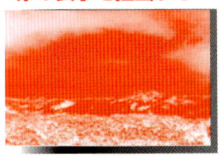

緑の表示を担当する

青の表示を担当する

【RGBが合成された1枚の画像】

このように、赤、緑、青の3つの光を合成して1つの画像が形成される。

6-3 ディスプレイの解像度の比較

【2048×1536ピクセルの解像度】　　【1280×800ピクセルの解像度】

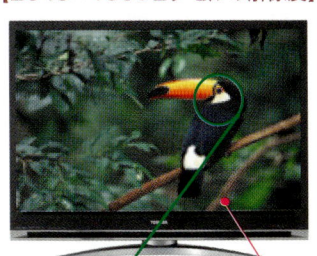

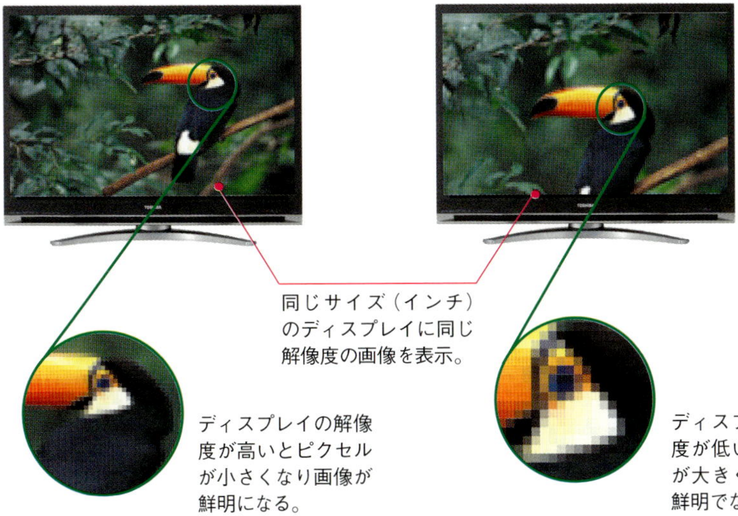

同じサイズ（インチ）のディスプレイに同じ解像度の画像を表示。

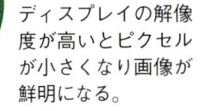

ディスプレイの解像度が高いとピクセルが小さくなり画像が鮮明になる。

ディスプレイの解像度が低いとピクセルが大きくなり画像が鮮明でなくなる。

第6章

豆知識　『Quad-XGAモード』より高画質なモードには『Quad-Ultra-XGA（3,200×2,400）』や『Quad-Ultra-XGA Wide（3,840×2,400）』などがある。

ディスプレイに画像が表示されるしくみ②

> **Keyword**
> **フルカラーモード** 1画面で1677万7216色表示できる方式。現在のパソコンでは標準となっている。

ディスプレイに表示される色数のしくみ

前項の説明のように赤、緑、青の3色で構成される画面は、ピクセルの連続で構成されており、各色をどのように表示させるかについては、8ビットの信号を使って指定される。例えば、赤の色では「00000000」では赤の成分がもっとも薄く、「00000001」ではそれよりも少し赤の色が増す。とすれば、この8ビットを「00000000」、「00000001」、「00000010」、「00000011」というように組み合わせていくことで、同じ赤色であっても薄い赤から濃い赤まで全256種類の赤色を用い濃淡を表すことができる。これは緑も青も同じだ。したがって、画面上のすべての色は赤、緑、青の3色を合成して表現されるので256×256×256=16,777,216となり、約1,677万色を使って表せることになる。これが現在のパソコンで使われている**フルカラーモード**である。

ちなみにフルカラーモード以前では、66,636色（ハイカラーモード）や、さらに色数の低い256色（256インデックスカラーモード）のような色の表示方法があったが、現在では使われていない。

画面に文字が表示されるしくみ

次に、ディスプレイに文字を表示させる方法を説明する。文字表示には文字データの作成方式の違いにより、**ビットマップフォント方式**と**アウトラインフォント方式**の2つの方式がある。まず、ビットマップフォントというのは、前もってメインメモリ内に仮想的に四角形を作り、その内部に表示したい文字をドットにしたものを記憶させる方式である。例えば、縦24ドット、横24ドットの中に表示させるドットを1、表示させないドットを0として記憶させて文字を作るのだ。そして、これをグラフィックスカードのグラフィックスメモリに記憶させれば、それが画面上に文字として表示されることになる。この方式だと、もし文字を拡大表示すればドットが大きくなってギザギザに表示される。それでは美しい文字が表示されないので、アウトラインフォント方式が新しく生まれた。

アウトラインフォントというのは、前もってメインメモリ内の四角形の内部に表示したい文字の輪郭を構成する点を配置し、その点の座標を結ぶ線として表現する。この方式では、文字を拡大しても四角形の枠内で描画する点の配置を計算しなおし、それを結んで線を引くからギザギザにはならない。したがって、文字

知っ得 フルカラーは1つの画素に24ビットの色情報を持つので24ビットカラーとも呼ばれ、ハイカラーモードは16ビットカラーとも呼ばれる。

を拡大・縮小してもけっして文字の形が崩れないのだ。

　ところが、この表示形式は、ビットマップよりも情報量が多く、表示処理能力が高くないと表示に時間がかかる問題があった。しかし最近はグラフィックスカードの動作速度が速くなったので、このような方式が主流となっている。

6-4　画像の色数のしくみ

このように、赤の画面でも白に近い赤から真っ赤まであり、全部で256種類　緑と青にもそれぞれ256種類あるので合成すれば約1,677万色も表現できる。

6-5　ビットマップフォントとアウトラインフォント

【ビットマップフォント】

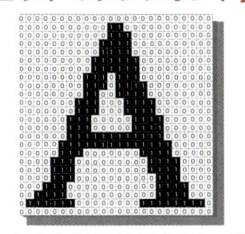

このように、表示させたい文字を1というデータで埋める。

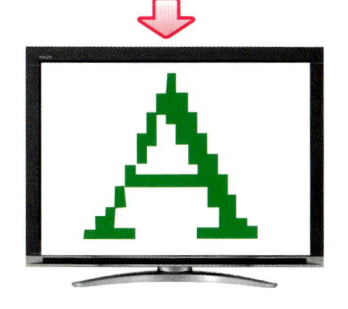

文字サイズを大きくすれば、ドットが大きくなりギザギザになる。

【アウトラインフォント】

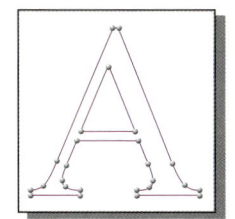

このように、輪郭を構成する点を曲線で結ぶ

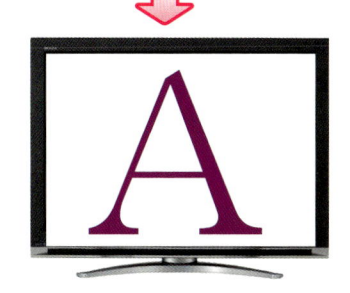

文字サイズを大きくしても、なめらかできれいに表示される。

豆知識　カラー画像をプリンタで印刷するときはRGBではなくインクの3原色のC（シアン）、M（マゼンダ）、Y（イエロー）にB（黒）を使う。

グラフィックスカードが高速に動くしくみ①

Keyword GPU 図形の始点と終点の座標と線の色情報で図形を作成したり3D図形を高速に描画する装置である。

グラフィックスカードのしくみ

さて、すでに説明したようにディスプレイ上に画像、色、文字を表示させるには非常に多くの情報を一度に処理するパワーが必要になる。例えばパソコンのディスプレイ上に表示される画像は、赤の画像、緑の画像、青の画像で合成されるが、これら画像のすべてはドットという小さな点の連続で構成されている。

これらドットの1つひとつは、赤の画像、緑の画像、青の画像のどれをとっても8ビットのデジタルデータを使って処理されるので、赤・青・緑を表示するには1つの色に対して最低でも24ビットを処理して画面に表示しなければならない。さらに画像が超高解像度になる程、画面上に表示されるドットの数は多くなる。

このような状況に対処するためには、高速に色情報を処理可能な性能の高いグラフィックスカードが必要になった。

こうして現れたのが前述のPCI Express x16グラフィックスカードである。ここでは、このグラフィックスカードがどのようにして画像を高速に表示しているのかを説明しよう。

このグラフィックスカードにはマザーボードのCPUとメモリと同じような役割を持つ**ビデオサブシステム回路**が搭載されている。このビデオサブシステム回路は3つの回路で構成されており、**GPU**（グラフィック・プロセッシング・ユニット）、**グラフィックスメモリ**、そして**ビデオインターフェイス回路**である。

以下では、この3つの装置の役割を説明しよう。

GPUのしくみ

ディスプレイ上に画像を表示させるには、まずグラフィックスカード上のGPUを使う。このGPUが登場する以前は、パソコン本体のCPUが画像データをメインメモリで作成して、それをグラフィックスカードのグラフィックスメモリに転送してディスプレイ上に表示させていた。

例えば、画面上に直線を表示させるとき、始点となるXY座標と終点となるXY座標までドットの座標を1つずつ計算して、それをグラフィックスメモリに転送して表示していたのだ。この直線が短ければ高速に表示できるが、2,000ドットというように長ければ1つ目のドットの座標を計算してグラフィックスメモリに転送してから、2つ目のドットの座標を計算するので非常に時間がかかり、表示に手間取っていた。

知っ得　グラフィックスメモリのことをVRAM（Video RAM）とも呼ぶ。

ところが、GPUが登場すると、CPUは**始点の座標と終点の座標と線の色情報**をGPUに転送するだけで、座標の計算はGPUが行ってくれる。そして、GPUが図形を描いている間はCPUは別の仕事ができてパソコン全体の動作は非常に速くなる。また、いうまでもなく、GPUは直線だけではなく四角形、円もお手のものだし3D画像も高速に表示できる。

このようにGPUは画像の処理をする装置で**ビデオチップ**（かつてはグラフィックスアクセラレータと呼ばれた）と呼ばれる。

6-6　グラフィックスカードのしくみ

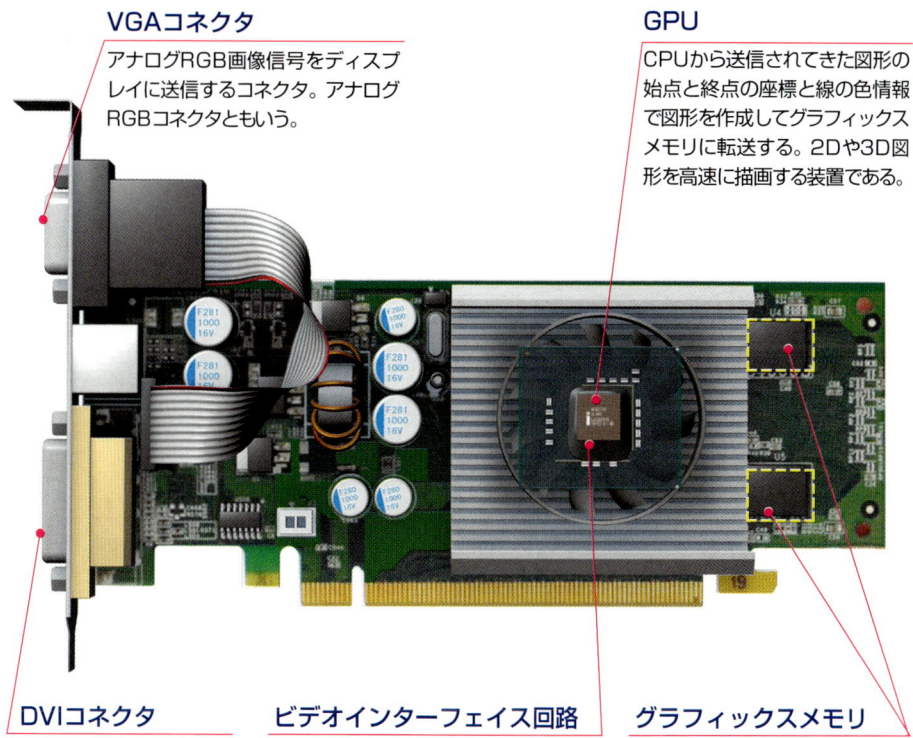

VGAコネクタ
アナログRGB画像信号をディスプレイに送信するコネクタ。アナログRGBコネクタともいう。

GPU
CPUから送信されてきた図形の始点と終点の座標と線の色情報で図形を作成してグラフィックスメモリに転送する。2Dや3D図形を高速に描画する装置である。

DVIコネクタ
デジタル画像信号をディスプレイに送信するコネクタ。DVIはDigital Visual Interfaceのことである。

ビデオインターフェイス回路
グラフィックスメモリに記憶された画像データをディスプレイが表示可能な信号に変換して転送する回路のこと。このグラフィックカードのモデルとなっているNVIDIA GeForce 8400 GS搭載の機種はGPUに内蔵されている。

グラフィックスメモリ
GPUから転送されてきた画像データを記憶する装置。このグラフィックスメモリにはダイナミックRAMやスタティックRAMが使われるが、現在ではダイナミックRAMが主流。

豆知識　最近では、GPUとしてNVIDIA（エヌ・ビディア）製のGeForceシリーズが使われることが多い。

グラフィックスカードが高速に動くしくみ②

Key word **グラフィックスメモリ** グラフィックスカードに搭載されており、画像データを記憶するメモリのこと。

グラフィックスメモリのしくみ

　CPUからGPUを通して転送されてきた画像データを記憶するのが**グラフィックスメモリ**である。このグラフィックスメモリにはダイナミックRAMやスタティックRAMが使われるが、現在ではダイナミックRAMが主に使われる。また、グラフィックスメモリは書き込む際に3種類のエリアに分けられ、それぞれに光の3原色である赤、緑、青のデータが記憶される。ただし、メモリ数が2個や4個であっても、それらを1つの固まりのメモリとみなして、3つの領域に分けて赤、緑、青を記憶する。

　さて、グラフィックスメモリの必要容量は次のようにして計算できる。例えば1つの画面上の解像度を2,048×1,536ピクセルで表示したい場合は最低でも2,048×1,536=3,145,728ピクセル必要となり、ビットに換算すると3,145,728×8=25,165,824ビット必要となる。さらに、赤緑青の3色で構成されるから合計25,165,824×3=75,497,472ビット（メガバイトに換算すると75,497,472÷8÷1024÷1024=9MB）となる。これが2,048×1,536ピクセルの解像度の画面表示させるのに必要な最低のメモリ容量だ。ただし、実際にグラフィックスカードに搭載されているグラフィックスメモリの容量は約300MB以上というように多い。これは2Dよりもさらに表示させる画像の情報量が多い3Dグラフィックスを表示するためのテクスチャデータなどのような多様なデータに対応させるためである。いずれにしてもグラフィックスメモリの容量が多いほうが画像データが多く記憶され、画像がよりきれいに滑らかになる。

ビデオインターフェイス回路のしくみ

　ビデオインターフェイス回路というのは、グラフィックスメモリに記憶された画像データをディスプレイが表示可能なデジタル信号に変換して転送する回路である。初期の頃のパソコンでは、アナログディスプレイを使っていたので、ビデオインターフェイスはグラフィックスメモリに記憶されたデジタル信号としての画像データをGPUを通した後で、アナログ信号に変換してディスプレイに転送していた。しかし、最近はデジタル信号をそのまま出力できるデジタルディスプレイを使うことが多くなったので、**TMDS (Transition Minimized Differential Signaling)送信機**（図6-8の②参照）をビデオインターフェイス回路として使うよ

知っ得　液晶ディスプレイはLCDと表記されるが、これはLiquid Crystal Displayの略である。

うになった。つまり、グラフィックスメモリに記憶された画像データをGPUを通した後で、TMDS信号（デジタル信号）に変換してディスプレイに転送する。もともとグラフィックスメモリの中の画像データはデジタル信号なので、以前のようにアナログ信号へ変換する手間がないぶん画像の劣化は少ないのである。

6-7　CPUからグラフィックスメモリへの画像データの流れ

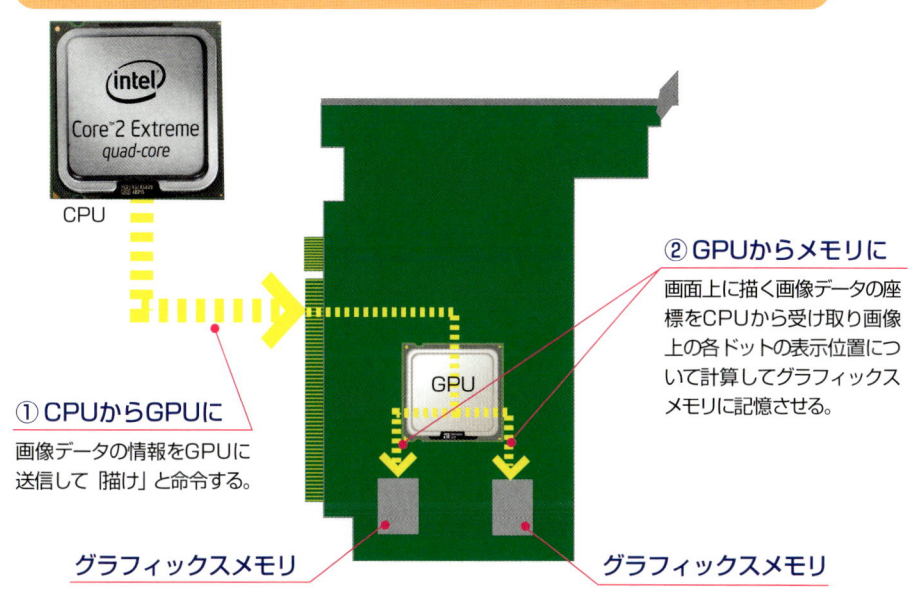

CPU

① CPUからGPUに
画像データの情報をGPUに送信して「描け」と命令する。

② GPUからメモリに
画面上に描く画像データの座標をCPUから受け取り画像上の各ドットの表示位置について計算してグラフィックスメモリに記憶させる。

グラフィックスメモリ　　グラフィックスメモリ

6-8　グラフィックスメモリからディスプレイへの画像データの転送

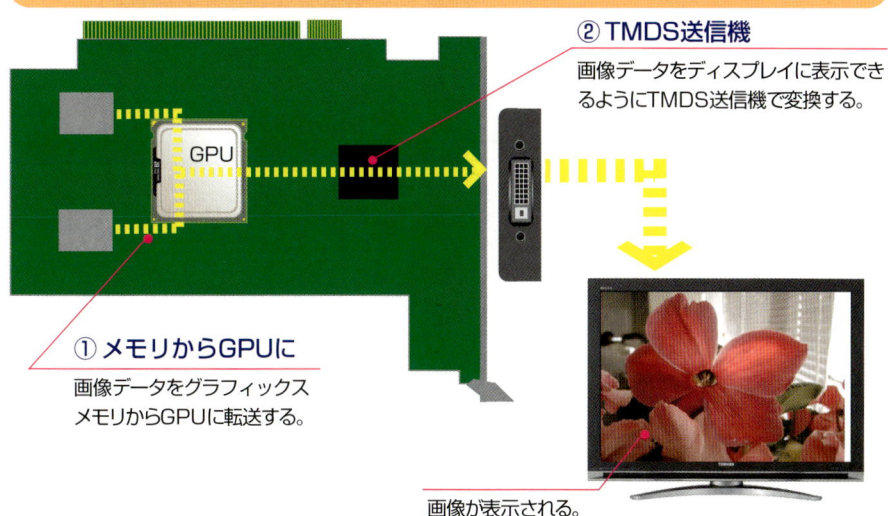

② TMDS送信機
画像データをディスプレイに表示できるようにTMDS送信機で変換する。

① メモリからGPUに
画像データをグラフィックスメモリからGPUに転送する。

画像が表示される。

> **豆知識**　最近のグラフィックスカードでもアナログディスプレイを使っている人のためにVGAコネクタを用意しているものも多い。

3Dグラフィックスのしくみ①

Key word **ポリゴン** 3Dグラフィックスを構成する三角形や四角形のことで、メモリ容量を節約できる。

3Dグラフィックスソフトの3つの描画機能

一般的に2Dグラフィックスを描くときはIllustratorに代表されるイラスト作成ソフトを使い、立体的な3Dグラフィックスを描くときは3Dグラフィックス作成ソフトと呼ばれるSTRATA STUDIO Pro(Machintosh用)などを使うことが多い。Illustratorでも3Dグラフィックスを描くことができるのだが、STRATA STUDIO Proのほうが高度な3Dグラフィックスをきれいに描くことができるのだ。

さて、このような3Dグラフィックス作成ソフトには大きく分けてモデリング機能、ポリゴン機能、そしてレンダリング機能の3つの機能がある。ここでは、これらの機能を説明と共に、3Dグラフィックスの作成方法を紹介しよう。

モデリング

まず、モデリングというのはグラフィックス作成ソフトにすでに用意されている三角形、直方体、円柱などを使ってシンプルな図形は作成することである。

例えば、テーブルやテレビや家などの簡単な図形は、このような基本的な図形を組み合わせて作ることができるのだ。

このモデリングには、単に基本的な図形をそのまま使うだけではなく、平面的な2D図形に厚みをつける**押し出し機能**や、直線を使って作成した図形を回転させて立体的な図形を作成する**旋回機能**なども用意されている。

ポリゴン

グラフィックス作成ソフトには、いうまでもなく自由に図形を作成する機能も備わっている。この自由に図形を作成する機能を使って図形を作成すると、ソフト側では、その図形を三角形や四角形の集合体で描く。このように、三角形や四角形で全体の図形を作成する機能を**ポリゴン**というが、このような三角形や四角形をポリゴンともいう。

もし、ポリゴンで表現しなければ、1つの図形を構成するすべてのドットの座標をグラフィックスメモリに記憶させなければならず、そのため膨大なデータ量になってしまう。けれども、ポリゴンで表現すれば、それぞれの頂点の座標だけをグラフィックスメモリに記憶させるのでデータ量を極端に少なくすることができるのである。

知っ得 3Dグラフィックスを作成するソフトには多くのものがあり、なかには無料ソフトやシェアウェアなどがある。

6-9 モデリングで作成される図形

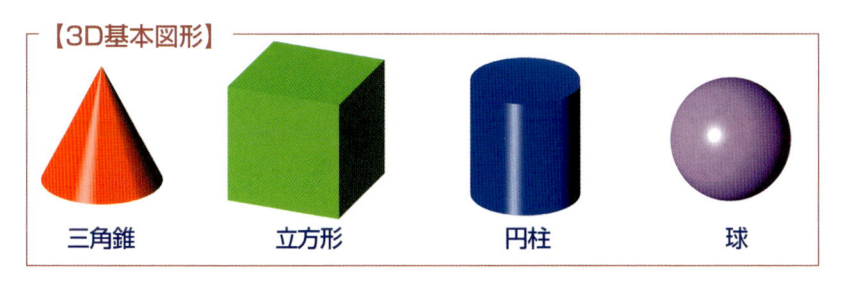

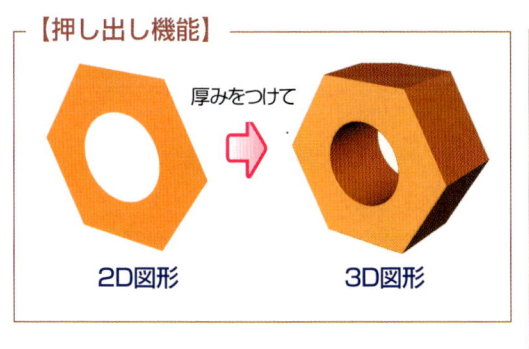

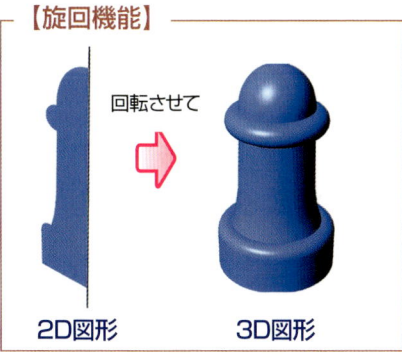

【2D基本図形】
- 三角形
- 正方形
- 星形
- 円

【3D基本図形】
- 三角錐
- 立方形
- 円柱
- 球

【押し出し機能】
厚みをつけて
2D図形 → 3D図形

【旋回機能】
回転させて
2D図形 → 3D図形

6-10 ポリゴンで構成される図形

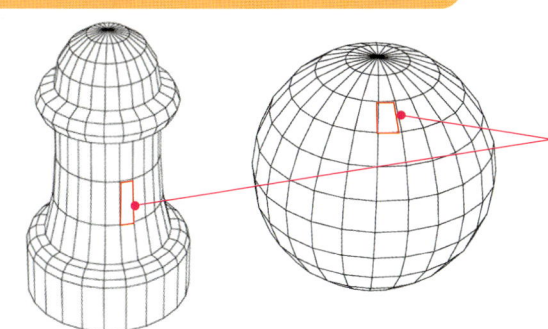

ポリゴン
1つ1つの四角形（あるいは三角形などの小平面）のこと。3Dソフトではポリゴンの集合体として図形を表現しポリゴンの頂点の座標をデータとして記録する。

豆知識 ポリゴンというのはpolygonのことで「多角形」の意味である。

3Dグラフィックスのしくみ②

Keyword レンダリング　ポリゴンで作成した図形を完成させる最終的な手順。

レンダリングの話

以上のように、ポリゴンで作成した図形を完成させるのがレンダリングである。この手順は、おおまかには次のようになる。

3D→2D変換

まず、ポリゴンで描いた図形は3D画像だが、ディスプレイ上に描かれる図形は2次元であって、いわば平面である。したがって、3Dで描いた図形を平面上に表示して、しかもそれを3Dグラフィックスに見せることが必要である。これが3D→2D変換である。これを行うことによって画面上に表示された図形を回転させることができるのだ。

陰面処理

ポリゴンを目に見える形にするため頂点間を直線で結んで描画するというワイヤーフレーム方式で表現すると図形間の前後の関係がわかりづらくなる。そこで前後の関係を、わかりやすくするために行う処理を陰面処理という。

フラットシェーディング

1つの画像は多くのポリゴンで構成される。このポリゴンの色は同じでも明るさや暗さは異なる。この明るさや暗さを考えて各ポリゴンに陰影の色を付けることフラットシェーディングという。

グローシェーディング

上記のフラットシェーディングではポリゴンごとに陰影が異なるのでゴツゴツした感じで表示される。このポリゴンごとにゴツゴツ表示される状態を滑らかに表示されるようにすることをグローシェーディングという。

レイトレーシング

私たちが一定の物体を見る時、「どこから光がさしているか」によって明るさや暗さは異なる。このように私たちが見る位置と光の方向をシミュレートしてあたかもその物体が現実に存在するかのように表示させるのがレイトレーシングである。このようにレイトレーシングをすると物体に反射する光の明るさや暗さ、物体の下に表示される影なども表示されるようになる。

テクスチャマッピング

上記の手法と異なり、画像によっては色を付けないで最初から用意されている素材を使う場合がある。たとえば、木目調の素材や大理石の素材などが用意されている。これを用いて描いた画像の表面に貼り付けることをテクスチャマッピングという。

知っ得　3Dグラフィックスの「D」というのは「Dimensional」の略である。

6-11 レンダリング処理

【隠面処理】

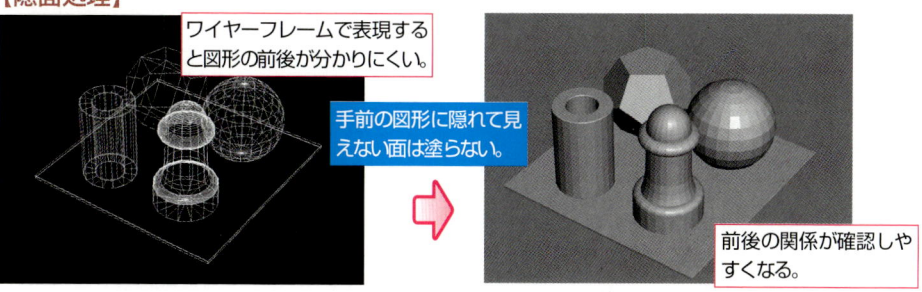

ワイヤーフレームで表現すると図形の前後が分かりにくい。

手前の図形に隠れて見えない面は塗らない。

前後の関係が確認しやすくなる。

【フラットシェーディング】

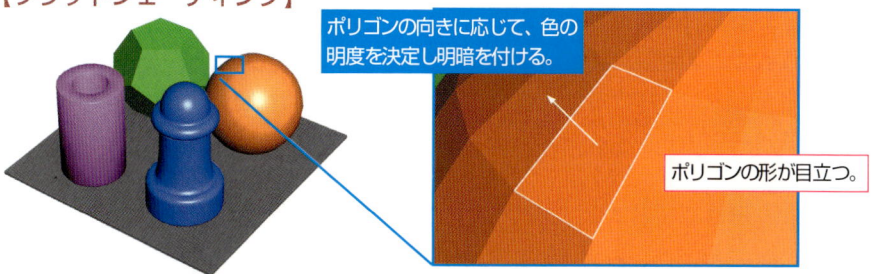

ポリゴンの向きに応じて、色の明度を決定し明暗を付ける。

ポリゴンの形が目立つ。

【グローシェーディング】

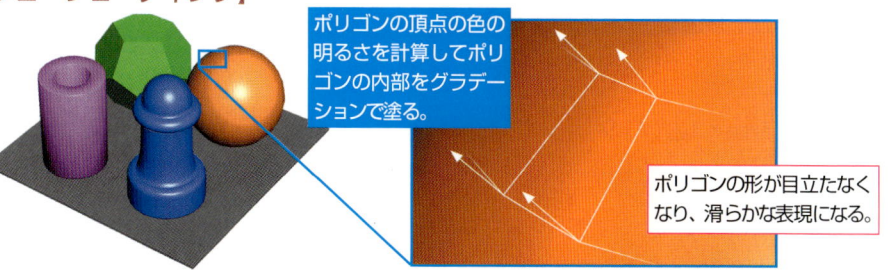

ポリゴンの頂点の色の明るさを計算してポリゴンの内部をグラデーションで塗る。

ポリゴンの形が目立たなくなり、滑らかな表現になる。

【レイトレーシング】

物体間の光の反射や透過を考察して明るさと色を決定する。

【テクスチャマッピング】

木目の質感

石の質感

豆知識 陰面処理の1つにはワイヤーフレーム方式の他にZバッファ法がある。これは視点から見て深度の浅いドットだけを描画する手法。

3DグラフィックスとDirectXのしくみ

Key word　DirectX　ゲームなどで使われるプログラムで、グラフィックスカードのGPUやグラフィックスメモリを制御して高度な画像を表示する。

3DグラフィックスとDirectXのお話

　Windowsは多くのプログラムで構成されるが、その中でもDirectXは重要である。

　このDirectXというのは、一般的には3Dグラフィックスを高速に描くプログラムとして語られることが多いが、音声なども再生する機能もあるのだ。したがって、高度なゲームを楽しむときには欠かすことができない。

　このDirectXは、3Dグラフィックスを高速に描くDirect 3D、ゲームなどで効果音を出すDirectSound、3次元サウンドを再生するDirect3DSound、ジョイスティックの入力を可能にするDirectInput、ネットワーク対戦ゲームで使われるDirectPlay、大容量のマルチメディアデータのストリーミング再生で使われるDirectShowなど様々なプログラムで構成される。

　例えば、私たちがゲームをすると、WindowsはDirectXを呼び出し、グラフィックスカードのGPUやグラフィックスメモリを制御して高度な画像やサウンドなどを再生するのだ。なお、このDirectXはWindowsのAPIとともに語られることが多いが、それは第7章を参照していただきたい。

6-12　DirectXと3Dグラフィックス

DirectX Graphics
DirectX Audio
DirectX Media
DirectInput
DirectPlay

DirectXを構成するプログラム

グラフィックスカード

DirectXを構成する複数のプログラムが3Dグラフィックスや効果音などを再生できるようにGPUを制御する。

ディスプレイに3Dグラフィックスが表示される。

知っ得　Windows7のリリースに関連して、DirectXも最新バージョンDirectX11になる。

第7章
OSとアプリケーションソフトが高速に動くしくみ

絵で見てわかるOSの役割

Key word **OS** すべてのアプリケーションに共通するプログラムをまとめたもので、このプログラムを通してハードウェアを制御する。

パソコンのスイッチオンからOSの起動のしくみ

第1章では、パソコンのスイッチを入れてからOS（オペレーティング・システム）が起動するまでの手順を説明したが、ここでは、それを簡単にまとめておこう。

私たちがパソコンのスイッチを入れると、CPUが動き出しBIOS（バイオス：Basic Input Output System）という回路から起動プログラムをメモリに読み込んでくる。そして、この起動プログラムがハードディスクからIPL（Initial Program Loader）というプログラムを読み込み、このIPLがWindows、つまりOSをメモリに読み込んでくるのだ。

このOSは、4つのプログラムで構成され、それが**カーネル**（kernel）、**USER**、**GDI（グラフィックス・デバイス・インターフェイス）**、そして**API（アプリケーション・プログラミング・インターフェイス）**である。

そして、まずカーネルがキーボードやプリンタなどの周辺機器を使うソフトウェア、つまりデバイスドライバをハードディスクから読み込み、これらの周辺機器を使う準備をする。そしてWindowsの画面を表示させ、ユーザーからの命令を待つのだ。

パソコンとOSとアプリケーションの階層構造

パソコンのハードウェアとOSとアプリケーションソフト、そしてインターネットで使うブラウザの関係をわかりやすいイメージにすると図7-1のように表すことができる。つまり、まずハードウェアとしてパソコン本体やキーボード、ディスプレイ、プリンタなどの周辺機器がある。そして、これらの上にOSが存在するのだ。そして、このOSの上に私たちが普段使うワープロや表計算ソフトなどのアプリケーションソフトやインターネットで使うブラウザが存在する。

このことで、私たちが一番上のアプリケーション、例えばワープロソフトを使ってキーボードから文字を入力すると、それがOSを仲介して、一番下のハードウェアとしてのディスプレイに表示される。また、そのようにして文字を入力して文書を作成してから印刷する操作をすると、それがOSを仲介してプリンタで印刷されるのだ。このように、私たちがアプリケーションを使って何をするにもOSを仲介役として、それが実現されるのだ。このことは、どのようなアプリケーションを使うにしてもOSが仲介して、ユーザーの希望を実現するのは同じだ。

知っ得 2009年10月に発売のWindowsの最新バージョンであるWindows7のカーネルは、直前のバージョンであるWindowsVistaのOSが基になっている。

OSが提供するさまざまなサービス

　もともとOSは、すべてのアプリケーションに共通する機能（プログラム）をまとめたものである。例えば、画面上で作成したデータを保存したり、印刷する機能などである。図7-1では、このような機能もまとめて載せたので一通り目を通しておいていただきたい。詳しくは、以降のページで説明することにする。

7-1　パソコンとOSとアプリケーションの階層構造

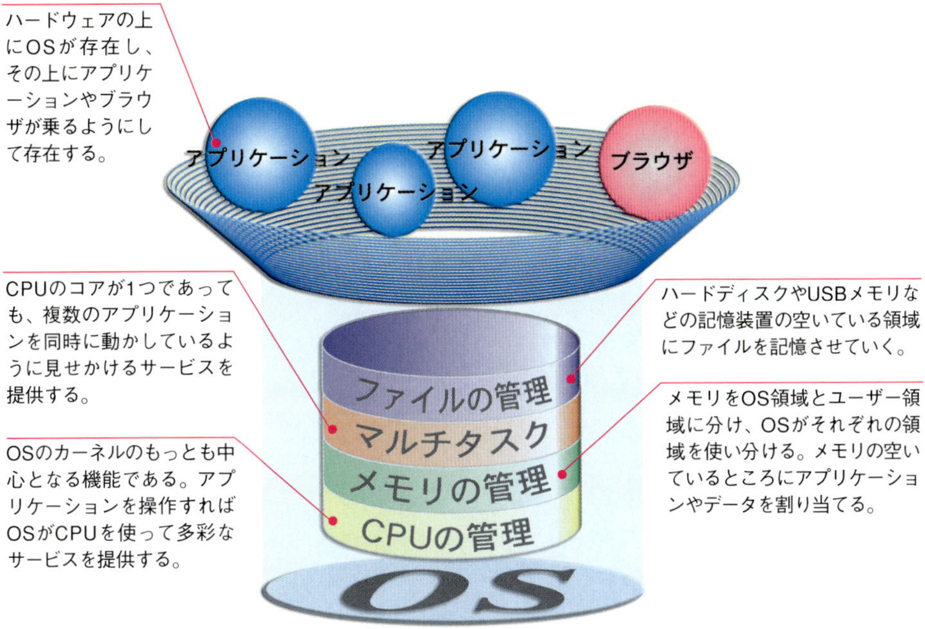

ハードウェアの上にOSが存在し、その上にアプリケーションやブラウザが乗るようにして存在する。

CPUのコアが1つであっても、複数のアプリケーションを同時に動かしているように見せかけるサービスを提供する。

OSのカーネルのもっとも中心となる機能である。アプリケーションを操作すればOSがCPUを使って多彩なサービスを提供する。

ハードディスクやUSBメモリなどの記憶装置の空いている領域にファイルを記憶させていく。

メモリをOS領域とユーザー領域に分け、OSがそれぞれの領域を使い分ける。メモリの空いているところにアプリケーションやデータを割り当てる。

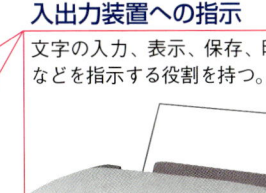

入出力装置への指示
文字の入力、表示、保存、印刷するなどを指示する役割を持つ。

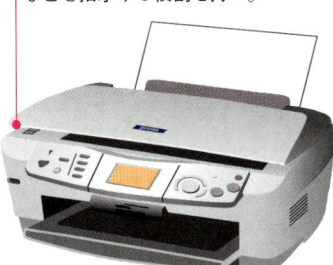

豆知識　本格的な商用OSの元祖は、IBMが1964年に発売した汎用コンピューター（System/360）に搭載された「IBM System/360 Operating System」である。

OSのカーネルの役割①

Key word **カーネル** OSの中心部分であり、CPUの管理やメモリの管理のようにハードウェアを直接コントロールする部分である。

OSのお話

どのようなアプリケーションを使う場合でも、通常キーボードから**文字を入力**する。例えば、ワープロや表計算ソフトを使う場合には、キーボードをたたいて文字を入力したり、入力した文字を画面で**表示**して文書を作成したり、計算表を作成することもある。

さらに作成した文書や計算表をハードディスクやUSBメモリに**保存**したり、プリンタで**印刷**することもある。このように、文字の入力、表示、保存、印刷などは、すべてのアプリケーションに共通する機能（プログラム）である。

これ以外にも、CPUの管理やファイルの管理などもすべてのアプリケーションが使う機能である。このように、すべてのアプリケーションが共通して使う機能を提供しているのがOSである。

このようなOSが登場する以前は、1つのアプリケーションを開発するときは、キーボードのキーをたたけば、それを認識して画面上に表示するプログラムを作成しなければならなかった。また、そのようにして画面上に作成した文書を保存するプログラムも作成しなければならなかった。したがって、1つのアプリケーションを作成するのに長い開発期間が必要だったし、開発コストも膨大なものになったのだ。

そこで、このようにすべてのアプリケーションに共通するプログラムを別に開発してまとめておいて、それぞれのアプリケーションから使えるようにすれば、アプリケーションを開発する期間が短くなりコストも安くなるという理由で開発されたものがOSである。このOSは、4つのプログラムで構成され、それがカーネル（kernel）、USER、GDI、そしてAPIである。

このうち、カーネルはOSの最も中心となるプログラムで、CPUの管理やメモリの管理などを行う最も重要とされるものである。

以下では、順にカーネル、USER、GDI、そしてAPIの役割へと説明を進めることにしよう。

CPUの管理

OSのカーネルの1番目の仕事は**CPUの管理**である。パソコンのスイッチを入れるとCPUが動き出しWindowsというOSをメモリに読み込んでくる。そして、この後からはOSのカーネルがCPUに命令をして一定の仕事をするのだ。例えば、私

知っ得 CPUの管理やマルチタスクの実行などを含めてプロセス管理とも呼ばれることもある。

たちが一定のアプリケーションを起動する操作をすると、OSのカーネルがCPUに命令して、そのアプリケーションをメモリに読み込み起動する。また、ディスプレイ上に作成したデータを保存する操作をするとカーネルがCPUに命じて、そのデータを記憶装置に保存するのだ。このように、私たちが何をするにもカーネルがCPUに命じて希望通りの結果を実現してくれるのだ。そのような意味で、カーネルはCPUを管理してユーザーの希望通りに動かしてくれるといえる。

7-2　OS以前のアプリケーション

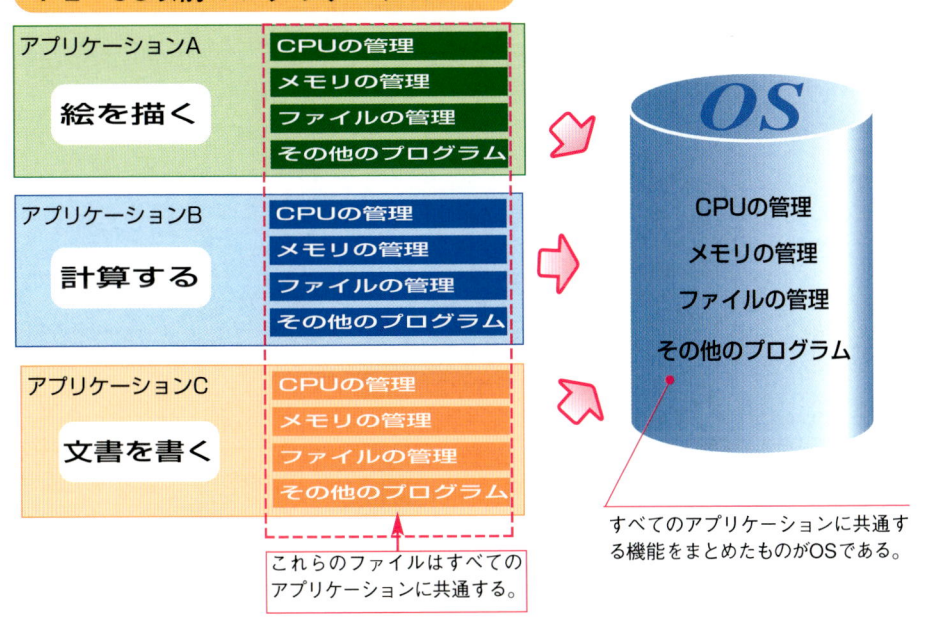

アプリケーションA 絵を描く	CPUの管理 / メモリの管理 / ファイルの管理 / その他のプログラム
アプリケーションB 計算する	CPUの管理 / メモリの管理 / ファイルの管理 / その他のプログラム
アプリケーションC 文書を書く	CPUの管理 / メモリの管理 / ファイルの管理 / その他のプログラム

これらのファイルはすべてのアプリケーションに共通する。

OS
- CPUの管理
- メモリの管理
- ファイルの管理
- その他のプログラム

すべてのアプリケーションに共通する機能をまとめたものがOSである。

7-3　カーネルがCPUを管理する

KERNEL → intel Core 2 Extreme quad-core → ハードディスク

ハードディスクからアプリケーションを読み込んでくる。

アプリケーションをメモリに記憶させる。

カーネルがCPUに命令して、例えば、ハードディスクからアプリケーションをメモリに読み込み起動する。どのような場合でも、CPUを管理してパソコンを動かすのだ。

豆知識　ダイアログボックスもカーネルを使用して表示しているので、OSによって同じスタイルのダイアログボックスが表示される。

OSのカーネルの役割②

Keyword マルチタスク　1つのCPUに複数の仕事をさせること。

マルチタスク

　OSのカーネルの2番目の仕事はマルチタスクの実行である。ここでは、このマルチタスクの意味と、カーネルがマルチタスクをどのようにして実行しているのかを説明する。

　私たちは1台のパソコンで音楽を聴きながらワープロで文書を作成することがある。さらに、そのワープロで作成したデータを印刷しながらインターネットでWebページを見ることもある。このように1台のパソコンで複数の作業を同時に行うことを**マルチタスク**という。

　本来、CPUのコアが1つである限り、そのCPUは1つの作業しかできない。けれども、カーネルが複数のアプリケーションの作業を細かく区切り、それをCPUに瞬間的に切り替えながら動作をさせて、あたかも複数の作業が同時に行われているように見せることができる。

　例えば、作業Aを実行させてから作業Bを実行させて、再び作業Aを実行させるというようにである。

　このようなこともカーネルが行っているのである。

　ちなみに、Windows以前のOSであるMS-DOSなどでは1つのアプリケーションしか動作させることができない。これをシングルタスクという。

メモリの管理

　OSのカーネルの3番目の仕事はメモリの管理である。ここでは、カーネルのメモリの管理機能について説明する。

　まず、32ビットCPUが使えるメモリの最大容量は4GBとなっている。このうちの前半の2GBを**ユーザー領域**といい、後半の2GBを**OS領域**という。

　私たちがパソコンを起動するとOSが起動し、それが画面上に表示する。そして、その後で私たちがアプリケーションを起動すると、今度はOSのカーネルがハードディスクからそのアプリケーションを読み込んできてユーザー領域に記憶させるのだ。さらに、そのアプリケーションを使ってデータを作成すると、カーネルはそのデータをメモリのユーザー領域の空いている領域に記憶させる。

　このようにして、私たちがアプリケーションを使ってデータをどんどん作成していくと、そのデータはメモリに記憶されていく。

　また、複数のアプリケーションを起動

知っ得　メモリが足りない場合は、データをハードディスクに記憶させ、必要なプログラムやデータをメモリに記憶させる。これをスワッピングという。

して、そこでもデータを作成していくとやはり、そのデータはメモリに記憶されていく。そして、メモリの空き領域がなくなると、ハードディスクに記憶されていくのだ。このメモリの不足分を補うハードディスクの記憶領域を**仮想記憶領域**という。このように、カーネルが行うアプリケーションとデータのメモリへの割り当てを**メモリの管理機能**という。

なお、ここで注意しなければならないのは、メモリのユーザー領域にデータが満杯になって記憶できなくなっても、カーネルは決してOS領域には記憶させないことだ。もし、そのように記憶させると、OS領域に記憶されているOSが破壊されてパソコンが動作しなくなるのだ。

7-4 マルチタスク

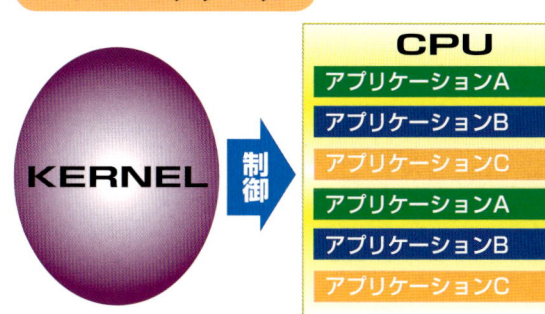

CPU
アプリケーションA
アプリケーションB
アプリケーションC
アプリケーションA
アプリケーションB
アプリケーションC

時間経過

KERNEL　制御

アプリケーションの作業を細かく区切ってCPUが切り替えながら実行して、あたかも複数のアプリケーションが並行して実行されているように見せるのがカーネルの機能の1つである。

7-5 メモリの管理

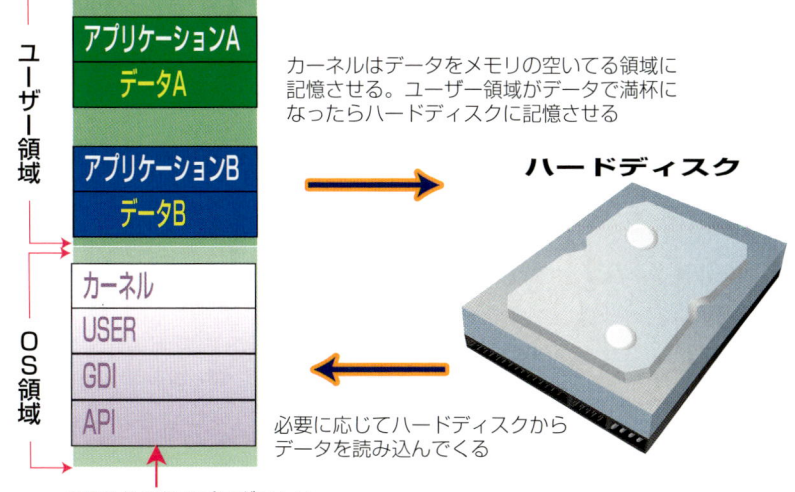

メモリ空間

ユーザー領域
- アプリケーションA
- データA
- アプリケーションB
- データB

OS領域
- カーネル
- USER
- GDI
- API

カーネルはデータをメモリの空いてる領域に記憶させる。ユーザー領域がデータで満杯になったらハードディスクに記憶させる

ハードディスク

必要に応じてハードディスクからデータを読み込んでくる

このそれぞれのプログラムはOSを構成する4つのプログラムである。

豆知識 メモリ管理技法の1つである仮想記憶とはマルチタスクシステムが不連続なメモリ記憶をソフトウェアから見て連続に見えるようにするもの。

109

OSのカーネルの役割③

> **Keyword**
> **ファイル** アプリケーションを構成するプログラムとそのアプリケーションで作成したデータを一括した呼び方。

ファイルの管理

　OSのカーネルの4番目の仕事はファイルの管理である。ここでは、カーネルの**ファイル管理機能**について説明する。

　私たちがアプリケーションをインストールすると、そのアプリケーションを構成するファイルがハードディスクに保存される。また、そのアプリケーションを使って作成したデータの保存を命令すると、それがファイルとしてハードディスクに保存される。

　この時、私たちはハードディスクの中のどこが空いているのかを意識する必要はない。単に、ファイル名やファイルの種類を指定して保存するだけでカーネルがハードディスクの空いている場所に「ファイル名」、「ファイルの種類」、「ファイルの大きさ」などを記録して保存してくれるのだ。また、そのようにして保存したファイルを読み込むときもファイル名を指定するだけで画面上に読み込んでくれる。

　このことは、ファイルの記憶装置がハードディスクだけでなく、USBメモリやその他の記憶装置であっても同じことだ。単にファイル名を入力するだけでカーネルがファイルの保存や読み込みをしてくれるのだ。また、保存したファイルを削除したり、ファイル名を変更することもカーネルの仕事なのだ。

　以上のように、カーネルのファイルの保存、削除、ファイル名の変更をする機能をファイルの管理機能という。

カーネルとインターネット

　OSのカーネルの仕事の1つにネットワークやインターネットを構築して、ファイルをやり取りさせる機能がある。ここでは、カーネルのネットワークとインターネット機能について説明する。

　1つの会社内で複数のパソコンを通信ケーブルでつないでデータをやり取りできるようにしたものを**ネットワーク**という。カーネルは、このネットワークを構築してデータを共有したり、プリンタを共有したり、それぞれのパソコン同士でデータの送受信するサービスを提供するのだ。また、外部の会社や公的機関、その他の組織の複数のパソコンを光ケーブルなどの通信ケーブルでつないでデータをやり取りできるようにしたものをインターネットという。私たちは、このインターネットを使ってWebページを閲覧し

110　**知っ得**　一般ユーザーがインターネットを使うにはプロバイダに加入する。このプロバイダのサーバーをOSが構築する。

たりメールを送受信できるのだ。

　さて、このインターネットでデータを通信する手順（プロトコル）をTCP/IPというが、現在のカーネルはこのTCP/IPにしたがってインターネットを構築してWebページを閲覧したりメールを送受信でき

るサービスも提供できるのだ。

　カーネルにはファイルの管理機能があるが、このようにインターネット機能も外部のパソコンとのファイルのやり取りを実現するわけだからカーネルのファイルの管理機能の1つといえる。

7-6　ファイルの管理

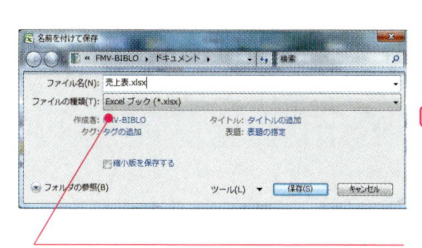

「名前を付けて保存」ダイアログボックスで「ファイル名」や「ファイルの種類」を指定して保存する。

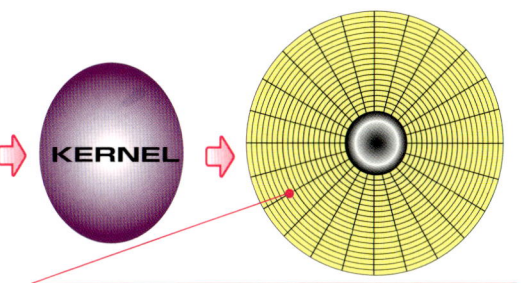

OSがハードディスクの空いている場所に「ファイル名」、「ファイルの種類」、「ファイルの大きさ」などを記録して保存する。このことは、ファイルの記憶装置がUSBメモリやその他の記憶装置であっても同じことである。

7-7　インターネットの管理

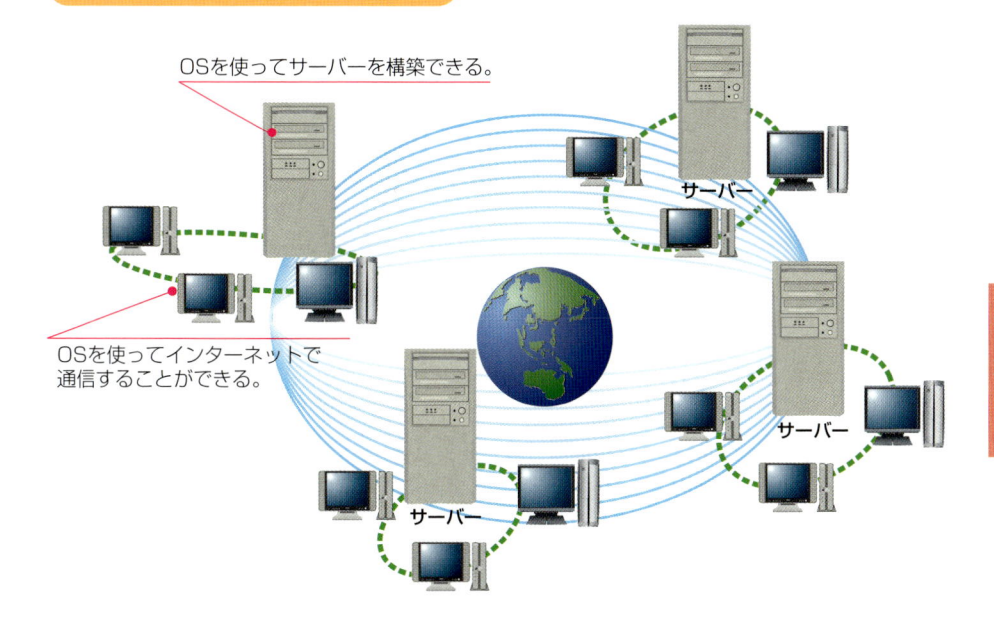

OSを使ってサーバーを構築できる。

OSを使ってインターネットで通信することができる。

豆知識　プロトコルとは、複数の者が対象となる事項を実行するための手順で、インターネットプロトコルとはインターネットの通信手順あるいは通信規約のこと。

OSのUSERとGDIの役割

Key word **USER** OSを構成するプログラムの1つで、マウスなどのユーザーインターフェイスを監視して、私たちの操作に応じて処理をするプログラム。

USERのお話

　OSはカーネル、USER、GDI、そしてAPIという4つのプログラムで構成され、これまではカーネルの機能を中心として説明を進めてきた。けれども、私たちがこのカーネルの働きを使うためにはユーザーからの指示をカーネルに伝達させるためにUSERとGDIを使う必要がある。

　例えば、私たちがパソコンを起動してWindowsが起動してからマウスを動かすとマウスポインタが移動する。

　また、マウスポインタを移動してからマウスをクリックするといろいろな操作ができる。

　このことはキーボードでも同じで、ワープロソフトを起動していて、キーボードのキーをたたくと文字を表示してくれる。これらは、OSの機能がすでに動いていて、マウスやキーボードを監視しているので、私たちがキーをたたくと、即応じて文字を表示してくれるのだ。

　このように、ユーザーインターフェイスの動きを監視して、私たちの操作に応じて処理をするプログラムを**USER**という。このUSERがないと、私たちはパソコンに対して何もすることができないのだ。なお、このようにUSERが入力機器からの操作を受け取った後で、OSのカーネルがそれを受け取って、はじめてCPUやメモリなどのハードウェアが動き出す。どのような場合でもカーネルが仲介していることを忘れてはならない。

GDIとDirectXのお話

　私たちがマウスやその他の装置を使ってイラストを描くと、それをUSERが受け取り**GDI**というプログラムに渡す。このGDIというのは**グラフィックス・デバイス・インターフェイス**のことで、画像を描くOSのプログラムの1つである。

　このGDIは、WindowsではDirectXと呼ばれており、いわゆる3Dグラフィックスを高速に描くときに登場するプログラムである。私たちが画像を制作したり、写真などの画像をデジカメなどから読み込んでくると、それがDirectXに手渡され、このDirectXがその画像を受け取る。そして、それをOSのカーネルが受け取り、このカーネルがグラフィックスカードの中心装置であるGPUに転送する。そして、GPUはそれをグラフィックスメモリに転送して画面上に画像が表示されるというわけである（詳細は第6章を参照）。

知っ得 Windows XP以降、新しくGDI+というグラフィックサブシステムが標準搭載されるようになっている。

7-8　USERのお仕事

キー操作　アイコン操作　メニュー操作　ボタン操作

入力（命令）

OSのUSERは、私たちユーザーからのキー操作やマウスの操作を待っている。

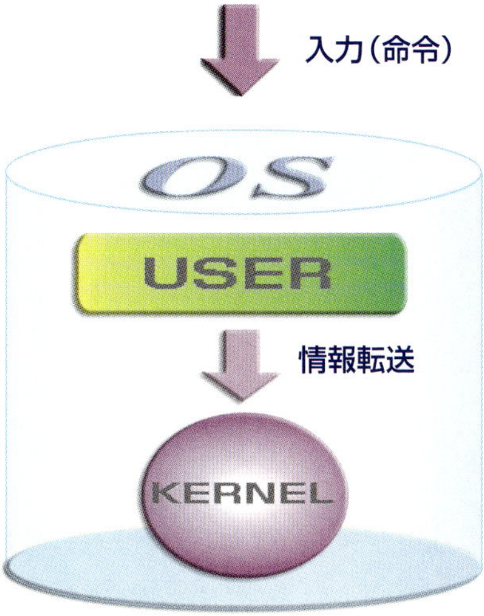

USERは、マウスやキーボードなどの入力器機からの操作情報を受け取る。

情報転送

ユーザーからの操作情報がカーネルに転送され、それからCPUやメモリを動かす。この後で、操作の結果が画面上に表示される。

7-9　GDIのお仕事

読み込み

ビデオカメラやデジタルカメラなどの画像情報をOSのUSERが受け取る。

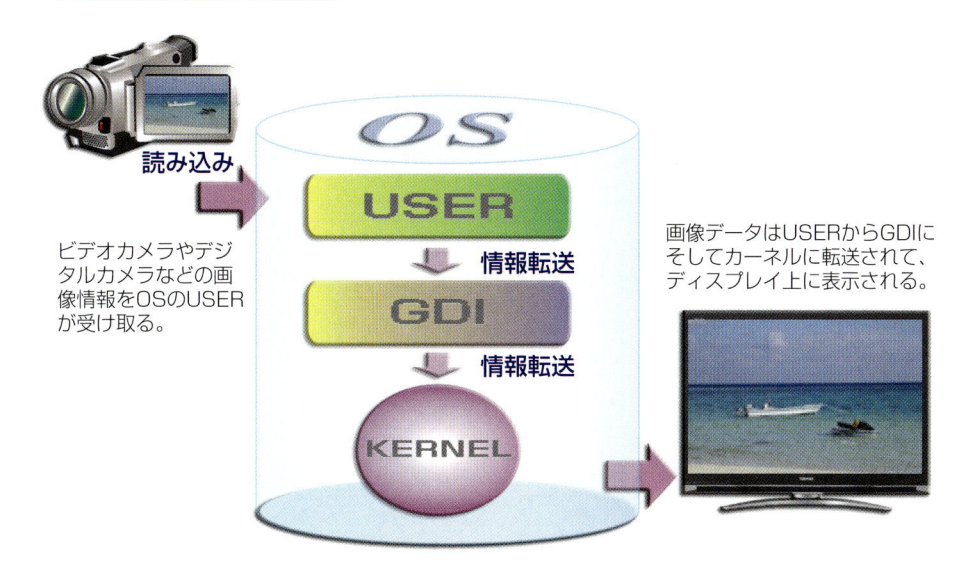

情報転送

情報転送

画像データはUSERからGDIにそしてカーネルに転送されて、ディスプレイ上に表示される。

豆知識　広く共有化が進んだ周辺機器は、OS内部にそのデバイスドライバが含まれていることが多い。

カーネルとAPIの関係

> **Key word** **API** アプリケーションソフトでの操作情報を受け取り、それをカーネルに渡すプログラムのこと。

APIのお話

　OSはカーネル、USER、GDI、そしてAPIという4つのプログラムで構成され、これまでにカーネル、USER、GDIの役割を説明した。ここでは、APIの役割を説明しよう。

　まず、私たちがパソコンに向かってキーボードをたたいたり、マウスを操作すると、その情報はUSERが受け取り、それがAPIに伝わり、そしてカーネルに伝わる。つまり、私たちが使用しているアプリケーションとカーネルの間にはAPIというもう1つのプログラムが介在しているのだ。

　このAPIの目的は、USERから送られてきた情報を分析し、それがファイル管理のことなのかウィンドウ管理のことなのか、または文字管理のことなのかというように、どのような仕事なのかを判断して、仮に、それがファイル管理なら、ファイル管理のプログラム、つまり関数（「知っ得」参照）を呼び出して、それをカーネルに渡すことだ。そして、カーネルは、それを受け取りファイル管理の命令をCPUに渡すのである。

　このように、APIというのはアプリケーションソフトでの操作情報を受け取り、それをカーネルに渡すプログラムである。だから、アプリケーション・プログラミング・インターフェイスというのである。

APIを見る

　私たちは、このAPIの一部を見ることができる。例えば、Wordを起動しておき、Officeボタンをクリックして、「名前を付けて保存（A）」をクリックすると「名前を付けて保存」というダイアログボックスが表示される。これがファイル保存のAPIが実行されて関数が実行された結果である。このことは、Officeボタンをクリックして表示されるすべてのウィンドウにもいえることなのだ。

　ただし、アプリケーションを操作すれば必ずしも目に見える形でAPIが表示されるわけではない。例えば、画面上にイラストを描く操作をすれば、そのまま描かれたままのイラストが表示され、特にAPIの存在を感じることはできないが、実は、APIがその画像データを受け取り、カーネルに渡し、カーネルがCPUを動かし、画像データをメモリからグラフィックスカードに送信して画面上に表示する

114　　知っ得　関数はメインプログラムから呼び出して使う小さなプログラムである。プログラムはメインプログラムと多くの関数で構成されている。

のである。

したがって、APIが画面上に表示されてもされなくても、私たちがアプリケーションを使って何らかの操作をすれば、それが必ずAPIを通してカーネルに到達するのである。

7-10 アプリケーションからAPIへの情報伝達

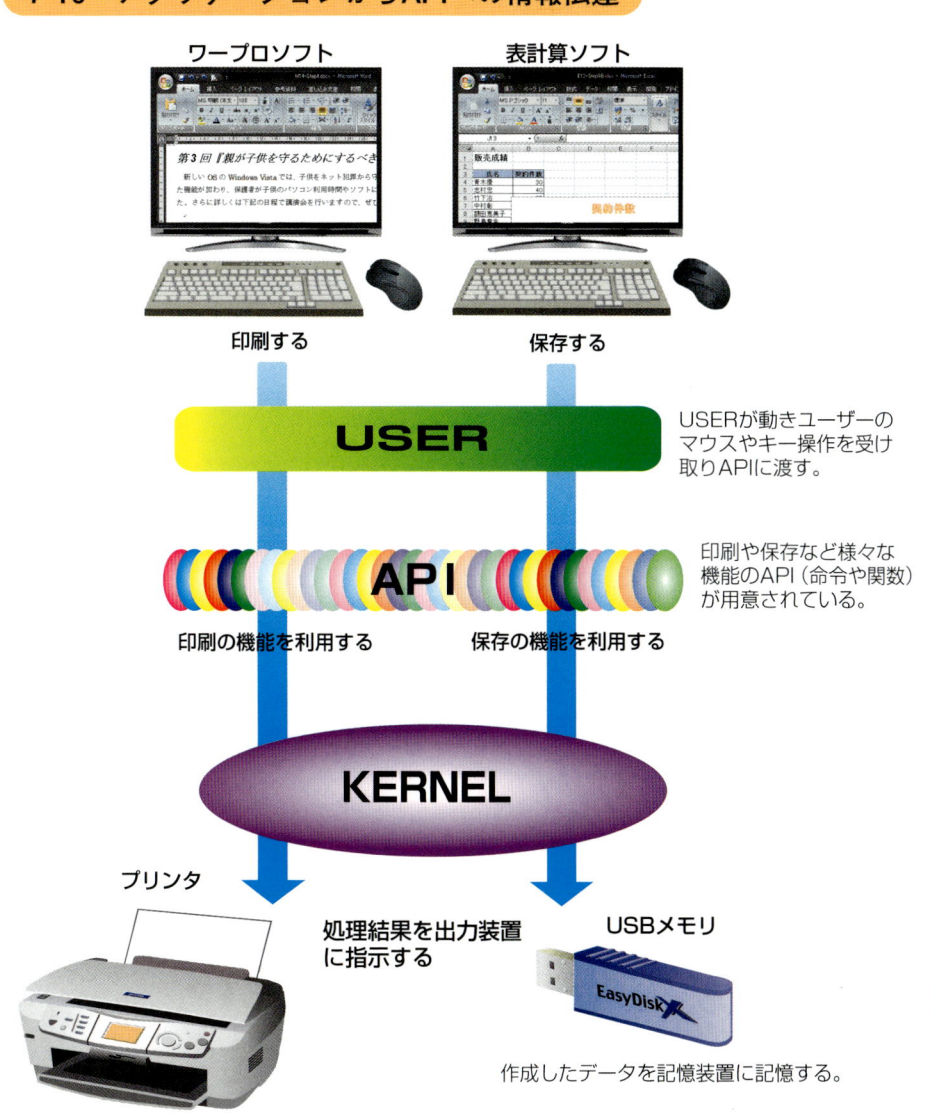

ワープロソフト　　　表計算ソフト

印刷する　　　保存する

USER
USERが動きユーザーのマウスやキー操作を受け取りAPIに渡す。

API
印刷や保存など様々な機能のAPI（命令や関数）が用意されている。

印刷の機能を利用する　　保存の機能を利用する

KERNEL

プリンタ
処理結果を出力装置に指示する

USBメモリ
作成したデータを記憶装置に記憶する。

豆知識　APIファイルの拡張子は「.DLL」であり複数のアプリケーションで共有されているので削除してはならない。

GUIとAPIの関係

Key word GUI ウィンドウに表示される画像を操作することでパソコンに命令できるしくみのこと。

GUIとAPIの関係

　OSがMS-DOSからWindowsに変わってから、GUI（グラフィカル・ユーザー・インターフェース）という用語が多く使われるようになった。つまり「WindowsはGUIを備えるようになった」と。それでは、このGUIとは何であろうか。前項では、OSのカーネルとAPIの関係を説明したが、実はこのAPIとGUIは大きく関わってくる。したがって、ここではAPIとGUIの関係について説明しよう。

　OSがMS-DOSのときは、私たちがデータを保存したり印刷するときに画面上に「データを保存せよ」とか「印刷せよ」というようにキーボードからテキスト（文字）で入力しなければならなかった。このように、テキストで命令を与えることをCUI（キャラクター・ユーザー・インターフェース）という。このように命令を与えることによって、OSはその命令を受け取ってカーネルに伝えたのだ。

　これに対して、OSがWindowsになると、どのような操作をするにしてもウィンドウを開き、そこに表示される画像を操作すれば、その操作内容がカーネルに伝えられるようになったのだ。このように、ウィンドウの画像、つまりグラフィックスを操作してユーザーの思い通りにパソコンを操作することを「GUIを使う」という。前項では、ユーザーが何らかの操作をすると、OSを構成するプログラムの中のUSERがそれを受け取りAPIに渡し、APIがそれをカーネルに渡すと説明した。ここから理解できるように、ここで取り上げたCUIやGUIは実はAPIのことであって、これがCUIからGUIに変わったということになるのだ。

OSとデバイスドライバの関係

　私たちが新しいプリンタやその他の周辺機器を買ってきたら、その周辺機器を動かすソフト、つまりデバイスドライバをパソコンにインストールしなければならない。ここでは、OSのしくみの最後としてOSとデバイスドライバの関係を説明しておこう。

　私たちが、例えばワープロで作成したデータを保存したり、印刷する操作をすると、その情報がOSの「USER→API→カーネル」という順番で伝わることはすでに説明した。このようにカーネルに伝わることによって、カーネルが、もしデータを印刷するのなら印刷用のプログラムを動かしプリンタで印刷されるのである。また、同じようにデータを保存する

知っ得 CUIでは、テキストで命令を受け取る機能をシェルと呼んだ。

のなら保存用のプログラムを動かし記憶装置に保存されるのである。

　この周辺機器を動かす印刷用のプログラムや保存用のプログラムのことをデバイスドライバ、またはドライバという。このようなドライバは、本来、周辺機器のメーカーが各装置に合わせて独自に開発するものであり、これをパソコンにインストールしないと、その周辺機器を使うことはできないのだ。

　いずれにしても、ドライバというのはOSのカーネルと周辺機器の間を仲介するプログラムのことでOSとは独立したものである。

7-11　CUIを見る

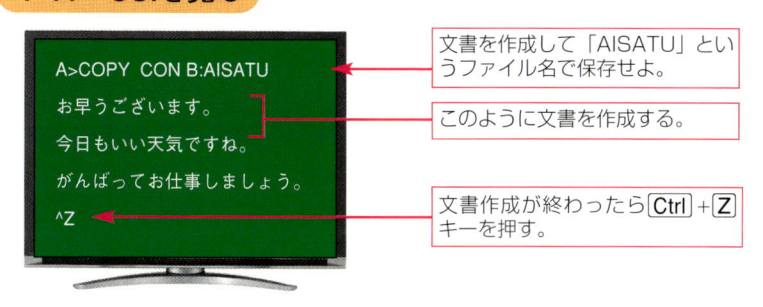

```
A>COPY  CON B:AISATU
お早うございます。
今日もいい天気ですね。
がんばってお仕事しましょう。
^Z
```

文書を作成して「AISATU」というファイル名で保存せよ。

このように文書を作成する。

文書作成が終わったら[Ctrl]+[Z]キーを押す。

このように、文書作成も保存もすべて文字だけで行うのがCUIである。

7-12　GUIを見る

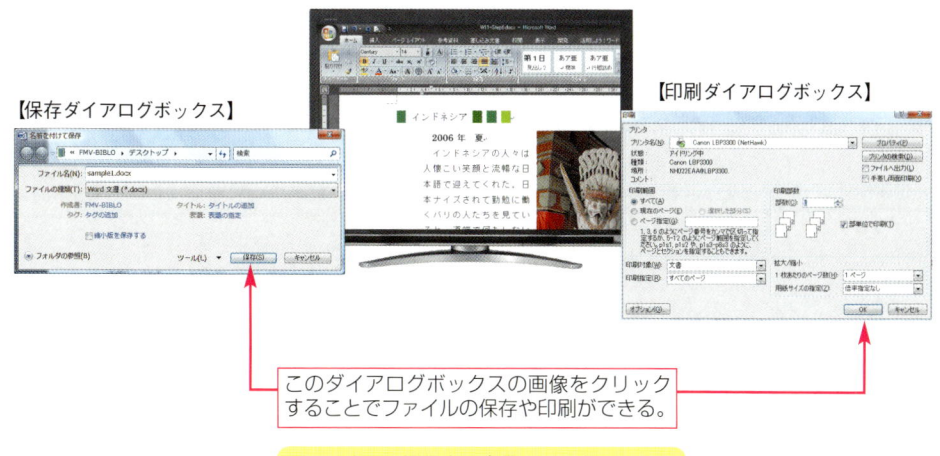

【保存ダイアログボックス】

【印刷ダイアログボックス】

このダイアログボックスの画像をクリックすることでファイルの保存や印刷ができる。

このように、画面上に表示されたウィンドウのボタンをクリックしたりテキストを入力することで希望の操作ができるのがGUIである。

豆知識　デバイスドライバのデバイスとは装置、または機器という意味である。

OSの種類

> **Keyword** **Windows** 幅広いソフトウェアを利用できるということを最大の理由として、現在、世界水準ともいわれるほどのシェアを誇るOS。

Windows

　本章では、ここまでOSのしくみや働きを説明してきたが、ここでは一般的に利用されているOSの種類を紹介しよう。

　まず、本章でもOSの代名詞になっているWindowsはMicrosoft社により1985年Windows1.0として歴史が始まった。その後、一般ユーザー向けには3.1→95→98→Me、サーバー向けにはNT→2000とバージョンアップされ、2001年には、1本化されてXPとなり2007年にVistaと進化して現在に至っている。その間多くのメーカーのパソコンに搭載されたこと、対応アプリケーションが多いことなどを武器にパソコンのOSといえばWindowsといわれるまでになりシェア（過去に95％という時期もある）を伸ばしてきた。

　なお、グラフィック機能やセキュリティ機能などを強化して開発されたVista（2007年販売）はハードウェア要件が高く動作が重いなどの批判があり、それを改善したWindows7が2009年10月に販売が開始されている。

Mac OS

　Mac OSは1984年、GUIを最初に実現したOSでSystemという名称でアップル社のマッキントッシュというパソコンに搭載された。後に遅れて発売されたWindowsと当初は人気を2分したがマッキントッシュにしか搭載しないOSという路線を貫いたため、対応アプリケーションや対応器機も増えずシェアは伸び悩んだ。

　ただし、画像処理能力にすぐれ、スタイリッシュな外観などにより一部のユーザーには根強い人気を保ち続けて、発売以来1996年まではSystemとして、1997年からはMacOSという名称でバージョンアップを続け2007年にはMac OS X Leopard（レパード）が発売されている。

　さらに最近はApple社の携帯プレーヤーのiPod人気に乗じてMacユーザーも増えてきている。

その他のOS

　UNIXはOSの元祖ともいえるOSである。1960年代より開発されていたUNIXはコンピュータの機種に関係なく動作するC言語の開発の後、書き直されて1974年に学会に発表された。その後、開発がさらに進み全世界に普及した。

　当初は研究目的で開発されていたことから大学や研究機関などを中心に広く普

知っ得　Mac OS X Leopardの「Leopard（ひょう）」の部分はコードネームといわれ開発時の名称。2009年秋に発売予定の時期OSはMac OS X Snow Leopard。

及し、データベースなどの大規模なソフトが豊富で信頼性も高く、現在は企業のサーバー用OSとしても利用されている。

このUNIXのパソコン版（MINIX）を改良して1991年に開発されたLinuxというOSがある。このOSの最大の特徴はフリーソフトとして全世界に公開していることだ。ただし、LinuxはOSのカーネル部分に当たり、一般的なユーザーが利用するには難しく、通常はそれ以外の補完ソフトと解説書をまとめたディストリビューションを有料で購入することになる。

さらに、GoogleではGoogle Chrome OSを無料で2010年以降ネットブック向けに搭載すると発表している。今後の動きに注目したい。

7-13　Windowsの利用

多くのパソコンメーカーのパソコンにインストールできる。

【Windows 7 Home Premium】
写真：マイクロソフト株式会社 提供

【Microsoft Office】
Windowsに対応したアプリケーションソフトをインストールして使う。

7-14　Mac OSの利用

Apple社のパソコンにインストールできる。

【Mac OS X Leopard】
写真：株式会社アップル 提供

【Microsoft Office mac】
Mac OSに対応したアプリケーションソフトをインストールして使う。

豆知識　Windows Vistaのコードネームは「Longhorn」。次期OSのWindows 7は「Blackcomb」→「Vienna」→「Windows 7」となり、それが製品名となっている。

アプリケーションの使用形態

Key word アプリケーションソフトウェア 特定の目的のために作業を実施する機能をもったソフトウェア。アプリケーション、アプリとも略される。

アプリケーションの新しい使用形態

　従来、パソコンを利用してアプリケーションソフトを利用する場合は、パソコン内のハードディスクにインストールしておき利用するのが一般的であった。

　ところが、インターネットが普及してWebブラウザ利用が進み、それを通してインターネット上のアプリケーションを利用することができるようになってきた。これを**Web アプリケーション**といい、対してハードディスクに保存されたアプリケーションは**デスクトップアプリケーション**と呼ばれることがある。

　Webアプリケーションと呼ばれるものには銀行のオンラインバンキングや証券会社のオンライントレード、ネット販売のショッピングカート、またGoogleなどが提供しているWebサービスがある。

　ユーザーが意識して利用する例としては、従来自分のパソコンにExcelやWordといった表計算ソフトや文書作成ソフトをインストールしなければできなかった仕事をインターネット上のGoogle ドキュメントというサービスを利用してGoogleのサーバー上の表計算ソフトや文書作成ソフトを活用することなどである。また、GmailやYahoo!メールなどのいわゆるWebメールと呼ばれるアプリケーションもパソコン内のアプリケーションを利用することなくインターネット上のメールソフトを利用していることになる。なお、このようにインターネット上のソフトを利用して作成したファイルや受信メールなどは通常、インターネット上のサーバー内に保存されることになる。

クラウド・コンピューティングの概念

　上記のWeb アプリケーションなどのことも含めて最近は**クラウド・コンピューティング**という言葉が取り沙汰されることがある。ここでは、それについて紹介しよう。

　クラウド・コンピューティングの「クラウド(cloud)」とは「雲」を意味し、クラウド・コンピューティングとして狭義の意味は、データやアプリケーションの所在を意識することなくインターネット上、すなわち「クラウド(雲)」の中から必要に応じて取り出して使った分だけ料金を払うといった形態だと解釈されることが多い。

　したがって、インターネット経由でアプリケーション機能を提供する「SaaS」、プラットフォーム(ソフトウェアを動作させるハードウェアやOSなど)機能を提

知っ得 クラウド・コンピューティングという言葉を提唱したのは、2006年米国Google社のCEOであるエリック・シュミット氏だといわれている。

供する「PaaS」、ハードウェアリソース(情報システムの稼動に必要な機材や回線)を提供する「HaaS」などのことを指すと一般的に理解されている。

また、このクラウド・コンピューティングの中心を目指すのがAmazonやGoogleだということが、この言葉の存在価値を高めている。なお、Amazonは『Amazon Web service』でGoogleは『Google App Engine』でサービスを提供中である。

7-15 アプリケーションの利用方法

● パソコン内に保存されているアプリケーションを利用する

Microsoft Offce Excelの操作画面
作成したファイルは、通常パソコン内のハードディスクあるいは外部記憶装置に保存する。

● Web上のサーバーに保存されているアプリケーションを利用する

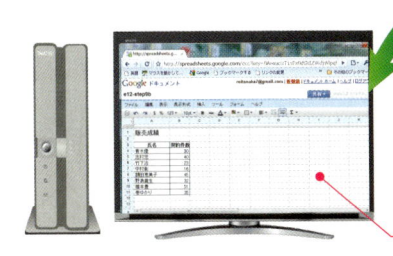

Googleドキュメントの操作画面
作成したファイルは、通常Googleのサーバー内に保存される。

7-16 クラウド・コンピューティングのイメージ

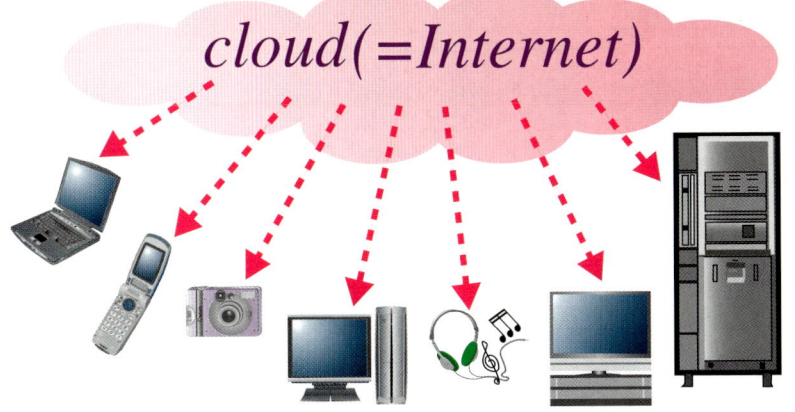

cloud(=Internet)

雲から雨が降るように、アプリケーションソフトやデータがインターネット上のサーバーから降ってくるというイメージ。雲の中身は見えない(気にする必要がない)。

豆知識 最近発売されているミニノートパソコン(ネットブック)などではWebサービスの利用やWeb上への保存を前提にして、CDやDVDドライブが搭載されていないことが多い。

常駐プログラムのお話

> **Key word** 常駐プログラム　パソコンの起動の最後の段階で起動し、常にメモリに常駐して動作するプログラム。

常駐プログラムの役割

パソコンのスイッチを入れるとOSが起動してデスクトップが表示される。そして、その最後の段階で常駐プログラムが起動して画面右下にアイコンとして表示されるのだ。この常駐プログラムには「日時と時計を表示する」、「ウイルスの侵入を防ぐ」、「ガジェットで株価を表示する」、「日本語入力システム」などのプログラムがある。これらのプログラムに共通していることは、私たちがパソコンに対して何をしていても常に動いていることだ。

常駐プログラムには、これ以外にも多くのものがあり、Windows Vistaでは標準として61個が起動し、Windows7では49個が起動する。これ以外にも、自分でウイルス対策ソフトをインストールするとそれが常駐プログラムとなる。

この常駐プログラムの特色はマルチタスクを実現していることだ。例えば、画面右下に時計を表示するプログラムは常に動作しており、その間で私たちはアプリケーションを使える。いうまでもなく、日本入力システムやウイルス対策ソフトも同じだ。けれども、この常駐プログラムがあまり多いと起動が遅くなり、それだけメモリの消費も多くなってしまうことになる。

7-17　常駐プログラムの特色

株価を提供する

ウイルス対策ソフトが起動している

時刻が表示されている

知っ得　常駐プログラムの1つであるガジェットをあまり多く表示すると、それがメモリに読み込まれ起動が遅くなる原因になることがある。

第8章
データ入力機器でデータが入力されるしくみ

キーボードのしくみ

Keyword キーボードマトリクス　キーに割り当てられる信号の座標が「行」と「列」で構成される。

キーボードの構造

　キーボードは、パソコン操作の上では文字を打ち込むなどの最も重要な役割を果たしマウスと並んで代表的な入力装置である。また、マウスを使用しなくてもショートカットキーなどの複数のキーの組み合わせで操作をすることもできる。

　キーの真下の配線は途切れた状態になっていて、キーを押すことによりそのゴムカップが押しつぶされてシートに接触し回路がつながる。装着されたマイクロプロセッサがどの回路へつながったかによりどのキーが押されたかを判断し、キーの信号がコードを通じてパソコンのCPUに送られる。それが画面上に文字となって表示される。

8-1 キーボードの構造

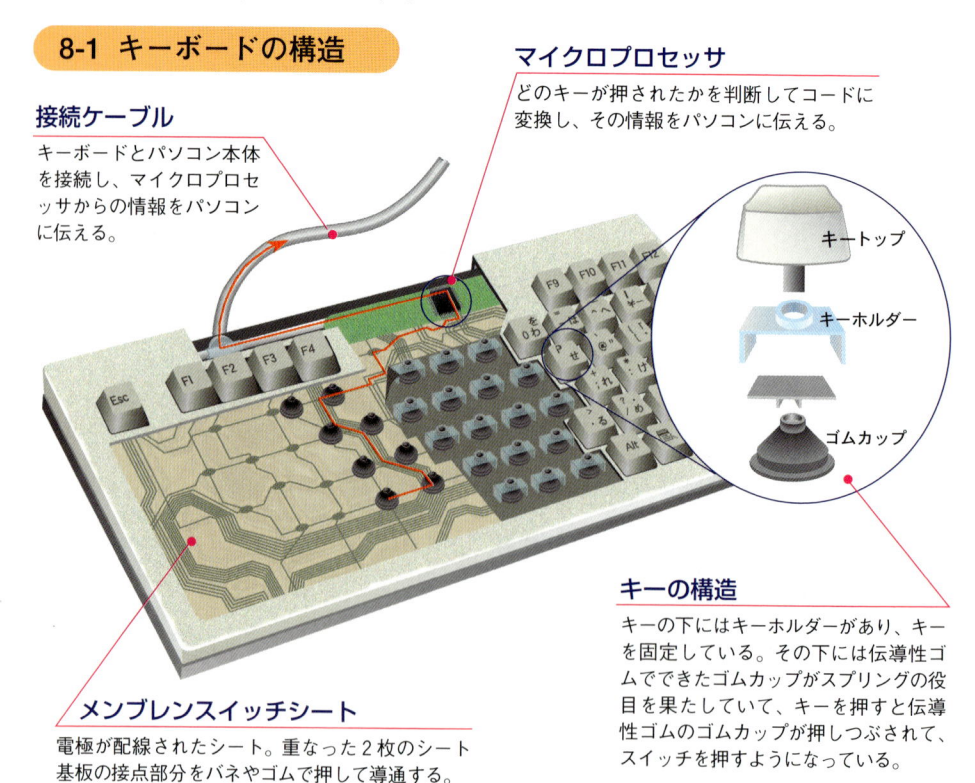

マイクロプロセッサ
どのキーが押されたかを判断してコードに変換し、その情報をパソコンに伝える。

接続ケーブル
キーボードとパソコン本体を接続し、マイクロプロセッサからの情報をパソコンに伝える。

キートップ
キーホルダー
ゴムカップ

キーの構造
キーの下にはキーホルダーがあり、キーを固定している。その下には伝導性ゴムでできたゴムカップがスプリングの役目を果たしていて、キーを押すと伝導性ゴムのゴムカップが押しつぶされて、スイッチを押すようになっている。

メンブレンスイッチシート
電極が配線されたシート。重なった2枚のシート基板の接点部分をバネやゴムで押して導通する。

知っ得　現在使用されているほとんどのキーボードは米国IBMが開発したキーが101個ある101キーボードをベースに必要なキーを増やしたものである。

キーボードの入力のしくみ

キーボードは、キーの1つひとつに対応した情報（キーコード）を、ユーザーがキーを押した順番にパソコンへ送信するデバイスで、キー1つひとつが信号をON/OFFするスイッチの役割を果たしている（通常の状態ではOFF、押し下げられた状態でONを表す）。

どのキーが押されているのかを調べるにはaから順の横線に電圧をかけ、何もキーが押されていなければ縦線①から⑩には電流は流れない（図8-2上）。キーが入力されると、縦線①から⑩のどの線に電流が流れ出すかを検出すれば押されたキーがわかる（図8-2下）。

このように、キーボードの各キーには縦と横に信号線がはり巡らされていて、電流は横線の部分に左から右へ、電流線の上から下へ流れるこの格子状回路を**キーボードマトリクス**という。このマトリクス（格子）から得られた電気信号をマイクロプロセッサにより、キーコードとしてCPUに伝える。CPUは、受け取ったキーコードを文字コードに変換し、文字を認識している。

8-2 キーボードマトリクス

1. キーボードからキーを押す

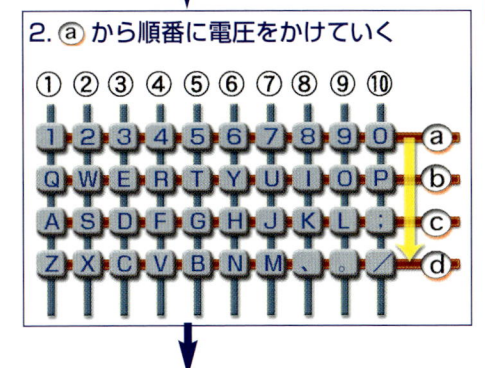

2. ⓐから順番に電圧をかけていく

3. ①から⑩の、どの線に電流が流れたのかを検出する

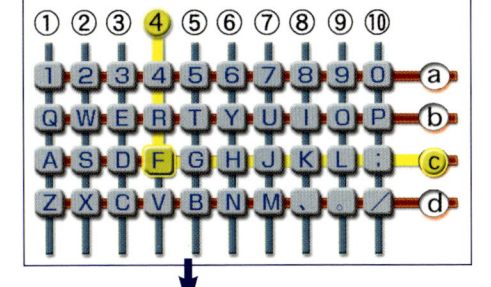

4. Fキーと判断し、信号をパソコンに送る

8-3 キーコード

キーボードに押されたキーを識別するために使用するキーコード値が割り当てられている。

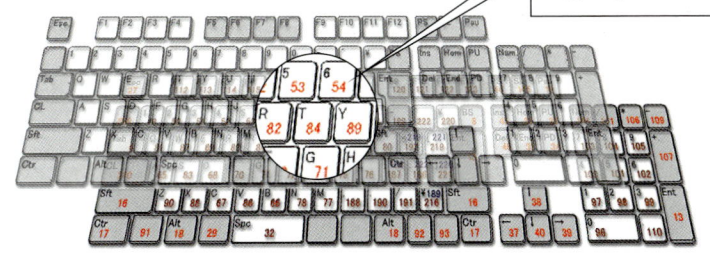

豆知識 キーボードには同じキーを押し続けたときに、対応するキーコードが、連続してCPUに伝わるようにする機能がある。これをオートリピートという。

マウスの構造と動くしくみ

> **Keyword** ロータリーエンコーダ　マウスを動かしてボールの回転量・角度・位置を測定する装置。

マウスの特長

　マウスは、GUIを採用している現在のパソコンのOSには必須の入力機器で、キーボードと並んで操作効率を大きく左右する入力装置の1つだ。

　特長として、マウス本体を動かすことで縦と横の移動距離を感知するセンサーが移動方向と距離を計算し、その移動情報がCPUに伝わる。そしてCPUは、マウスからの移動情報によって、画面上にはマウスの動きに合わせて移動するカーソルが表示され、これを操ることによってパソコンを操作している。

マウスの構造（ボール式マウス）

　従来型のマウスの基本構造は、マウスの蓋をあけると底に**ボール**が見える。このボールの前方と左側には**ローラー**があり、マウスをX軸（水平）方向とY軸（垂直）方向に移動するとボールが回転して、それぞれのローラーが回り、その先の**ロータリーエンコーダ**の円盤が移動量を検出する。そして、検出された移動量を計算し、**マイクロスイッチ**でマウスのボタンのクリックを判定したものを**コントローラ**でパソコンに送信している。

8-4 ボール式マウスの構造

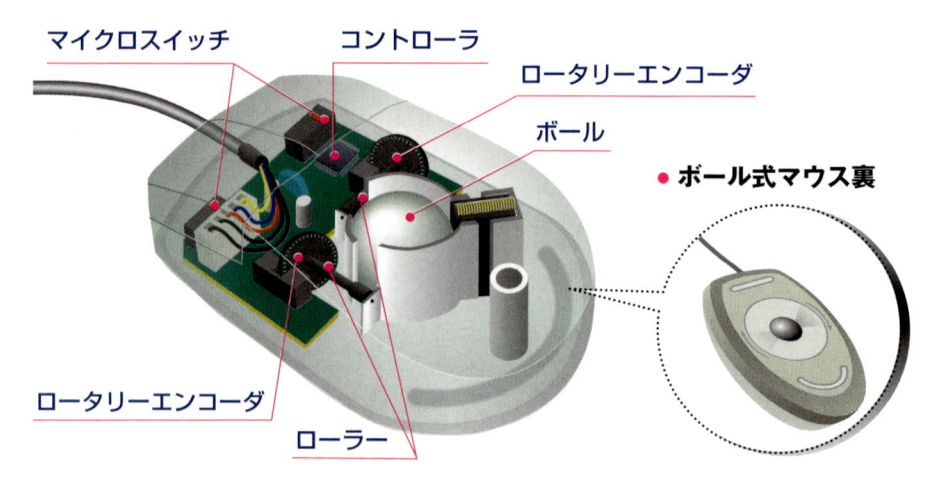

- マイクロスイッチ
- コントローラ
- ロータリーエンコーダ
- ボール
- ロータリーエンコーダ
- ローラー

● ボール式マウス裏

知っ得　ボール式マウスの弱点は、使用しているうちにボールやローラーの表面にゴミが付着してしまうので、時々分解清掃する必要がある。

8-5 マウス内部の動き

X方向
Y方向

マウスを前後（Y方向）に移動した場合
前方のローラーが回り、Y座標用ロータリーエンコーダが回転数を読み取る。

マウスを左右（X方向）に移動した場合
横方向のローラーが回り、X座標用ロータリーエンコーダが回転数を読み取る。

ロータリーエンコーダのしくみ

　ロータリーエンコーダは1個のボールを垂直・平行方向にそれぞれ挟んで取り付けられている。歯車には光を通す穴が多数放射状に形成されていて、ボールの回転によって、発光部から出た光が歯車の回転によって遮られたり、通過したりすることで、2つの光センサーの受信した信号パターンが変化する。このパターンの違いと受信回数によりマウスの移動方向と移動距離がわかる。

8-6 ロータリーエンコーダ

光学センサー部
光を通すスリット
赤外線LED
発光部
2つの光センサーが内蔵されている。

豆知識 ダグラス・エンゲルバートが1961年に世界で最初のマウスを発表してから、マウスの作動原理と基本構造は現在にいたるまで変わっていない。

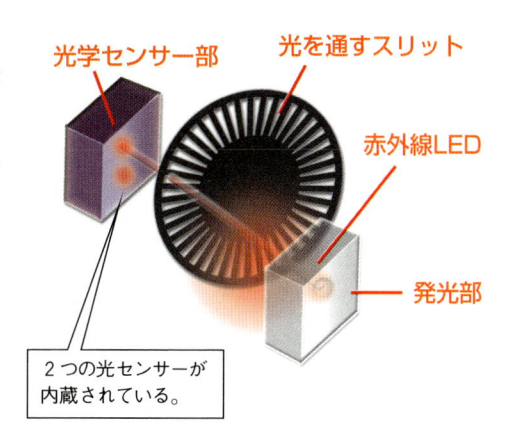

光学式マウスの動くしくみ

> **Key word** マイクロスイッチ　マウスのスイッチとして、多くのメーカーから採用されている。高級とされるマウスにはこのスイッチが採用されている

光学式マウスの特長

　マウスのX方向とY方向の移動量をボールを使って検出するのが、ボール式マウスだが、ボールを使わずにLEDを用いて検知するのが**光学式マウス**（オプティカルマウス）だ。マウスを裏返しにすると、裏側に小さなランプのようなものがあり、最近ではこのタイプのマウスが主流となっている。いくつかのメーカーから光学式マウスが売り出されているが、マイクロソフトのインテリマウスの内部を見てみると、**照明LED**と**IntelliEyeチップ**がある（図8-7）。マウスを一定の位置に置くと、照明LEDからの光が机の上を照らし、机の上の凹凸（おうとつ）が反射光としてIntelliEyeチップに伝わる。

　この他、イメージセンサーの光源にレーザー光が使用されているレーザー式マウスも、分類的には光学マウスに近い。レーザーを使用することで、光学式マウスより1秒間の読み取り回数や精度が向上し、これまでの光学式マウスでは読み取りが困難だった光沢加工された場所や、白い机などでも使用できるようになった。

光学式マウスの作動原理

　マウスを移動すると、机の上の別の凹凸が反射光としてIntelliEyeチップに伝えられ、IntelliEyeチップは1つの凹凸から別の凹凸の変化をマウスが移動した方向と距離に変換して、パソコンに知らせる。この結果、マウスポインタが一定の方向と距離に移動する。

　マウスの内部には**マイクロスイッチ**というボタンがあり、マウスの蓋の左ボタンと右ボタンの裏に付いている突起物に対応していてマウスの左ボタンを押すと左側のスイッチが押され、右ボタンを押すと右側のスイッチが押されて**左クリック**や**右クリック**になる。

　場所によってはマウスパッドが不要で、埃（ほこり）などが付着しにくいといったメンテナンス性に優れている。しかし、机の上の凹凸の変化を調べてマウスポインタを移動するので、何の凹凸もない磨ききったガラスやプラスチックの上では使うことができないことがある。

　最近では大抵の場合、**ホイール**が付属していて、このホイールをクルクルと回すと、その回転数が**ロータリーエンコーダ**に伝わり、その回転数を一定の距離に変換してパソコンに伝える。この結果、ウィンドウの中のデータが一定の範囲だけスクロールする。

> **知っ得**　スイッチによってクリックした感触や音が違い、使い込むにしたがって感触や音の感じも異なってくる。マウスのスイッチの耐久性は、100万クリック位のものが一般的。

8-7 光学式マウスの構造

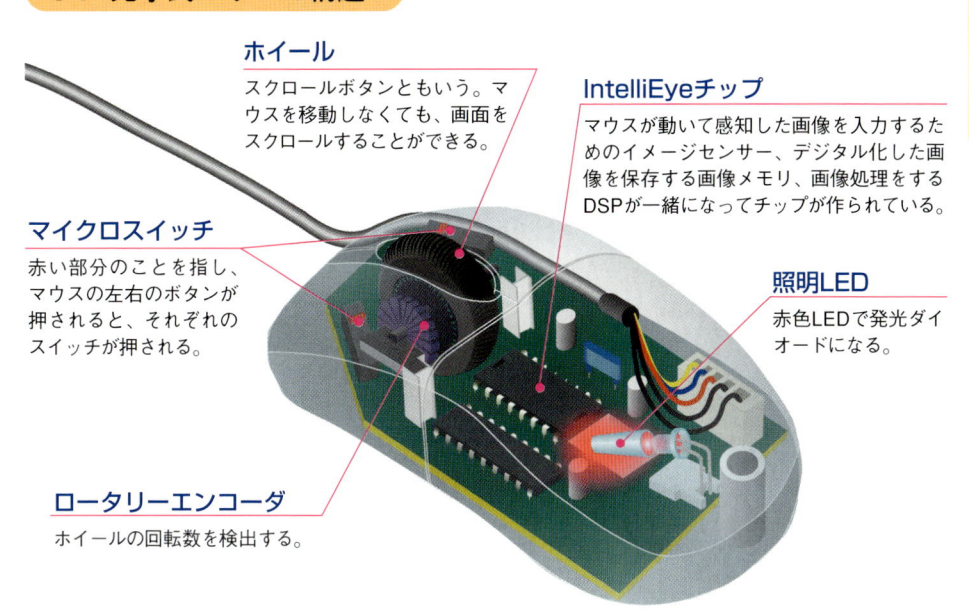

ホイール
スクロールボタンともいう。マウスを移動しなくても、画面をスクロールすることができる。

IntelliEyeチップ
マウスが動いて感知した画像を入力するためのイメージセンサー、デジタル化した画像を保存する画像メモリ、画像処理をするDSPが一緒になってチップが作られている。

マイクロスイッチ
赤い部分のことを指し、マウスの左右のボタンが押されると、それぞれのスイッチが押される。

照明LED
赤色LEDで発光ダイオードになる。

ロータリーエンコーダ
ホイールの回転数を検出する。

8-8 光学式マウスの作動原理

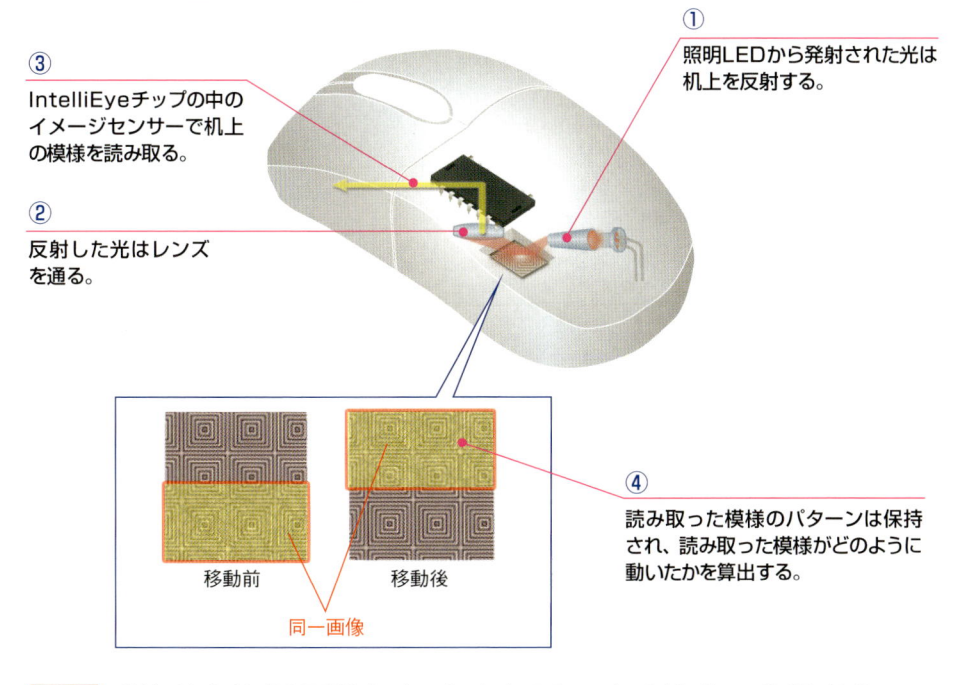

① 照明LEDから発射された光は机上を反射する。

② 反射した光はレンズを通る。

③ IntelliEyeチップの中のイメージセンサーで机上の模様を読み取る。

④ 読み取った模様のパターンは保持され、読み取った模様がどのように動いたかを算出する。

移動前　移動後
同一画像

豆知識 手首をひねらずに使える光学式マウス「エルゴノミクスマウス」が、サンワサプライから発売されている。自然な手首の角度で使用できるため、手首への負担が少ないという。

タッチパッドの入力のしくみ

> **Key word** 静電容量方式 指先と伝導膜間の静電容量の変化を捉えて位置を検出する

タッチパッドとは

　タッチパッドは、マウスとともに画面上の位置や座標を指定する入力装置（ポインティングデバイス）で、平面のシートの上を指でなぞって、マウスと同じように画面上のカーソルを移動させることができる。左クリック・右クリック用のボタンと共に、キーボードの前面に装備されていることが多い（図8-9）。ボタンを使わなくても、このパッドをポンと軽く指でたたくとクリックになり、2回トントンとたたくとダブルクリックとなる。

　タッチパッドはPC本体に埋め込むタイプの装置で、操作用のスペースが不要であることや、機構的な部品がないため、メンテナンスが不必要であること、また、比較的低コストで製造できることから多くのノートパソコンに採用されている。

8-9 ノートパソコンのタッチパッド

タッチパッド
左クリックボタン
右クリックボタン

指の位置を感知する方法

　タッチパッドには、指の位置を感知する方法として、静電容量方式と感圧式と呼ばれる認識方式を採用している。

　静電容量方式は、パッド表面に電気信号をキャッチする物質を塗り、静電気の発生を検知して位置を特定するというものだ。これに対して感圧式は、パッド上にかかる指の圧力を利用して位置や座標を検出する。感圧式は、タッチペンでも操作できるのが特徴だが、ほこりや傷に弱いため、ノートパソコンの場合は静電容量方式をほとんどが採用している。

> **知っ得** ポインティングデバイスの一種であるトラックボールは、マウスを逆さにしてボールが上を向いたような形をしている。これを指などで回して画面上のカーソルを操作する。

タッチパッドのしくみ

　タッチパッド内部には縦軸方向（Y軸）、横軸方向（X軸）にそれぞれ多数の電極が格子状に並んでいるような構造になっていて、2つの電極はいずれも一定容量のコンデンサの役割を果たしている。ここで、電極のXとY間に電圧をかけると、XY極の交差する点1つひとつがコンデンサを形成して、一定の電気が貯まった状態になる。その上に指が触れると、2つの電極間の電位が変化し、その変化がどこで起ったかを調べることで、パッドのどこに指が置かれているのかを判断している。

　また、タッチパッドにはクリックやドラッグなどの操作があるが、これはタッチパッド上に指が置かれた時間を計測し、一定の時間より短ければクリックした状態、押されたまましばらく指が離れなければドラッグといったように、信号の変化を読み取り、特定の操作を実行している。

光センサー液晶パッド

　シャープは世界で初めてノートパソコンのタッチパッド部分に「光センサー液晶」を採用したノートパソコン「Mebius」を発売した。光センサー液晶とは、これまで多くのノートパソコンが使用していた静電容量方式のように、液晶パネルの表面にタッチセンサーや保護シートを貼り付ける必要がなく、その代わりに液晶パネルのトランジスタ形状面に、光センサーを内蔵しており、ペンや指の動きを光学的に認識するもの。

8-10　タッチパッドの構造

指が近付くと静電容量が変化し、指で触れられた部分を交差する2つの電極間の位置を決定している。

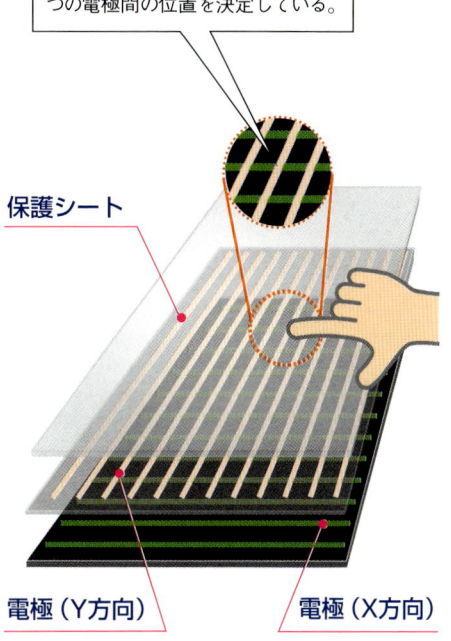

保護シート

電極（Y方向）　　電極（X方向）

8-11　光センサー液晶パッド

光センサー液晶パッド部分。

複数の指での操作による、表示内容の拡大・縮小、回転が可能。

豆知識　携帯電話に搭載されているタッチパッドの一種であるスムースタッチは、ダイヤルキー上にタッチパッドエリアを設けている。

ペンタブレットの入力のしくみ

Key word **LC回路** 共振回路の一種で「L」で表されるコイルと「C」で表されるコンデンサで構成される電気回路。

8-12 タブレットの内部構造

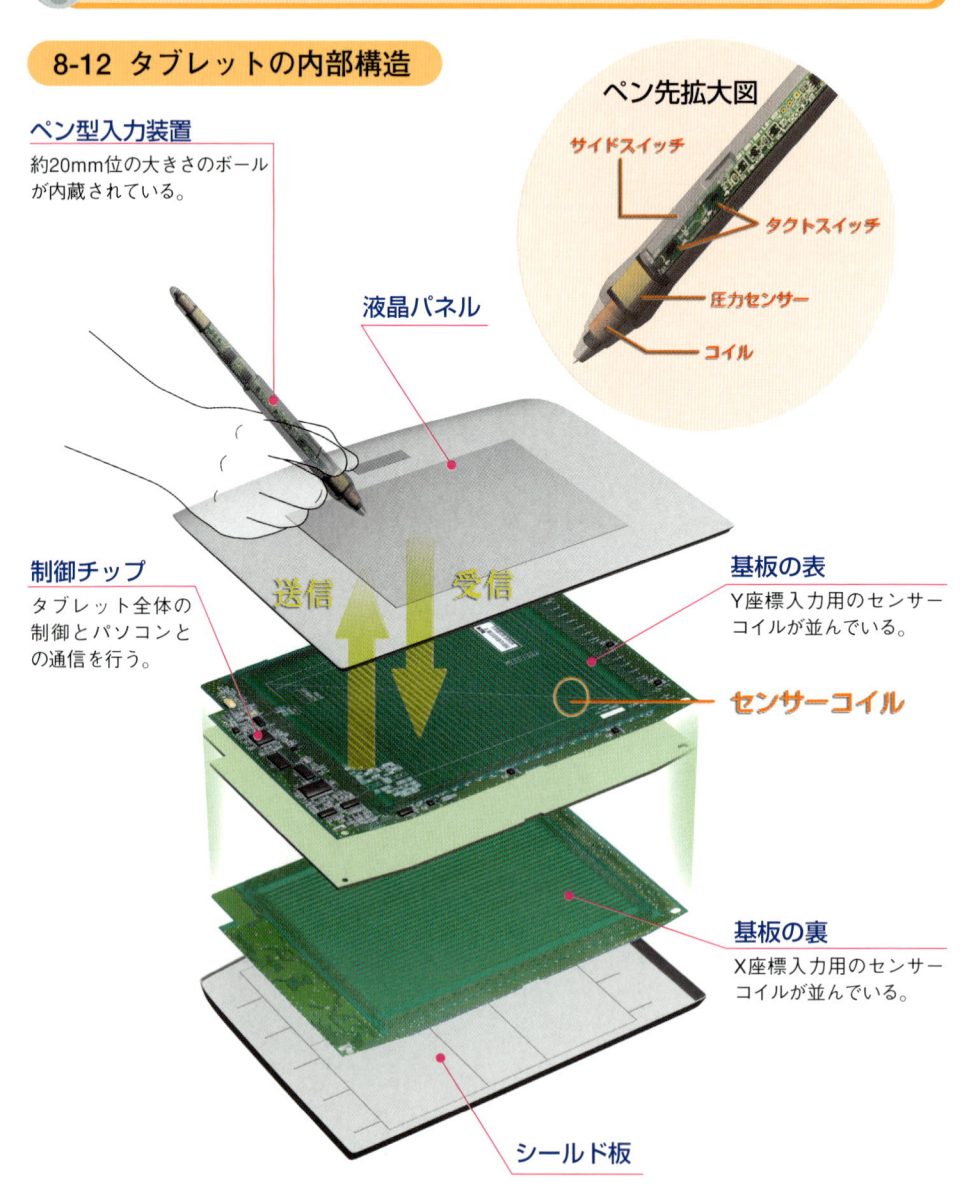

ペン先拡大図
- サイドスイッチ
- タクトスイッチ
- 圧力センサー
- コイル

ペン型入力装置
約20mm位の大きさのボールが内蔵されている。

液晶パネル

送信　受信

制御チップ
タブレット全体の制御とパソコンとの通信を行う。

基板の表
Y座標入力用のセンサーコイルが並んでいる。

センサーコイル

基板の裏
X座標入力用のセンサーコイルが並んでいる。

シールド板

132　**知っ得**　筆圧レベルの数値が大きい製品ほど、筆圧の感度が上がり、タッチが繊細になる。筆圧のレベルは512あれば十分。

ペンタブレットの動作原理

タブレットの1種で、文字通りペン型の装置で板上の装置をなぞって、画面上の位置を指定することからペンタブレット略してペンタブとも呼ばれる。

手書き感覚で利用し、細かい作業ができるのでコンピュータグラフィックスでよく使用される。最近の製品にはペンの筆圧を変えたり、エアーブラシのように線が引けるものもある。ペンの後部分には消しゴムなどの機能を割り当てられるテールスイッチが付属していることが多い。

ペンとタブレットの位置を検索する方法は、電磁誘導方式を使用しており、液晶ペンタブレットの入力面の下には、細長いループ型のセンサーコイルが、平行に数本並べられている。

一方、ペンの方にも、その先端に巻線コイルが1つ埋め込まれており、コンデンサと接続してLC共振回路を形成している。センサーコイルとLC共振回路が働くことで、ペン内蔵のコイルから圧力や位置の信号を受け取って処理している（図8-13）。

8-13 タブレットの位置検索方式

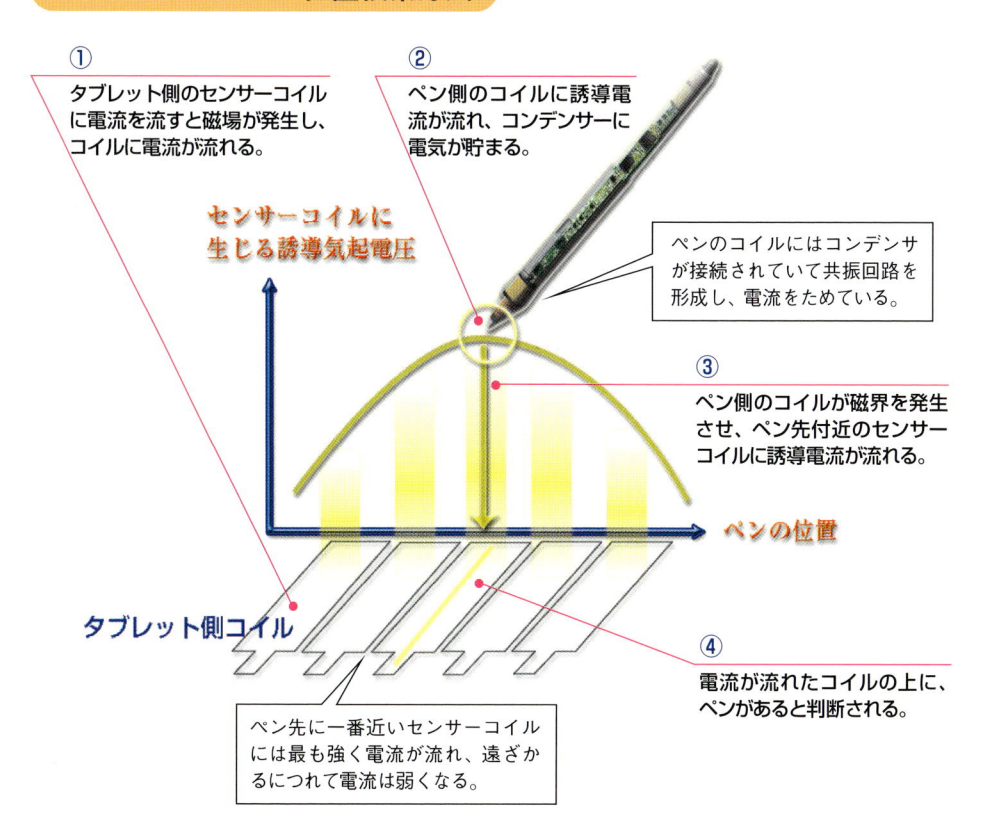

① タブレット側のセンサーコイルに電流を流すと磁場が発生し、コイルに電流が流れる。

② ペン側のコイルに誘導電流が流れ、コンデンサーに電気が貯まる。

ペンのコイルにはコンデンサが接続されていて共振回路を形成し、電流をためている。

センサーコイルに生じる誘導気起電圧

ペンの位置

タブレット側コイル

ペン先に一番近いセンサーコイルには最も強く電流が流れ、遠ざかるにつれて電流は弱くなる。

③ ペン側のコイルが磁界を発生させ、ペン先付近のセンサーコイルに誘導電流が流れる。

④ 電流が流れたコイルの上に、ペンがあると判断される。

豆知識 ペンタブには、より多くのボタンやホイールが搭載された製品もあり、用途に応じてさまざまな大きさや形の製品が販売されている。

タブレットPCの入力のしくみ

Keyword タブレットPC　液晶ディスプレイを持ち運び可能にしたような薄型のペン入力式コンピュータ。

Windows Vistaで実現するタブレットPC

　Windows Vistaにはほとんどのバージョンにペン入力を標準でサポートしたTablet PC機能が組み込まれている。

　Vista搭載のパソコンにペンタブをつなげばペンの動きで画面を動かすことや、インターネットで見つけた記事を雑誌の切り抜き感覚でスクラップしたり、思いついたことを画面上にメモ書きすることもでき、今までとは違った使い方が可能となった。

8-14　Windows Vistaのタブレット機能

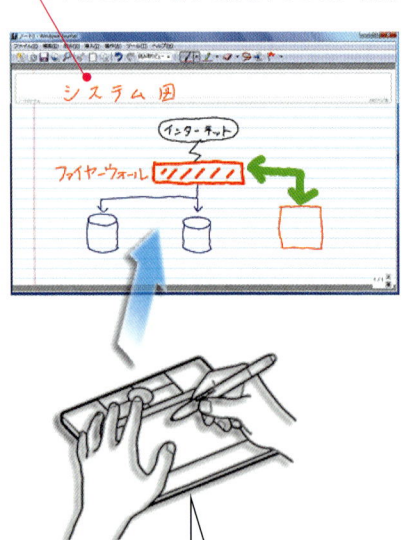

Windows Journal
ちょっとしたメモや会議でのメモなど思いついたことを手書きで整理することが可能。

Snipping Tool
画面内の任意の部分を切り取り画像として保存することができる。

ペンタブのドライバをインストール後、タブレットから手書き文字を書き込む。また手書き文字をテキストに変換することもできる。

切り取った部分にペンで囲んだり、手書きコメントを入れて電子メールで添付することもできる。

知っ得　ペンの代わりにボタンカーソルという装置を使い、より大型で精度の高いものはデジタイザといい、CADなどで図面を入力する時に使用する。

第9章
ディスプレイが画像を表示するしくみ

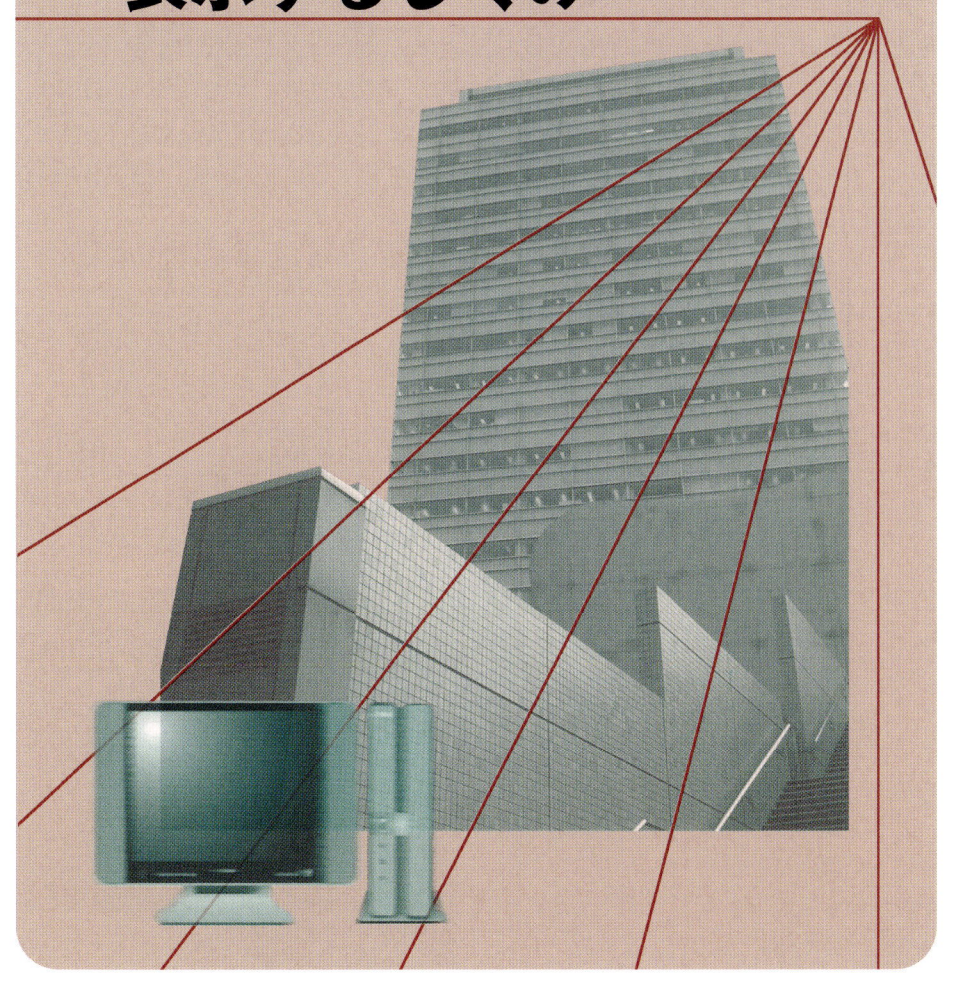

CRTディスプレイの画像表示のしくみ

> **Keyword** ノンインタレース　静止画や文字を表示するときに画面のちらつきやにじみを抑えることができる。パソコンで多く採用されている。

画像が表示されるしくみ

　CRTディスプレイとは、ブラウン管が使用されたディスプレイのことで、以前はテレビやパソコンといえばCRTディスプレイが一般的に使われていたが、場所をとって重いこと、消費電力が多いことなどから最近はパソコンでは液晶ディスプレイ、テレビでも大型化人気もあり液晶やプラズマディスプレイが使われるようになった。

　CRTディスプレイの画像に映像や文字が表示されるしくみは、蛍光塗料が裏側に塗られたガラス板に電子銃から電子ビームを照射して、画面に写している。

　この電子銃から放出された電子ビームは、偏向ヨークで磁界を発生させると、進行方向を上下左右に少しずつ曲げられて水平と垂直方向に高速移動しながら画面全体を写し出す。このことを**走査**という。走査方法は画面左上から始まり右端まで水平移動しながら走査し、右端まで行った時点で一段下がり左端からまた走査する。この動きを画面下まで繰り返す。このように1本ずつのラインがきちんと走査することを**ノンインタレース**という。電子ビームからの光は1点しかないのに、画面全体が光って見えるのは、走査中に画面上にある残光と残像が図や文字として見えるからだ。

9-1 画面走査のしくみ

電子ビームは、偏向ヨークが発生する磁界により曲げられる。

偏向ヨークの磁界を変化させて、画面全体に電子ビームを当てていく。

電子ビームを当てた1点しか光らないが、高速で動かすことによって残像を利用し表示している。

> **知っ得**　日本における一般PC向けのCRT需要は2005年度でほぼ消滅、特殊用途以外は完全に液晶ディスプレイ(LCD)に置き換わり、世界でも縮小傾向にある。

9-2 発光のしくみ

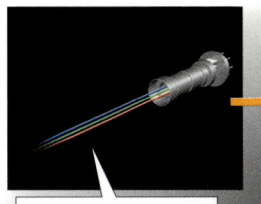

電子銃から電子ビームが発射される。

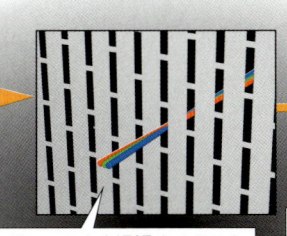

シャドーマスクを通過させることで不要な電子ビームをさえぎり、それぞれの蛍光面に当たるようにコントロールしている。

シャドーマスクの前面に位置する蛍光面に当たって赤・緑・青の蛍光体を光らせる。

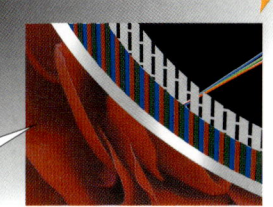

電子ビームの量を調節すると赤・緑・青の明るさがかわり、様々な色を表現できる。

9-3 CRTディスプレイの構造

電子ビーム
実際には目に見えないが、空中を飛ぶ電子の流れが束になったようなもの。CRTの電子ビームは、蛍光体にビームが当たった部分の点を光らせる。

蛍光面
赤、緑、青の蛍光体で塗り分けられている。厚さ0.1μm程度のアルミニウムの薄膜。

シャドーマスク
発光面のすぐ後ろに位置し、各色の電子ビームと各色の発光体を正確に対応させる。

偏向ヨーク
偏向ヨークと呼ばれるコイルに磁界を発生させて、電子ビームの進行方向を自由に曲げることができる。

電子銃
電子ビームの発射装置。カラーディスプレイの場合は3本の電子ビームが出る。

チューブ
大気圧に耐えるように厚い。CRTディスプレイが重いのはこのチューブの重さである。

豆知識 ノンインタレースに対して、動画を表示するときに画面のちらつきを押さえられるのがインタレースという走査法だ。こちらはブラウン管テレビで多く採用されてた。

液晶ディスプレイの画像表示のしくみ

> **Key word　液晶ディスプレイ**　結晶構造を持ち、液晶と呼ばれる特殊な物質をたくみに利用した平面型画像表示装置。

液晶ディスプレイのしくみ

　液晶ディスプレイ（LCD）といえば、薄くて軽いこと、消費電力が少ないこと、ちらつきがなく目が疲れやすい人にとっては良いディスプレイといえることから今やパソコン用ディスプレイの主流で、他にも携帯電話、テレビ、PDA、電卓など広い範囲で使用されている。

　液晶ディスプレイに使用される液晶は液体と結晶からなり電圧を加えると液晶分子の配列が変わり光学的性質が変化を起こすので、その性質を利用している。

　液晶ディスプレイの液晶物質は2枚の薄いガラス基版に挟まれ、ガラス基版と液晶物質の間には配向膜がある。ガラス基板の外側は偏光板が配置されている（図9-4）。液晶ディスプレイは、画面背後にあるバックライト（蛍光灯）から光が放出されて、それが液晶を通り赤（R）、緑（G）、青（B）のそれぞれのフィルターを通して、前面に画像や文字が表示されるようになっている。

9-4　液晶ディスプレイの構造

バックライト
ディスプレイの背後から光を当て、画面を明るくする。

ガラス基板
電気が他の部分にもれないようにする。

偏光板
光をコントロールする。

液晶層
液体と液晶でできている。

電極

配向膜
液晶の分子を一定方向に並べるための膜。

カラーフィルター
赤、緑、青のそれぞれのフィルターをかけ色を表示する。

> **知っ得**　液晶とは、液体と結晶の両方の性質を兼ね揃え、自然状態では分子がゆるやかな規則性を持って並んでいる物質のことをいう。

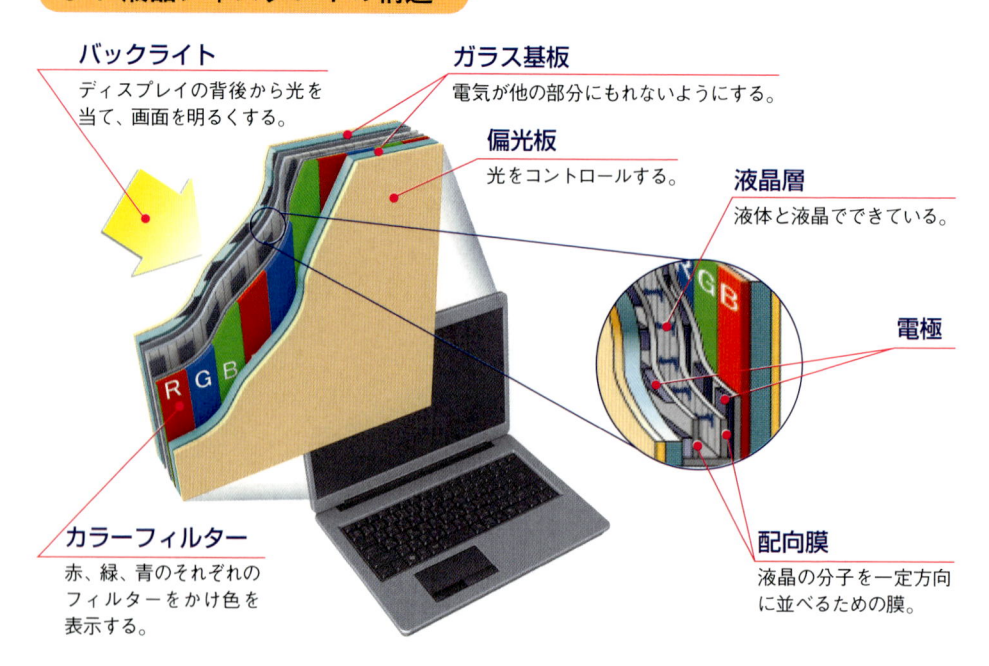

液晶ディスプレイの表示方式

液晶ディスプレイの表示方式は大きく分けてTN（Twisted Nematic）型、IPS（In-Place-Switching）型、VA（Virtidal Alignment）型の3つのタイプに分けられる。

このうち、液晶表示の基本的なタイプで現在最も普及しているのが**TN型**になる。このタイプは、2枚のガラス基板の間に挟んだ液晶分子に、電圧をかけていない状態では液晶分子はねじれているため、偏光板を光が通過して画面が「明（白）」く表示される。電圧をかけると、ねじれていた液晶分子はガラス基板に対して垂直に立ち上がり、出口の偏光板で遮られ画面が「暗（黒）」く表示される（図9-5）。しかし、液晶分子の角度で光の量を調整しているため「視野が狭い」「見る角度によって色が変わってくる」という弱点がある。

これに対して、液晶分子をガラス基板に平行に配置し、水平に回転させることで光を制御する**IPS型**（図9-6）は、液晶分子がガラス基板に対して常に平行な状態になるため、TN型よりも視野角が広いのが特徴。

もう一つのタイプは、電圧をかけない時には液晶分子はガラス基板に対して垂直に配置され光を遮断して「暗（黒）」く表示され、電圧をかけた時にはねじれずに水平に並び光を通し「明（白）」く表示される**VA型**（図9-7）になる。この方式は、電圧をかけていない状態で、液晶分子が完全に垂直なので光をほぼ完全に遮断できるため、純度の高い「黒」を表示できるのが特徴。

9-5 TN型

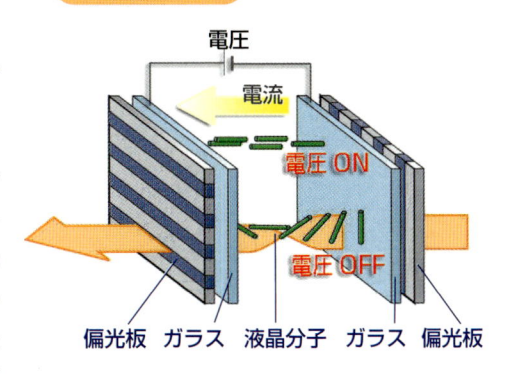

9-6 IPS型

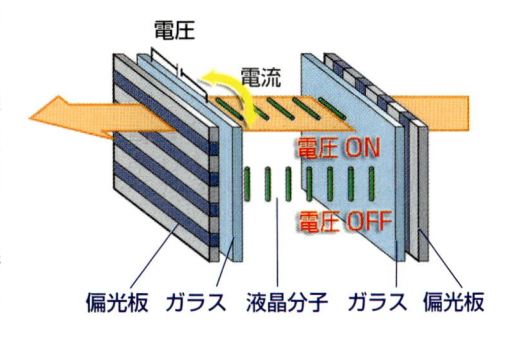

9-7 VA型

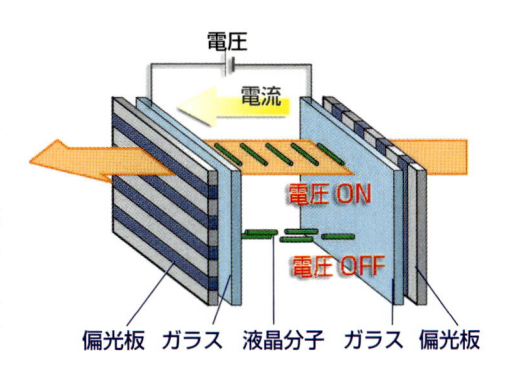

豆知識 液晶ディスプレイは画面が残像となりやすいなど問題点もあったが、シャープ株式会社の倍速フルHD液晶技術によって、動きを滑らかに見せる技術が開発された。

次世代ディスプレイの画像表示のしくみ

> **Key word** 有機ELディスプレイ 当初携帯電話などでの採用が始まり、ソニーが世界初の有機ELテレビを発売したことで脚光を浴びるようになった

有機ELディスプレイのしくみ

　有機ELというのは、有機エレクトロ・ルミネッセンス（Organic ElectroLuminescence）の略で、**ルミネッセンス**とは、分子の励起状態から基底状態に戻る際の発光現象のことで、つまり有機ELとは電気を流すことで有機化合物が光る現象のことを指す。実はこの点が有機ELディスプレイの薄さに関係がある。

　現在広く使われている液晶ディスプレイは、バックライトの光をカラーフィルターに通すことで、映像を表示するが、これに対して有機ELは、発光材料に有機化合物を使用しているため、バックライトの光を必要としない。これによってディスプレイも薄く、応答速度も早く（映像の残像が見えず動画に向いている）視野角も広いのが特徴になっている。現在、携帯電話のディスプレイやカーナビ、カメラなど、小型化のディスプレイに採用されている。

9-8 有機ELのディスプレイの構造

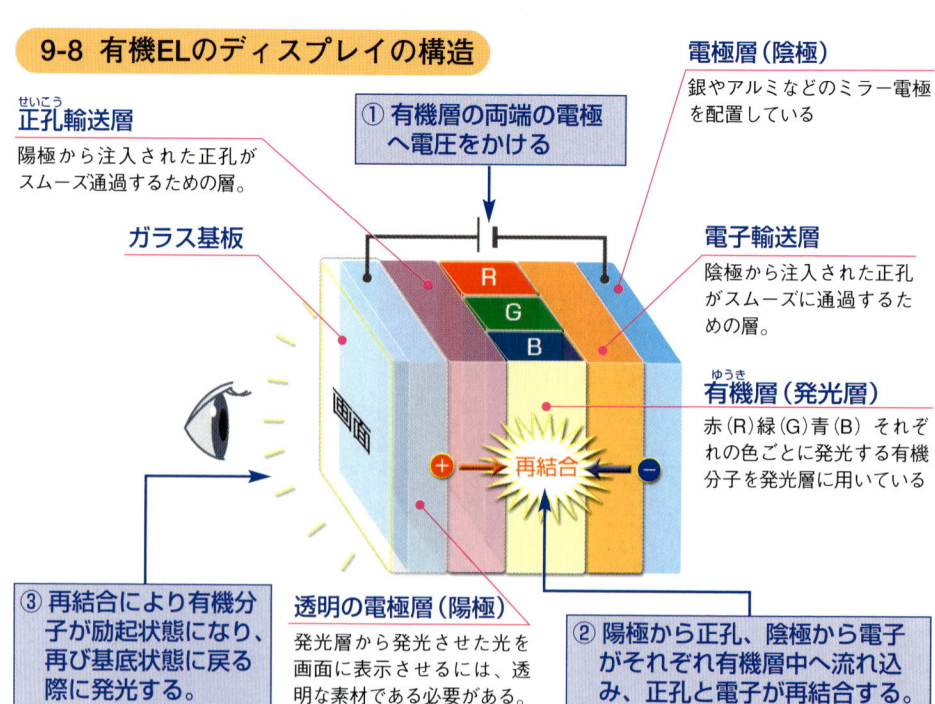

正孔輸送層
陽極から注入された正孔がスムーズ通過するための層。

① 有機層の両端の電極へ電圧をかける

電極層（陰極）
銀やアルミなどのミラー電極を配置している

ガラス基板

電子輸送層
陰極から注入された正孔がスムーズに通過するための層。

有機層（発光層）
赤（R）緑（G）青（B）それぞれの色ごとに発光する有機分子を発光層に用いている

③ 再結合により有機分子が励起状態になり、再び基底状態に戻る際に発光する。

透明の電極層（陽極）
発光層から発光させた光を画面に表示させるには、透明な素材である必要がある。

② 陽極から正孔、陰極から電子がそれぞれ有機層中へ流れ込み、正孔と電子が再結合する。

> **知っ得** 有機ELに対してもう一つのELである無機ELがある。こちらは炭素を含まない無機化合物に高電圧をかけて発光させる。カラー化に難点があり液晶との競争に破れている。

プラズマディスプレイのしくみ

　プラズマは、液晶や有機ELと比べて構造が比較的シンプルで、大画面化が容易なことが最大の特徴。プラズマディスプレイを構成する素子は、プラズマを閉じ込めた小さな「プラズマセル」の内側に紫外線を当てると発光する「蛍光体」という物質を塗ったもの。赤（R）、緑（G）、青（B）の光を出す蛍光体を3つ並べることで、カラー液晶と同様に、あらゆる色を表現できる。これが画質や画面の大きさに応じていっぱいに並び、発光することで映像を表示している。また、プラズマは画面自体が発光しているため、明るい画像が表示でき、画面を斜めから見ても表示にムラなどがなく見やすい。

　しかし、画面焼けが起き易く長時間の制止画面には向かない、小型化が難しいなど、パソコンのディスプレイには向かないとされている。

9-9 プラズマディスプレイの断面イメージ

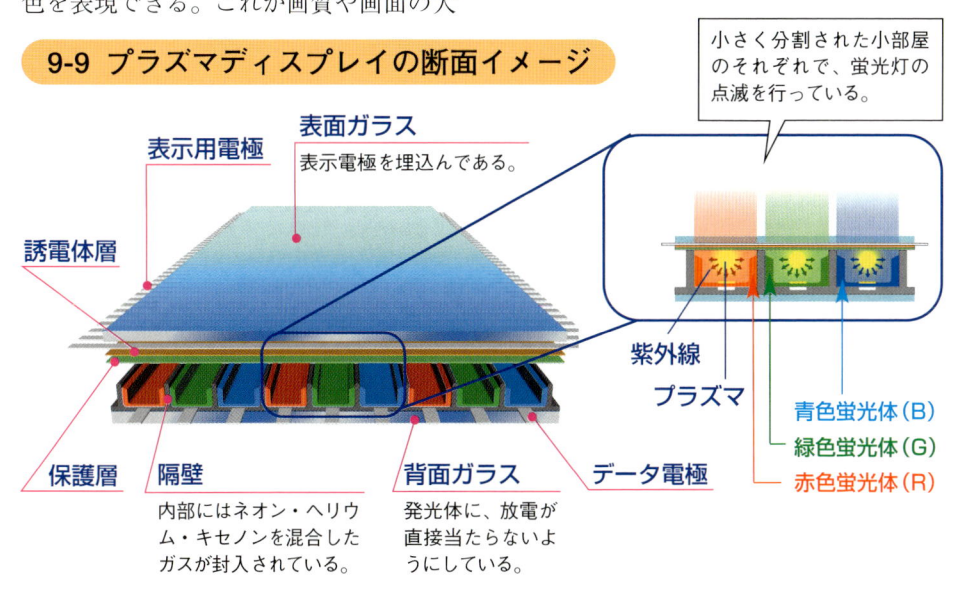

小さく分割された小部屋のそれぞれで、蛍光灯の点滅を行っている。

- 表面ガラス：表示電極を埋込んである。
- 表示用電極
- 誘電体層
- 保護層
- 隔壁：内部にはネオン・ヘリウム・キセノンを混合したガスが封入されている。
- 背面ガラス：発光体に、放電が直接当たらないようにしている。
- データ電極
- 紫外線
- プラズマ
- 青色蛍光体（B）
- 緑色蛍光体（G）
- 赤色蛍光体（R）

9-10 プラズマディスプレイの放電と発光のしくみ

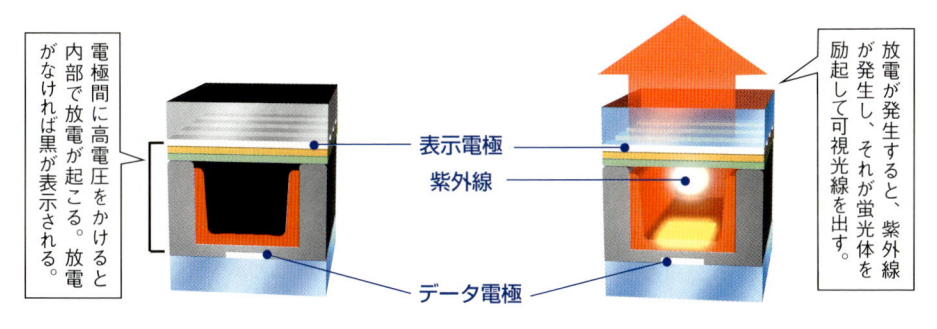

電極間に高電圧をかけると内部で放電が起こる。放電がなければ黒が表示される。

放電が発生すると、紫外線が発生し、それが蛍光体を励起して可視光線を出す。

- 表示電極
- 紫外線
- データ電極

豆知識　プラズマは「液体」「固体」「気体」のどれにも当てはまらない状態で、気体の分子がプラスイオンとマイナスイオンに分離してほぼ同じ数入り乱れている状態をいう。

タッチパネルの画像表示のしくみ

> **Key word** タッチパネル　液晶パネルのようなディスプレイに直接触れることで、操作できるようにするディスプレイ装置のこと。直感的な操作が可能。

タッチパネルの基本的な原理

　コンピュータやパソコンを操作する場合、マウスやタブレットなどの入力装置を使用するが、タッチパネルは、ディスプレイ上に表示されている文字や図形を見ながら、データ入力をワンタッチ操作で実行する、人間の感覚に合った操作ができる入力装置。

　タッチパネルは、ディスプレイ上のどの位置に触れた（タッチ）のかを検出するセンサーなので、画面上に直接触れるだけで様々な機能が動くようにプログラムされている。

9-11　タッチパネルの基本構造

タッチパネルに触れると指で触った箇所の電界が変化する。

タッチパネル

電極から微弱の電気を流すことでタッチパネルの表面に「電界」を作る。

タッチパネルの位置測定方法

　タッチした位置を測定するには色々な方法がある。代表的なものには、画面の表面に、透明な電極を2枚使用したタッチパネルを用いる**アナログ抵抗膜方式**（ていこうまく）がある。これはフィルム面がタッチされると、その圧力でフィルムとガラス面の電極が接触して電気が流れ出し、ガラス面、フィルム面それぞれの透明電極の抵抗による分圧比を測定することで、押された位置を検出する。そして、抵抗膜方式の

> **知っ得**　タッチパネル技術は現在、5本指同時のマルチ入力、画面がズームアップしたりする3次元入力などの開発が進んでいる。

欠点である透明度の低さを解決するために開発された**超音波方式**がある。これは、ガラスなどの表面を物理的な振動として伝播する表面弾性波を使用した方法である。また、ノートパソコンのタッチパッドにもよく使われている**静電容量方式**は、指で触れることで表示パネルの表面電荷の変化を捕らえることにより位置を検出する方法で、放電現象が発生する時にタッチパネル表面の電荷が変化し、これをセンサーで検知することで、タッチした位置を特定するというものだ。

光センサー方式

タッチパネルの位置を測定するもう一つの方法に、**光センサー方式**を利用したディスプレイが広がりつつある。

従来の方法は、液晶表示の表面部分とは別にタッチパネル用フィルムを後付けする必要性があり、このため液晶本来の美しい画像が損なわれてしまったり、フィルムを別に貼付けるため、それだけ厚みも増してしまうのが課題になっていた。そこで、液晶パネルの各画素1つひとつに光センサーを内蔵して、ここに光を検出する回路を設けることで、画面全体が極小さな光センサーの集合体として機能させる、光センサー方式を開発した。

光センサー方式の採用で、今まで読み出し回路をガラス基板上に形成することで、従来の課題だった薄型化や、画質の向上を可能にした。

9-12 光センサー方式

- 光センサー駆動回路
- 画像を表示する
- 画像を読み取る
- 光センサー回路
- 1画素
- 1画素内に1つの光センサーを内蔵している。
- 液晶に触れている部分を画像として読み取ることで位置を検知する。画面そのものが表示画面であると同時に入力画面でもある。

豆知識 光センサーからの信号を処理することで、スキャン機能を持たせ、名刺などの読み取りを可能にした。この機能をさらに強化させ指紋認証なども実現させた。

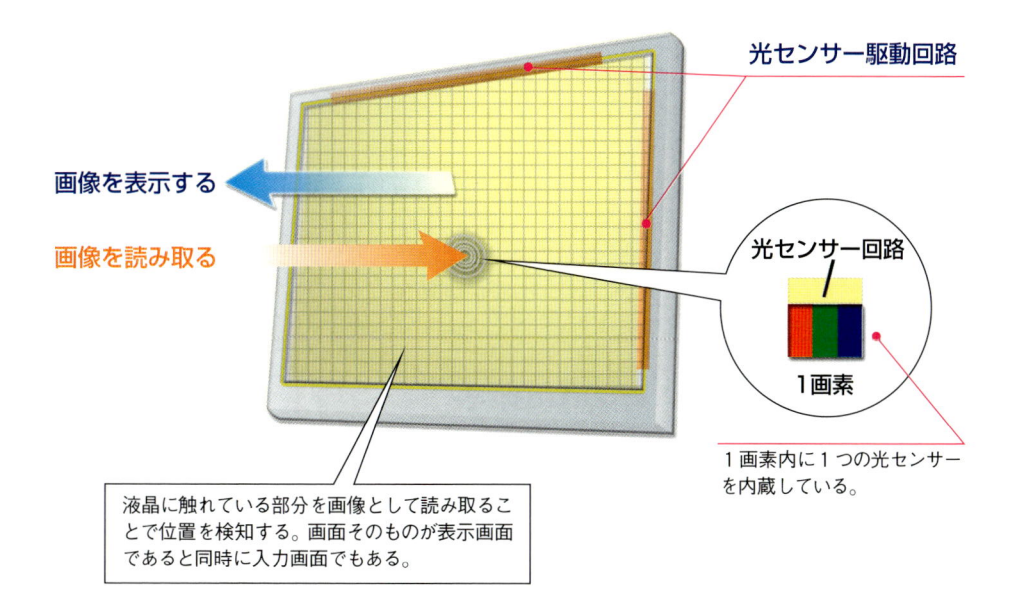

3Dディスプレイの画像表示のしくみ

> **Key word**　**3Dディスプレイ**　実際のものを見ている時と同様の立体的な映像を映し出すことができるディスプレイ。

なぜ立体的に見えるのか？

　私たちが目で見ている空間は、縦、横奥行きのある３Ｄ（３次元）の世界で、この空間を写真やテレビに映して見る場合、３Ｄの実物から２次元に置き換えて表示されている。それではなぜ私たちがものを立体として認識できるのか？

　人間の目は、左右の目の間隔（黒目の間隔）が６〜７cm離れていることにより、それぞれの目から見える面や、角度に微妙な違いが生じ、２つ違った方向から見た２種類の画像が脳へ送られてくる。すると脳は、左右の目から入った画像のずれを処理して、１つの立体画像として認識している。

　このような脳の働きを利用して、表示する映像に奥行き感を持たせたり、物体が飛び出して見えるように、見せてくれるのが**3Dディスプレイ**だ。

　３Ｄディスプレイを作り出すためには、両目にそれぞれ右目から見た画像と左目から見た画像を入れることで、立体的に見せている（図9-13）。

9-13　3Dディスプレイの原理

2D画像

右目用画像

左目用画像

3D画像

約6〜7cmのずれが立体視を作り出す。

右の目には右目用画像、左の目には左目用画像だけが入るため、脳の中で立体映像が作り出される。

> **知っ得**　1838年にWheatstoneが発表したステレオスコープが、世界初の立体ディスプレイとされている。これは、鏡の反射を利用して両目視差のついた2枚の絵を立体視するもの。

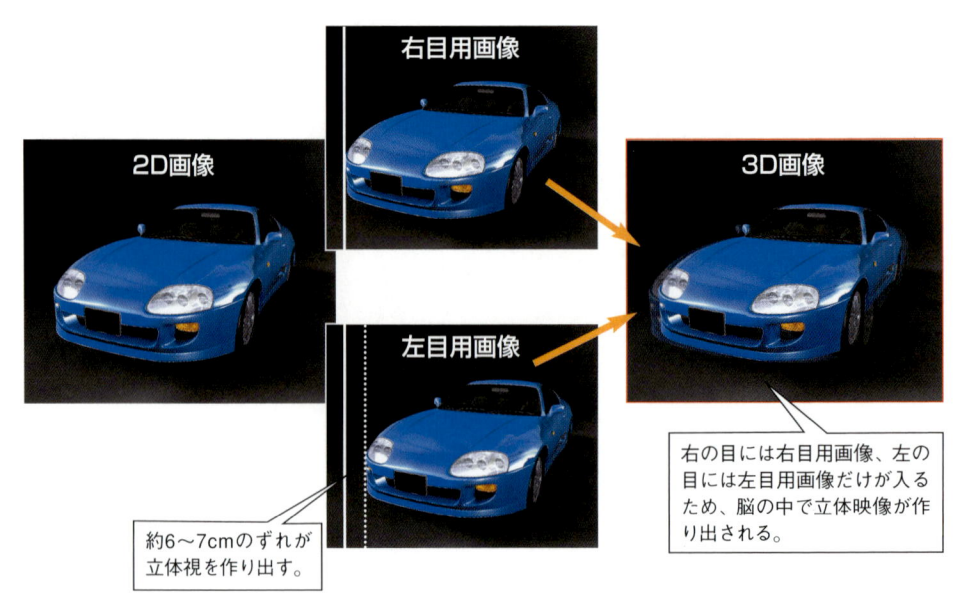

裸眼で見る3D映像

3D映像は専用のメガネを用いる方法でこれまでも数多く実用化されていたが、最近は専用のメガネを必要としないで3D画像が楽しめる「裸眼立体視システム」の開発が進んできている。

専用のメガネを必要とせずに、映像が立体的に見えるようにするには、ディスプレイからの光の進行を制御し、左目と右目にそれぞれ異なる画像を見せることが必要となる。

このための方法として、**パララックス・バリア方式**と**レンチキュラーレンズ方式**と呼ばれる方法がある。

パララックス・バリア方式は、「パララックスバリア（視差障壁）」と呼ばれる壁をディスプレイの前に置くことで光の経路を遮断し、右左の目に異なる画像を見せる。また、レンチキュラーレンズ方式の場合は、レンチキュラーレンズと呼ばれるシートを利用し、光の進行方向をレンズで制御することで、左右の目に異なる画像を見せている。

9-14 パララックスバリア方式

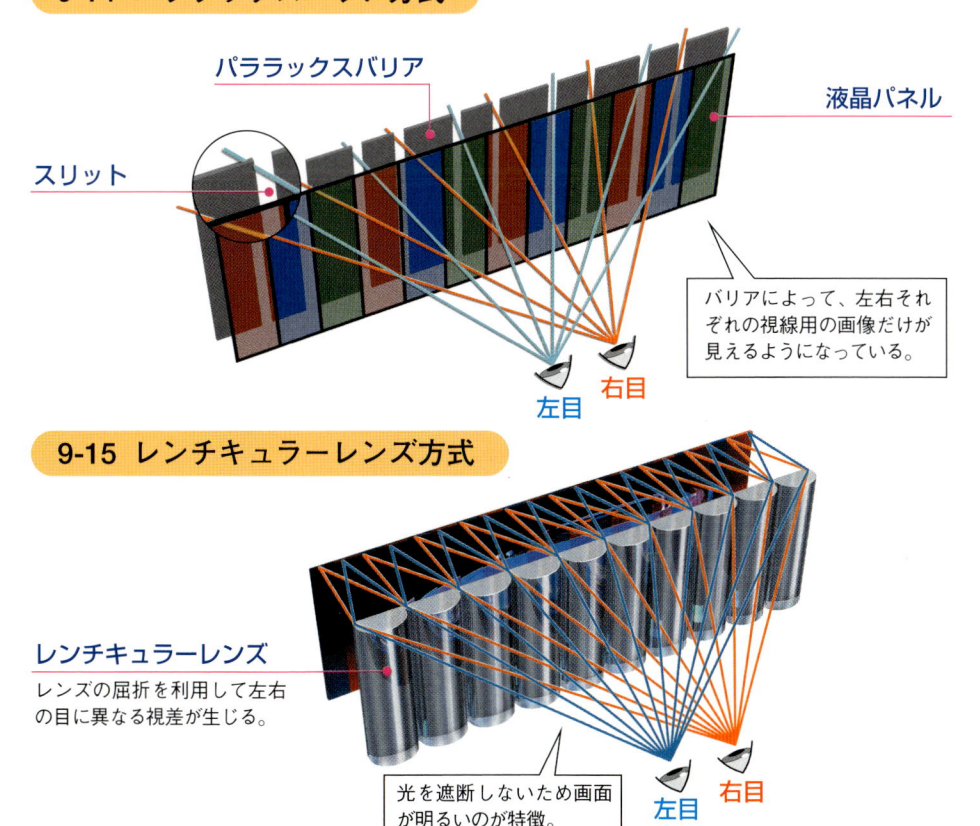

パララックスバリア　液晶パネル　スリット　左目　右目

バリアによって、左右それぞれの視線用の画像だけが見えるようになっている。

9-15 レンチキュラーレンズ方式

レンチキュラーレンズ
レンズの屈折を利用して左右の目に異なる視差が生じる。

光を遮断しないため画面が明るいのが特徴。　左目　右目

豆知識 3Dの技術は、リアルタイムにシュミレーションできる電子カタログや、教育ツール、取扱い説明書など様々な用途への活用が可能でこれらへのニーズが高まってきている。

電子ペーパーの画像表示のしくみ

> **Keyword　電気泳動方式**　マイクロカプセル内の透明な液体中に白、黒の粒子を投入し、電圧に反応して泳ぐように動いて文字や画像を表示するもの。

電子ペーパーとは

　ネット上でダウンロードしたデータを移動中にノートパソコンや、PDAなどで読むことはできるが、起動に手間がかかる、重たいなど新聞や雑誌に比べて面倒なことが多い。そこで、紙のような扱いやすさを持ち、液晶やプラズマディスプレイと同様に電圧をかけることで表示したデータを何度も書き換えることができる**電子ペーパー**が新しいメディアとして注目されている。

　電子ペーパーは、表示し続けるための電力は必要とせず、電源を切っても表示を維持できるメモリ性を持っていることが、液晶やプラズマディスプレイとの大きな違いだ。実用例として、電車内の吊り広告や、携帯電話のメイン画面、電子書籍リーダー、電子ホワイトボードなどこの電子ペーパーを利用して商品化されている。

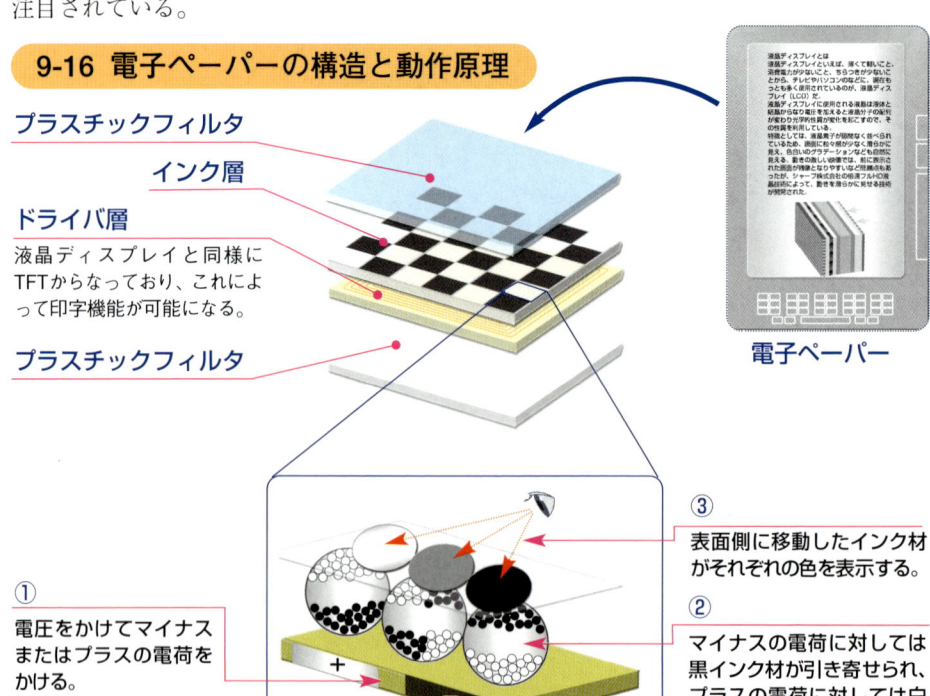

9-16　電子ペーパーの構造と動作原理

- プラスチックフィルタ
- インク層
- ドライバ層　液晶ディスプレイと同様にTFTからなっており、これによって印字機能が可能になる。
- プラスチックフィルタ

電子ペーパー

① 電圧をかけてマイナスまたはプラスの電荷をかける。

② マイナスの電荷に対しては黒インク材が引き寄せられ、プラスの電荷に対しては白インク材が引き寄せられる。

③ 表面側に移動したインク材がそれぞれの色を表示する。

> **知っ得**　篠田プラズマ株式会社ではリアルな映像を実現し、軽くて曲げることが可能な超大画面フィルム型ディスプレイの開発を進めている。

第10章
ハードディスクの高速アクセスのしくみ

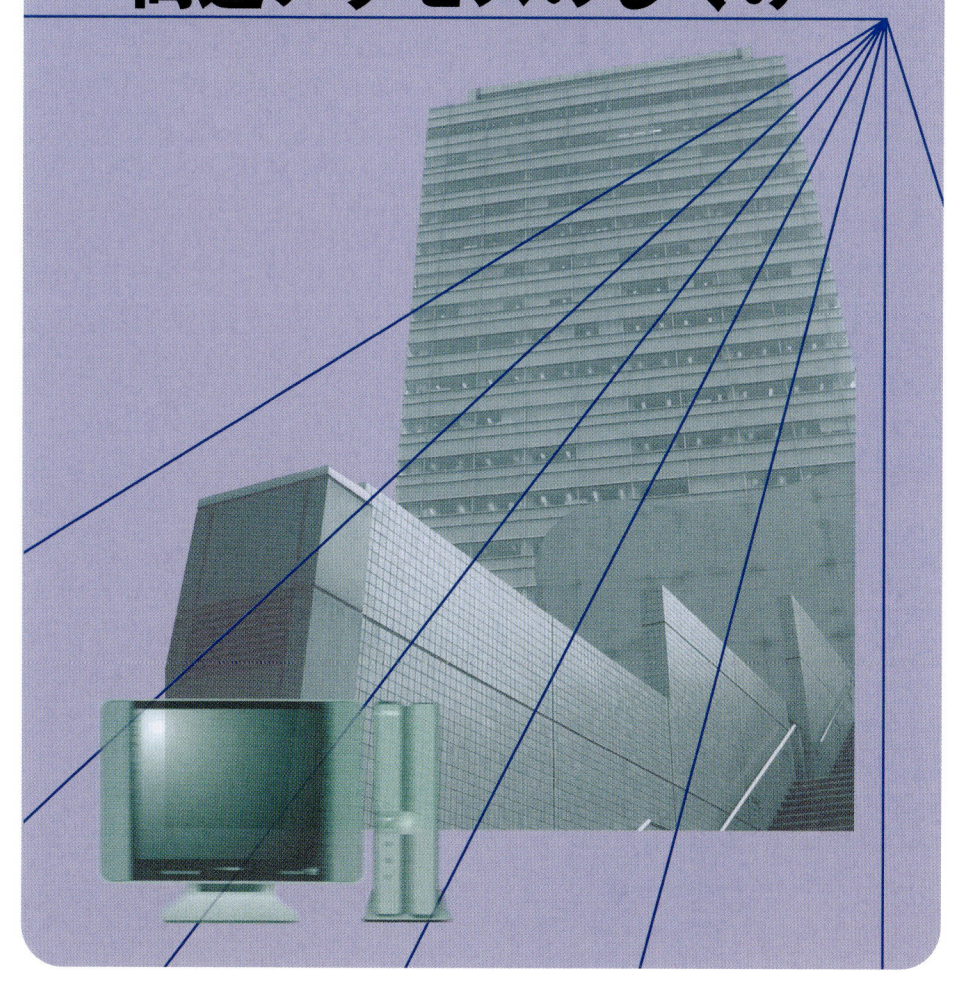

ハードディスクのしくみ

Keyword **プラッタ** ハードディスクの中に搭載され、ファイルを記録する円盤状のもの。最近は本体にガラスを使うことが多い。

ハードディスクの構造

　パソコンで作成したデータはいろいろな記憶装置に保存した時点で**ファイル**と呼ばれる。そして、ファイルの記憶装置にはハードディスク、USBメモリ、光ディスクなど様々な装置があるが、ここでは、ハードディスクの構造について説明する（光ディスクは第11章、USBメモリは第12章参照）。なお、このハードディスクの構造については、本書の姉妹書「徹底図解 パソコンのしくみ」でも説明したが、ここでは繰り返して読む必要がないように簡単に説明しておく。

　さて、ハードディスクのふたを開けると、内部には円盤状のプラッタ（Platter）や**スイングアーム**などを見ることができる。そして、このスイングアームの先端近くには**磁気ヘッド**が存在する。これ以外の装置の名称と役割は図10-1を参照していただきたい。

　私たちがファイルをハードディスクに保存する操作をすると、まずプラッタが回転し、スイングアームがプラッタの上を左右に移動し、その先端付近の磁気ヘッドがプラッタの特定の位置にファイルを記録する。このように、プラッタと磁気ヘッドはファイルを記録する基本的な装置である。したがって、以下ではプラッタのしくみを説明し、次項では磁気ヘッドのしくみを詳しく説明する。

プラッタのしくみ

　プラッタというのは円盤状のアルミニュームかガラスで作られているが、最近はガラスで作られていることが多い。ガラスのほうが滑らかに作れるからである。このプラッタの大きさは、直径にして1インチ、1.8インチ、3.5インチと分かれ、それがハードディスクの大きさを表す。ちなみに、1インチは約2.54cmである。

　また、このプラッタの基板（アルミニウムかガラス）をはさんで表面と裏面に、**下地層**、**磁性層**、**保護層**、**潤滑層**が塗られており、そのうちの磁性層にファイルを記憶させるのだ。したがって、プラッタは両面にファイルを記憶させることができる。

　また、プラッタは2枚以上で成り立っており1枚当たりのプラッタの記憶容量が一定だとすれば、その枚数が多くなれば、それだけハードディスクの記憶容量も多くなる。最近は、1枚当たりの記憶容量が多くなっているので、プラッタも

知っ得 ハードディスクの回転速度はrpm（アールピーエム、revolution per minute）であらわす。これは1分間にプラッタが回転する回数を示す単位である。

枚数が4枚くらいでも大容量のファイルを記憶させることができるのだ。

また、プラッタの中心部分はスピンドルモーターで固定されており、それが回転してプラッタを回転させる。ちなみに、このスピンドルモーターは毎分約1万回も回転してプラッタを回転させることができる。

10-1　ハードディスクの構造

スイングアーム
プラッタの枚数に応じて複数のアームが取り付けられており、すべて同じ動きをする。

ボイスコイルモーター
永久磁石の磁界中に置かれたボイスコイルが電流の変化に応じて動くしくみで、迅速、正確に磁気ヘッドの読み書き位置を決める。

スピンドルモーター
プラッタを高速で回転させる。パソコンに使われているディスクの回転数は5,400〜7,200回転/分（rpm）が主流。最近ではボールの代わりにオイルを使った流体軸受を採用し、モーターの耐久性、静音化を図っている。

写真：株式会社 日立グローバルストレージテクノロジーズ 提供

接続口（SATA）
ケーブルを差し込むマザーボードにつなぐ。接続インターフェースUATAとSATAがあり、SATAが主流。

磁気ヘッド
データを読み書きする磁気センサー。スイングアームの先端の裏側に書き込み用と読み出し用の2つのヘッドが付いている。本画像のハードディスクは動作中でない場合は、この退避位置に移動している（詳細は次項）。

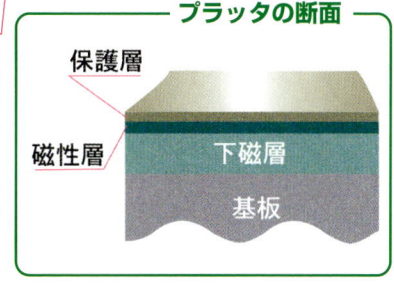

プラッタ
データを保存する円盤（ディスク）。ディスクの枚数は通常3〜4枚で両面に記録できる。

プラッタの断面
保護層
磁性層
下磁層
基板

豆知識　最近では回転速度が10,000rpmから15,000rpmという高速のハードディスクも登場している。

磁気ヘッドのしくみ①

Key word **スライダ** サスペンションの先に存在し磁気ヘッドを装着している。プラッタの気流でわずかに浮き上がり磁気ヘッドを保護する。

スイングアームのしくみ

まず、スイングアームや磁気ヘッドは右の図のようになっており、1番根元には**ボイスコイルモーター**があり、その次に**回転軸**、そして**スイングアーム**、**サスペンション**が続き、その先には**スライダ**があり、このスライダの先端付近に**磁気ヘッド**が備わっている。なお、これら全体を（図10-2）、本書では「スイングアーム」と呼ぶことにする。

スイングアームの根元にはボイスコイルモーターがあり、ここに一定の電流を流すと左右に動くようになっている。そして、このボイスコイルモーターが左右に動けば、その先にある回転軸を中心として磁気ヘッドも右・左に動く。普通、私たちがモーターというのは回転軸の周りで回るものと思っているが、ボイスコイルモーターは回転軸の外で左右に動くのでモーター自体の振動に影響されることなくプラッタ上に記録されている磁気を正確に検知することができる。この磁気ヘッドの先端は非常に正確にプラッタの特定の位置を指さなければならないので、**0.1μm**（マイクロメートル：μmは100万分の1m）**以下**で動くようになっている。したがって、ボイスコイルモーターも0.1μmよりも小さく左右に動く。

サスペンションとスライダの役割

さて、サスペンションの先にはスライダがあり、その先端付近に磁気ヘッドを装着している。ここでは、磁気ヘッドの説明に移る前に、サスペンションとスライダの説明をする。サスペンションは薄い板バネでできておりスライダをプラッタに押し付ける役割を持っている。これは、スイングアームがプラッタの裏側に位置する場合に、それが重力で下がるのを防ぐためである。

そして、スライダは磁気ヘッドを装着している小さな板のようなものだが、これがプラッタの表面をわずかに浮上するようになっている。ハードディスクのプラッタは高速に回転するが、磁気ヘッドがこのプラッタに接触すると摩擦が発生し破壊される可能性が出てくる。そこで、プラッタが高速に回転するときに発生する気流に乗って磁気ヘッドを約10nm（ナノメートル：nmは10億分の1m）程度浮上させるのがスライダの役割である。ちなみに1nmは光の波長や原子・分子構造を表すときに使う単位で、それほどわずかに浮上するということなのだ。

知っ得 磁気ヘッドはプラッタ上をわずかに10nm（ナノメートル）しか浮上しないのは磁気を正確に読むためである。

これまでにプラッタの回転速度が落ちた時に、スライダがプラッタに接着してしまわないようにプラッタの表面を凹凸にすることがあった。けれども、あまり凹凸にすると、今度は磁気ヘッドがプラッタに接した時に壊れることがあった。そこで、最近ではできるだけ滑らかにして、それでもスライダがプラッタに接着しないようにスライダの裏面にパッドをつけて接着を防ぐようになっている。最後にプラッタの回転速度が落ち始めた時に、それでファイルの記録が終わりとしてプラッタの外側に磁気ヘッドを退避させておく**ランプ機構**を設置している。

10-2 スイングアームのしくみ

回転軸
スイングアームを左右に動かす軸。

スイングアーム
スペンションを支える金属でプラッタが4枚だと8本で構成されている。

ボイスコイルモーター
電流を流して左右に動くことによって、磁気ヘッドを右や左に動かす。

サスペンション
薄い板バネでできておりスライダをプラッタに押しつける役割を持っている。

スライダ

10-3 スライダのしくみ

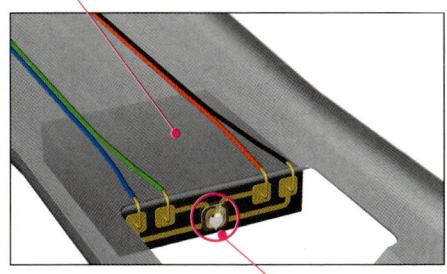

スライダ
磁気ヘッドを装着しておりプラッタの気流でわずかに浮き上がる。

【スライダが浮き上がるイメージ】

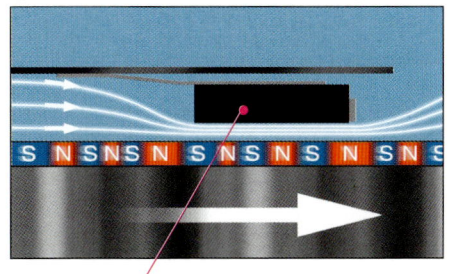

磁気ヘッド
ファイルを読み書きする装置のこと。

スライダはプラッタの回転の際に起こる気流に乗ってわずかに浮き上がる。

豆知識 μm（マイクロメートル）はμ（ミクロン）と同義語だが、μmは国際単位系に含まれているがμは国際単位系に含まれていない。

磁気ヘッドのしくみ②

Key word 　**記録ギャップ**　磁気ヘッドの1部分のことで、そこで磁界を発生させてプラッタにファイルを書き込む。

磁気ヘッドのしくみ

　スライダの先端付近に位置している磁気ヘッドは、ファイルをプラッタに記憶させる装置である。この磁気ヘッドは肉眼ではほどんど見えず、わずか0.2mm以下という大きさである。

　スイングアームや磁気ヘッドはプラッタの両面に配置されていて、その意味でプラッタの枚数が4枚だとすれば磁気ヘッドは8個あることになる。そして、スイングアームがプラッタの表面に位置しているときは磁気ヘッドのファイルの書き込み装置、つまり**記録ギャップ**は下に向いており、プラッタの裏面に位置しているときは磁気ヘッドの記録ギャップは上に向いている。

　磁気ヘッドには、上部磁極と下部磁極があり、それがコイルをサンドイッチのようにはさんでいる。そして、この上部磁極と下部磁極の先端は若干あいており、これを記録ギャップといい、これがファイルを記録するのだ。

ファイルの書き込みのしくみ

　具体的には、ハードディスクがどのように書き込んでいくかを説明しよう。プラッタの表面近くに存在する磁性体というのは小さな磁石が並んだものであり、その1つひとつの磁石がN極とS極を持っている。この状態で磁気ヘッドのコイルに電流を流すと、記録ギャップから一定の磁界が発生しプラッタの磁石を「N→S」、または「S→N」というように磁化させることでデータを記録する。これで、N極が左向きの粒子の集団（1つひとつが小さな磁石なため）と右向きの集団が存在することになり、同じ向きが続いている部分が「0」、向きが変わる部分が「1」を表すことになる。

ファイルの読み込みのしくみ

　次にハードディスクがファイルを読み込む場合を説明しよう。読み込むときは図10-5の**GMR**（Giant Magneto Resistive）ヘッドを使う。

　このGMRヘッドというのはプラッタのトラックに記録されている磁石の向きの違い、つまりS極かN極をキャッチして、それを電気抵抗に変換する装置である。例えば、磁石が「N→S」「N→S」というように隣り合う磁石が同じ向きであ

知っ得　プラッタの磁性層の上に保護層が塗られており外部から磁石を近づけてもデータが壊れにくくなっている。

ればGMRヘッドが感知する電気抵抗が変わらず電流も変化しないので、そこでのビットを「0」ととらえる。逆に、「N→S」「S→N」というように違う向きであれば電気抵抗が変わり電流も変わり「1」ととらえることになる。

10-4 磁気ヘッドのしくみ

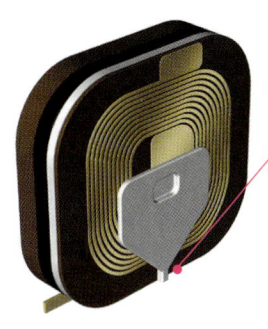

スイングアームがプラッタの表面に位置しているときは磁気ヘッドの記録ギャップは下に向いている。

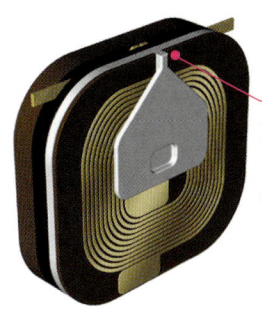

スイングアームがプラッタの裏面に位置しているときは磁気ヘッドの記録ギャップは上に向いている。

10-5 磁気ヘッドの拡大図

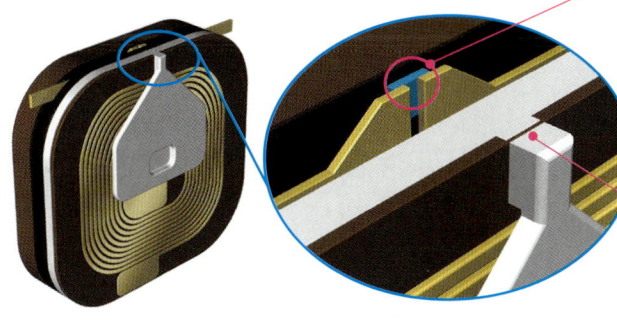

GMRヘッド
ファイルを読み込むときに使うもので、プラッタの磁石の向きを読み取って電気抵抗に変換する。

記録ギャップ
ファイルを書き込むときに使うもので、一定の磁界を発生させプラッタの磁石を「N→S」、または「S→N」というように磁化させる役割を持つ。

10-6 磁気の記録図

| S | N N | S S | N N | S S | N N | S S | N N | S S | N N | S |

0 1 0 1 0 1 0 1 0 1 0 1 0 0 0 1 0 1 0 1 0

記録ギャップから一定の磁界を発生させて、プラッタの磁石の磁気が同じ状態の場合が「0」、違う向きであれば「1」を表わす。

豆知識 GMRヘッドは、巨大磁気抵抗効果（Giant Magneto Resistive effect）を応用した読み取り装置である。

磁気記録方式のしくみ

Key word　**垂直磁気記録方式**　プラッタの表面に磁石を垂直の方向に並べる方式で、従来の水平方向と比べて記録密度が高くなる。

水平磁気記録方式

　ハードディスクにデータを記憶させると、トラック上の磁石が「N→S」「N→S」「S→N」「N→S」などというように磁化される。このように、媒体の表面の磁性層に対して平行に磁石を磁化して情報を記録する方式を水平磁気記録方式という。ここでは、まず水平磁気記録方式のしくみから説明しよう。

　水平磁気記録方式はIBMの初期の頃のRAMAC（ラマック）というメインフレーム（大型パソコン）に搭載されたハードディスクに採用されたもので、時代が進むにしたがってその記録密度が急速に向上してきた。けれども、2001年頃からその向上も限界に近づく。「N→S」「N→S」「S→N」「N→S」の間隔がせまくなると、「N→S」「S→N」のように「S」同士が隣り合ったり「N」同士が隣り合うと、磁気が反発して弱くなったり、ノイズが発生して信号が弱くなるからだ。

垂直磁気記録方式

　そこで、このような水平磁気記録方式の限界を打ち破るために**垂直磁気記録方式**が誕生した。この垂直磁気記録方式というのは、プラッタの表面に対して垂直の方向に磁石を磁化して情報を記録する方式である。

　そこで、このような問題を解決するために反発して弱くなった信号を元に戻して正しく再生する「PR（Partial Response）」法や、ノイズが発生して弱くなった信号を矯正する「ML（Maximun Likeihood）」法という技術が誕生した。

　ただし、このような技術が誕生して信号を正常の戻すようになっても、やはり水平磁気記録方式では水平方向に磁石を並べるため記録密度に限界が出てきた。

　ちなみに、この水平磁気記録方式は**長手磁気記録方式**（ながて）または**面内磁気記録方式**（めんない）とも呼ばれる。長手磁気記録方式という呼び方については「長手」というのは、長さを測れる物体において、長さを測る方向を表わし、それが、ハードディスクではトラックの水平方向に磁性層を磁化させる方向という意味で使われるようになったからである。

　1970年代に東北大学の岩崎俊一（いわさき しゅんいち）教授が提唱した方式で、2005年に東芝が初めてハードディスクで実用化した。

　この垂直磁気記録方式というのは、垂直の方向に磁石を磁化して「S→N」や

知っ得　ハードディスクに読み書きしたデータは、しばらくはバッファというメモリに記憶される。どのくらいのデータが記憶されるかはメモリの容量によって異なる。

「N→S」というように垂直に磁化するので、従来の水平方向と比べて1/2の領域を占めればいいことになり記録密度も高くなる。また、磁石の間隔が少し空くので、N同士やS同士が反発して弱くなったり、ノイズが発生して弱くなることも少ない。この垂直磁気方式の採用によって記憶容量も50～80GB以上を実現するようになったのである。

10-7　2つの記録方式の記録密度の違い

● 水平磁気記録方式

水平磁気記録方式は、磁石を水平方向に磁化するので記録密度は高くない。

● 垂直磁気記録方式

垂直磁気記録方式は、磁石を垂直方向に磁化するのであきらかに記録密度が高くなる。

10-8　2つの記録方式の記録方法の違い

● 水平磁気記録方式

磁気ヘッド
記録用ヘッド
薄膜コイル
再生用GMR素子
磁力線

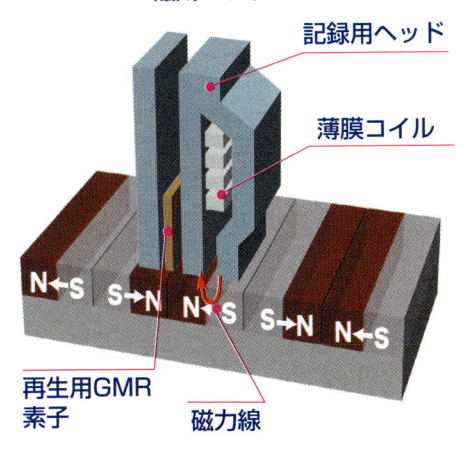

水平磁気記録方式では、記録ヘッドのギャップから発生する磁力線が記録層を楕円状に流れ、記録層に並行に磁石を磁化する。

● 垂直磁気記録方式

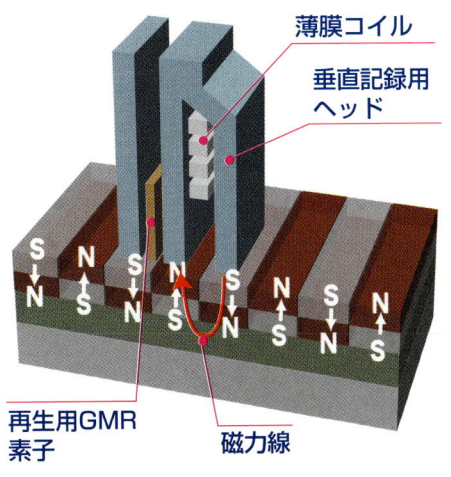

磁気ヘッド
薄膜コイル
垂直記録用ヘッド
再生用GMR素子
磁力線

垂直磁気記録方式では、垂直記録用ヘッドからU字型に発生する磁力線が記録層に垂直に磁石を磁化する。

豆知識 パソコンでデジタル放送を録画しながら、同じ番組を追っかけ再生するときは、ハードディスクのバッファメモリから再生する。

フォーマットのしくみ①

Key word フォーマット　ファイルを保存できるようにハードディスクなどの記憶装置に磁気的な線を引いて保存領域を確保すること。

フォーマットの話

　パソコンメーカーが製造した直後のハードディスクは、そのままではファイルを保存することはできない。このファイルを保存するためにはフォーマットという作業が必要である。にもかかわらず、私たちが買ってきたパソコンのハードディスクにすぐにファイルを保存できるのは、工場出荷時の最後の段階で、このフォーマットがされているからだ。

　ここでは、このフォーマットのしくみを説明する。

　例えば、私たちが真っ白なノートに文字を書くときは、横に線を引かなければならないのと同じように、ハードディスクにファイルを保存するには、その前にやはり磁気的な線を引かなければならない。このハードディスクに磁気的な線を引くことを**フォーマット**、または**初期化**という。

　このようなハードディスクのフォーマットに利用されるファイルシステムにはWindows以前のMS-DOSのときから使われてきた**FATシステム**と、Windows NTから現在まで使われている**NTFSシステム**の2つがある。

　このNTFSシステムは基本的にFATシステムを使い、それに若干の改良を加えたものである。したがって、以降のフォーマットのしくみの説明も、基本的にはFATでのフォーマットを説明し、改良したところだけNTFSでのフォーマットを説明しよう。

第一段階のフォーマット

　そういうことで、FATを使ったフォーマットの説明から始める。まず円盤状のプラッタの外側から同心円状に一定間隔に磁気的に線を引くことから始める。そして、この結果できあがった線と線の間を**トラック**という。このトラックというのは、陸上競技場で走者が走るあのトラックと同じイメージである。

　そして、すべてのトラックに対して、ハードディスクの中心部から外側に向けて等間隔で磁気的な線を何本も入れていく。この結果、1本ずつのトラックがこの線で区切られ、この区切られた1つずつの小部屋を**セクター**という。この1セクターの大きさは**512バイト**と決められている。Windowsはファイルを保存するとき、この1個ずつのセクターに連続的に保存していくのである。

　そして、さらにWindowsは、このハードディスクを複数のパーテーション（領

知っ得　FATというはのFile Allocation Tablesの略である。

域)に分けて別々の用途に使えるようにする。多くのパソコンでは2つのパーテーションに分けられていて、1つ目を**ドライブC**、2つ目を**ドライブD**と呼んでいる。そして、このドライブCにはWindowsのシステムファイルが収められたり、アプリケーションソフトやユーザーの作成したファイルが保存される。そして、ドライブDにはもっぱらユーザーの作成したファイルが保存されることが多い。ただし、複数のOSやアプリケーションソフトをドライブDにインストールすることもある。いずれにしても決まっていることではないので複数のパーテーションをどのように使うかはユーザーの自由である。

10-9　トラックとセクターを作る

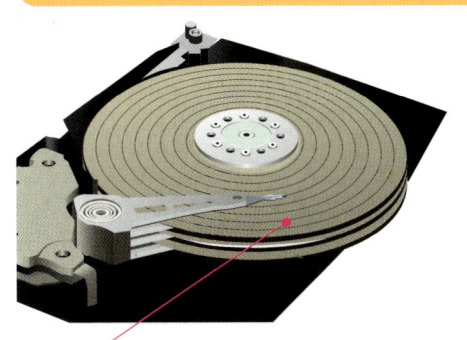

トラック
プラッタの外側から同心円状に磁気的な線を引く。この線と線の間をトラックという。

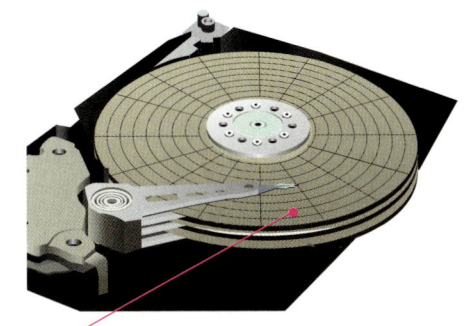

セクター
プラッタの中心から外側へ引かれた磁気的な線を引く。この線で区切られたトラックの一部がセクター。1つのセクターは512バイトの大きさである。このセクター単位にデータが記録される。

10-10　パーテーションを切る

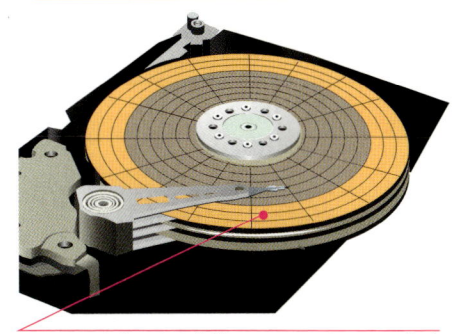

セクターを作ったら複数のパーテーションに分けることができる。1つ目のパーテーションをドライブCと呼びWindowsのシステムファイルやアプリケーションソフトをインストールする。

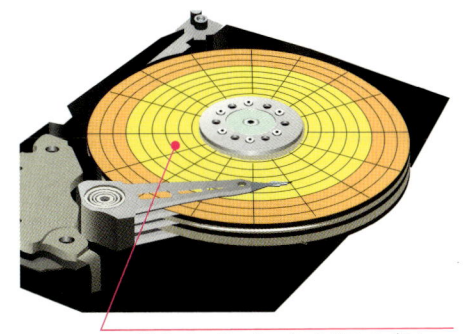

2つ目のパーテーションをドライブDという。ユーザーが作成したデータが記憶される。ただし、どのように使っても自由で制限はない。

豆知識　NTFSというのはNT File SystemのことでWindows NTではじめて使われたので最初にNTがつく。

フォーマットのしくみ②

Key word ディレクトリ　ファイルを保存した時にファイル名、ファイルの種類、ファイルの保存場所などが記憶される場所。

第二段階のフォーマット

　そして、次の段階のフォーマットは進むが、ここではドライブCを取り上げて説明する。Windowsは、このドライブCの一番外側のトラックの**1つのセクター**に**ブートプログラム**を書き込む。このブートプログラムというのは、IPL（Initial Program Loader）とも呼ばれ、私たちがパソコンのスイッチを入れると、CPUは一番最初にBIOSという装置から起動プログラムをメモリに読み込む。そして、二番目にCPUはハードディスクからブートプログラムをメモリに読み込む。このブートプログラムを読み込むと、これがハードディスクからWindowsのシステムファイルを読み込んでパソコンを起動するというわけだ。このあたりの詳しい説明は第1章を参照していただきたい。

　このように、Windowsは、ドライブCの一番外側のトラックの**1つのセクター**に**ブートプログラム**を書き込むと、そのブートプログラムのセクターの次のセクターから一定のトラックにわたって**FATテーブル**という領域を作る。

　次に、その内側のトラックには**ディレクトリ**という領域を作る。先に作成したFATテーブルやこのディレクトリのトラック数はハードディスクの容量によって異なり、ハードディスクの記憶容量が大きくなればトラック数も大きくなる。

　そして、さらにその内側の数トラックに**Windowsのシステムファイル**を書き込み、その内側にユーザーがファイルを保存する領域、つまりユーザーエリアを作ることになる。

　なお、ここで登場したFATテーブルやディレクトリのしくみと用途については次項で説明する。以上が第二段階のフォーマットとなり、これでフォーマットは完了する。

ハードディスクの修理の際のフォーマット

　私たちがパソコンを長期間使っていくうちにハードディスクの調子が悪くなることがある。物理的に壊れたわけでもないけれども、何となくWindowsが起動しないとか、アプリケーションを使用中に何度もフリーズすることがあるのだ。このようなときは、トラブルが発生するアプリケーションを削除してインストールし直したり、Windowsを修復インストールすれば正常になることがある。けれども、それでもハードディスクの調子が元に戻らないことがあるのだ。

知っ得　NTFSではディレクトリの代わりにMFT（Master File Table）が使われているが本書ではなじみが深いということでディレクトリを使っている。

このようなときは、ユーザー自身がハードディスクの中のファイルを別の記憶装置にバックアップをしてハードディスクをフォーマットして最初からWindowsをインストールすると正常になる場合がある。いわゆる、ハードディスクを第一、第二段階のフォーマットをしてからWindowsをインストールするのだ。

10-11　第二段階のフォーマット

Windowsのシステムファイル領域
ディレクトリのさらに内側にWindowsのシステムファイルを記録する場所。

ユーザー領域
ユーザーが作成したファイル本体のデータを記録する場所。

ディレクトリ
ファイル名、ファイルの種類、ファイルが保存されている場所などを記録する場所。

ブートプログラム
IPLとも呼ばれ、パソコンのスイッチを入れるとメモリに読み込まれてWindowsのシステムファイルを呼び込む働きをする。

FATテーブル
ファイルが記録されているクラスタ番号を記録する場所。このクラスタについては次項で説明する。

10-12　ハードディスクの再フォーマット

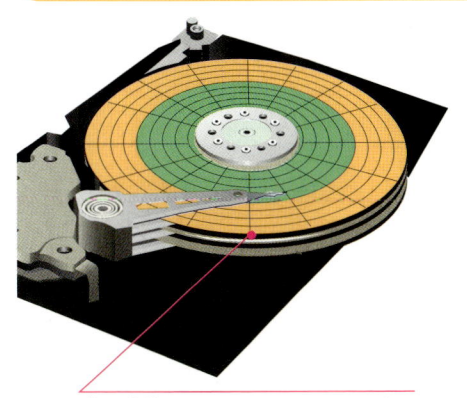

第一段階のフォーマット、トラックとセクターを作りパーテーションを切る。

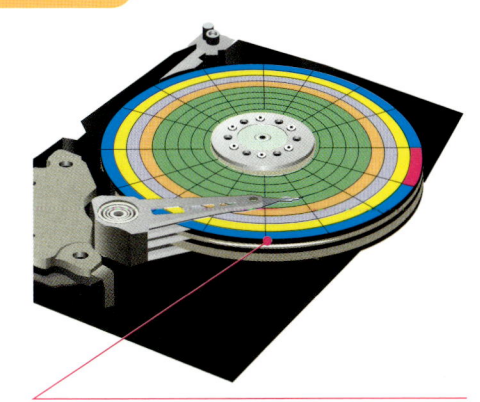

第二段階のフォーマットでIPLやFATテーブル、ディレクトリが書き込まれると、Windowsのシステムファイルがインストールされる。この後はアプリケーションをインストールすることができる。

豆知識 Windowsの調子がおかしくなったら再フォーマットしないで修復インストールすれば元に戻る場合がある。

クラスタ、ディレクトリ、FATの構造①

> **Key word　クラスタ**　セクターを一定数集めたもので、このクラスタ単位でファイルを読み書きする。その容量は、1クラスタあたり4KBとなる。

Windowsはクラスタ単位で読み書きする

　前項ではフォーマットのしくみを説明したが、ここからしばらくの間はファイルの保存や読み込みのしくみを説明する。ただし、ここではその前の基礎知識としてプラッタに作成される**クラスタ**、**ディレクトリ**、**FATテーブル**について順序よく説明することにしよう。

　まず、フォーマットの第一段階では、プラッタにトラックとセクターを作ること、そしてWindowsはファイルをこのセクターに連続的に保存していくことはすでに説明した。

　ただし、このセクターはわずか**512バイト**という小さな領域なので、Windowsがファイルを読み書きするときに、この512バイト単位にアクセスするととても時間がかかる。そこで、**Windowsでは8個のセクターを1クラスタとして、このクラスタ単位でファイルを読み書きする**ことにしているのだ。ちなみに、この8セクターをKB（キロバイト）にすると「8×512÷1024=4」つまり、4KBとなる（図10-13参照）。

　さて、このように、ファイルをクラスタ単位に読み書きするために、1つひとつのクラスタにはクラスタ番号が割り当てられており、Windowsはこのクラスタ番号を見てファイルを読み書きすることにしている。

ディレクトリのしくみ

　さて、Windowsはどのようにしてクラスタ単位にファイルを保存するのだろうか。前項で説明したように、フォーマットの第二段階では、プラッタ上にディレクトリという領域を作っている。Windowsがファイルを読み書きするときは、まずこのディレクトリを使うのだ。したがって、ここではディレクトリのしくみを説明しておこう。

　Windowsでは、1つのトラック上にディレクトリ1、ディレクトリ2というようにディレクトリが連続的に作成されており、1つのディレクトリの大きさは1KBとなっている。

　そのような前提で、あなたがアプリケーションを使ってデータを作成して、それを保存するときは、ファイル名やファイルの種類を指定して保存することとなる。この時、Windowsは「ファイル名」、「ファイルの種類」、「更新日時」などのファイル情報を1つのディレクトリを作成しデータを保存する際に同時に記録し

> **知っ得**　ファイル名は主ファイル名と拡張子に分かれるが、拡張子はファイルの種類によって異なる。

ている。なお、このうちの「ファイルの種類」は拡張子に変換されて記録される。例えば、ワードで作成したファイルは主ファイル名に「.doc」や「.docx」というファイルの種類を表す拡張子が付けられて記録される。次に、ディレクトリには そのファイルが保存される**最初のクラスタ番号**も記録される。このイメージは、図10-14のようになるが、ここでは簡単に「ディレクトリというのは保存するファイルの情報を書き込む場所」だと理解しておいていただきたい。

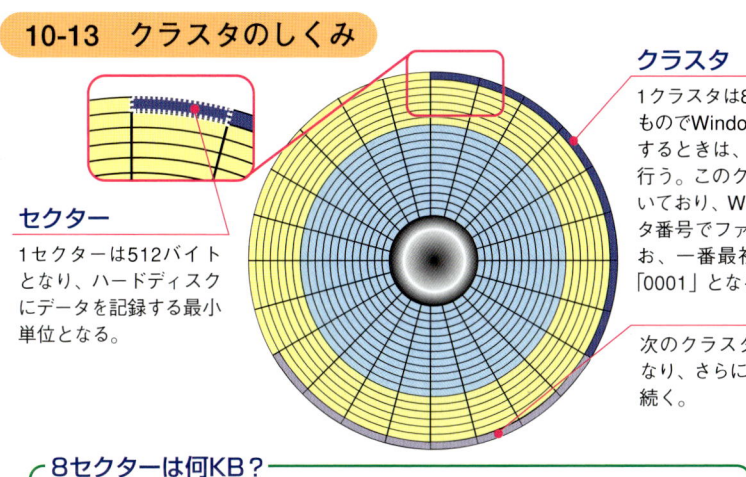

10-13　クラスタのしくみ

クラスタ
1クラスタは8セクターが集まったものでWindowsがファイルを記録するときは、このクラスタ単位で行う。このクラスタには番号が付いており、Windowsはこのクラスタ番号でファイルを管理する。なお、一番最初のクラスタ番号は「0001」となる。

セクター
1セクターは512バイトとなり、ハードディスクにデータを記録する最小単位となる。

次のクラスタ番号は「0002」となり、さらに「0003」、「0004」と続く。

8セクターは何KB？
1セクターは512バイトだから、8セクターは「8×512=4096バイト」となる。
次に、この1024バイトが1KBだから、4096バイトは「4096÷1024=4KB」となる。

10-14　ディレクトリに記録される内容

ファイル名	拡張子	更新時刻	更新日	最初のクラスタ	ファイルサイズ
見積書	.xlsx	13:20:05	09/11/16	0002	931
企画書	.pptx	15:45:25	09/11/16	0003	5080
請求書	.xlsx	17:27:40	09/11/16	0005	2050
提案書	.pptx	10:11:35	09/11/17	0006	10025
議事録	.docx	11:45:21	09/11/17	0009	3449

このようにディレクトリにはファイル名、拡張子、更新日時、ファイルサイズの他、データが保存されているハードディスク上の最初のクラスタ番号などが記録されている。

豆知識 Windows Me以前では1クラスタは32KBであった、それ以降は1クラスタは4KBになった。

クラスタ、ディレクトリ、FATの構造②

> **Key word** **FATテーブル** ファイルが保存されているクラスタ番号を記録している台帳のようなもの。File Allocation Tableの略である。

FATテーブルの構造

　ファイル情報がディレクトリに記録されたら、次はFATテーブルの登場である。FATテーブルというのは、保存したファイルがハードディスクの何番目のクラスタに保存されているのかを記録する台帳のようなものである。ここでは、FATテーブルの構造を説明する。

　まず、FATテーブルは32ビットずつの小部屋で区切られており、それがトラックの上に連続的に作成されている。そして、32ビットはさらに16ビットごとに半分ずつに分けられて管理されている。このうちの左側の16ビット（図10-15参照）には「0002」、「0003」、「0004」というようにハードディスクに存在するクラスタの番号（クラスタの個数）が順序よく割り当てられており、最後は最終クラスタ番号となる。この最終クラスタ番号はハードディスクの記憶容量によって異なる。このクラスタ番号は「0002」「0003」…「0009」「000A」「000B」というように16進数で表される。なお、クラスタ番号の「0001」はデータ用には結びつけられていないので、クラスタ番号は「0002」から始まっている。

　次に、FATテーブルの右側の16ビットには左のクラスタ番号に続く「次のクラスタ番号」が記録されるのだが、最初はすべて「0000」が記録されている。これは左側のクラスタ番号「0002」にしても「0003」にしても未だ使われていないという意味になる。

　以上、FATテーブルの構造を説明したが、なぜこのような構造になっているのかは次項の「ファイルが保存されるしくみ」を読めば理解できる。ここでは、FATテーブルというのは保存したファイルが何番目のクラスタに保存されているのかを記録している台帳だということを理解していればよい。

クラスタのムダ遣い

　以上、クラスタ、ディレクトリ、FATテーブルのしくみを読んで疑問を持つとすれば、もし、1クラスタ（＝8セクター）単位で保存されるなら保存するデータの内容量が8セクターに充たない場合はどうするかということだろう。つまり、それよりもはるかに短いとクラスタのムダ遣いが起こらないかという恐れだ。

　例えば、たった1文字のファイルを保存するときでも1クラスタ＝8セクターも使う可能性がでてくる。そこで、Windowsはこのような問題を解決するた

> **知っ得** ハードディスクの大容量化によってFATテーブルの1部屋の長さは32ビットから64ビットへと進化を続けている。

めに、例外的に短いファイルを保存するときはそれをクラスタではなく、ディレクトリ側にある「最初のクラスタ番号」の位置に保存し、ムダな空きが出ないようにしている。

10-15　FATテーブルの内容

こちら側には、ハードディスクに存在するすべてのクラスタに対するクラスタ番号が順序良く並べられている。

クラスタ番号	次のクラスタ番号
0002	0000
0003	0000
0004	0000
0005	0000
0006	0000
9AAA	0000

クラスタ番号は「0002」から始まる。

最終クラスタ番号はハードディスクの容量によって異なる。

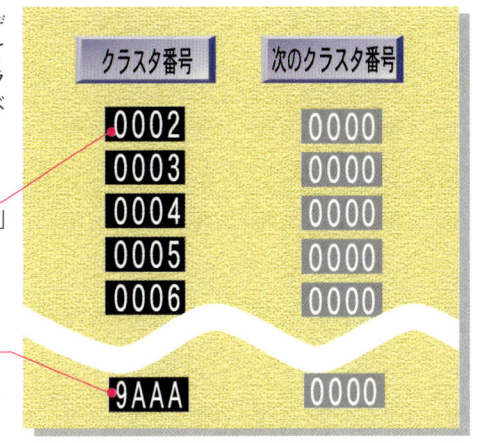

最初は「0000」が記録されているが、ファイルが記録されると「次のクラスタ番号」が記録される。例えば、1つのファイルがクラスタ「0002」と「0003」にまとまって保存されるとすれば、FATテーブルの「クラスタ番号」の「0002」の右側の「次のクラスタ番号」には「0003」が記録される。このあたりの事情は次の「ファイルが保存されるしくみ」で説明する。

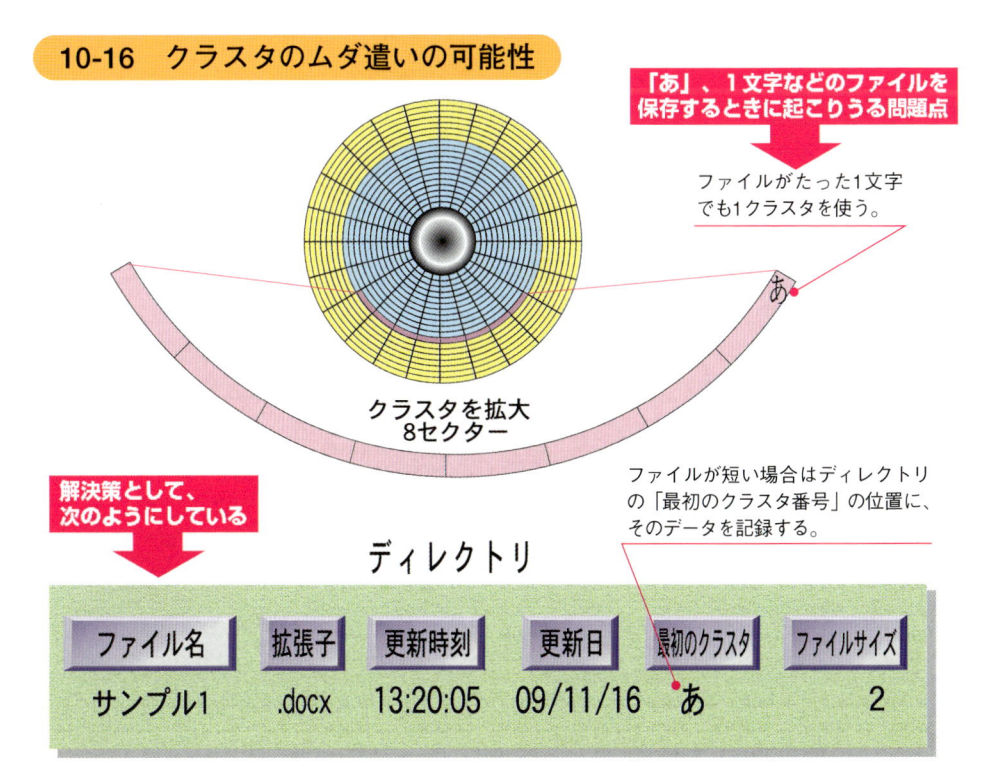

10-16　クラスタのムダ遣いの可能性

「あ」、1文字などのファイルを保存するときに起こりうる問題点

ファイルがたった1文字でも1クラスタを使う。

クラスタを拡大
8セクター

解決策として、次のようにしている

ファイルが短い場合はディレクトリの「最初のクラスタ番号」の位置に、そのデータを記録する。

ディレクトリ

ファイル名	拡張子	更新時刻	更新日	最初のクラスタ	ファイルサイズ
サンプル1	.docx	13:20:05	09/11/16	あ	2

豆知識　ディレクトリの「最初のクラスタ番号」に記録されるファイルは約700バイトまでとされている。

ファイルの保存のしくみ

> **Key word** ディレクトリ　保存したファイルの情報、つまり「主ファイル名」、「拡張子」、「クラスタ番号」、「ファイルサイズ」などが記録される場所。

ファイル情報のディレクトリへの記録

　ここでは、Windowsはどのようにしてファイルをハードディスクに保存するのかを説明する。例えば、保存するファイル名が「見積書」だとしよう。Windowsは、このファイルの情報、つまり「見積書」、「拡張子」、「属性」、「更新日時」、「最初のクラスタ番号」、「ファイルサイズ」などをディレクトリに書き込む。なお、このファイル情報の中で「最初のクラスタ番号」と「ファイルサイズ」については、Windowsは以下のようにして決めている。

　まず、WindowsはFATテーブルを見て「クラスタ番号」の「0002」の右側の「次のクラスタ番号」に「0000」が記録されていて、しかも「0003」以降の右側にも「0000」が記録されているのを確認したら、「0002」以降のクラスタが空いていると判断する。そして、ディレクトリの「最初のクラスタ番号」の場所に「0002」を記録するのだ。

　次に、「見積書」のデータはハードディスクに記録される前はメモリに記憶されているが、このときファイルサイズを計算してハードディスク上のディレクトリの「ファイルサイズ」の位置にそのファイルのサイズを書き込むのである。イメージは、図10-17のようになる。

クラスタ番号のFATテーブルへの記録

　そして、Windowsは見積書のファイルサイズから、このファイルを保存するには何個のクラスタが必要なのかを瞬時に計算し、例えば4クラスタが必要なら「0002」から「0005」までを使うことを決定するのだ。それからWindowsは、FATテーブルに目を移し、そのクラスタ番号「0002」の右側に**ファイルが収められる次のクラスタ番号**の「0003」を書き込む。さらにFATテーブルのクラスタ番号「0003」の右に、次のクラスタ番号の「0004」を書き込むのだ。

　そして、順次FATテーブルに書き込んでいき、最後の「0005」でファイルの最後を表す印として「FFFF」を書き込むのだ。このあたりのイメージは図10-18のようになる。

　このようにFATテーブルに書き込んだ後で、実際にハードディスクのユーザーエリアのクラスタ「0002」から「0005」までにファイルを書き込むのである。以上がWindowsがファイルをハードディスクに保存する手順である。

> **知っ得**　FATテーブルが破壊されるとファイルを読みだせなくなるので、安全性を確保するためコピー用のトラックにも記録される。

10-17　ファイル情報がディレクトリに記録されるしくみ

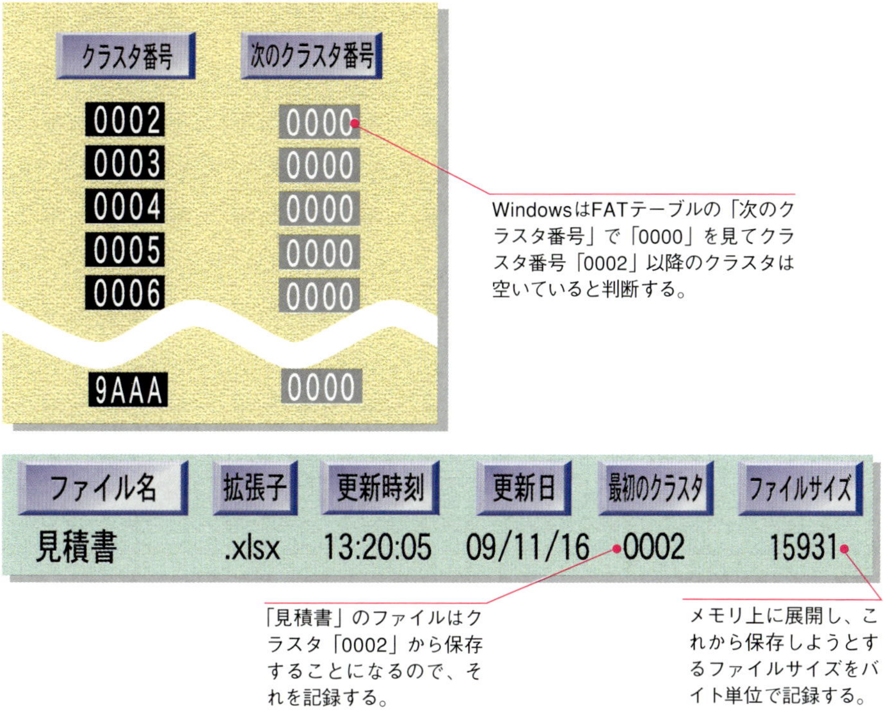

クラスタ番号	次のクラスタ番号
0002	0000
0003	0000
0004	0000
0005	0000
0006	0000
〜	〜
9AAA	0000

WindowsはFATテーブルの「次のクラスタ番号」で「0000」を見てクラスタ番号「0002」以降のクラスタは空いていると判断する。

ファイル名	拡張子	更新時刻	更新日	最初のクラスタ	ファイルサイズ
見積書	.xlsx	13:20:05	09/11/16	0002	15931

「見積書」のファイルはクラスタ「0002」から保存することになるので、それを記録する。

メモリ上に展開し、これから保存しようとするファイルサイズをバイト単位で記録する。

このように、ディレクトリにファイル「見積書」のファイル情報が記録される。このファイルがクラスタ番号「0002」から記録されるということに注意すること。次にファイルサイズをみて、いくつのクラスタが保存時に必要かを計算する。なお、ファイルサイズ÷4096バイト（1クラスタ）で何クラスタ必要か計算できる。

10-18　クラスタ番号がFATテーブルに記録されるしくみ

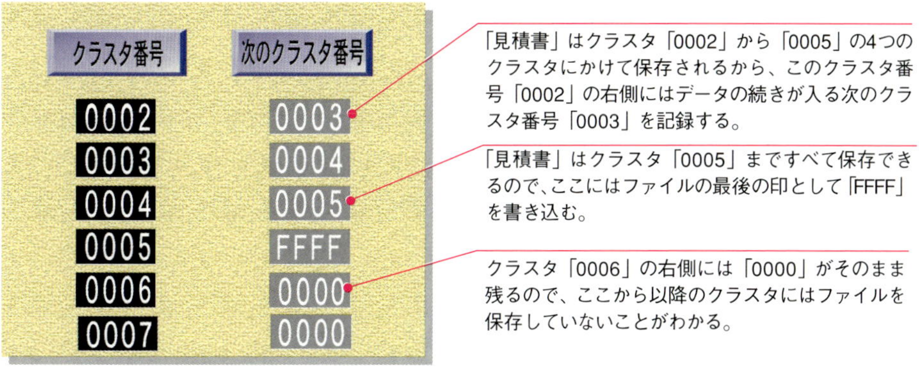

クラスタ番号	次のクラスタ番号
0002	0003
0003	0004
0004	0005
0005	FFFF
0006	0000
0007	0000

「見積書」はクラスタ「0002」から「0005」の4つのクラスタにかけて保存されるから、このクラスタ番号「0002」の右側にはデータの続きが入る次のクラスタ番号「0003」を記録する。

「見積書」はクラスタ「0005」まですべて保存できるので、ここにはファイルの最後の印として「FFFF」を書き込む。

クラスタ「0006」の右側には「0000」がそのまま残るので、ここから以降のクラスタにはファイルを保存していないことがわかる。

豆知識 Windowsがファイルを保存するとき、前もってファイルの容量を計算してから保存に取りかかる。

ファイルの追加のしくみ

> **Keyword** ファイルサイズ　ファイルの大きさを表し、ディレクトリに記録するときはバイト数で表す。

FATテーブルを下から見ていく

　私たちは、日常的にファイルを作成して、それをハードディスクに保存している。前項では、1つ目のファイルが保存されるしくみを説明したが、ここでは2つ目以降のファイルが保存されるしくみを説明する。なお、ここで追加する2つ目のファイル名を「日報」とする。

　さて、2つ目のファイルを保存する操作をすると、Windowsは**FATテーブルの頭からではなく、最後のクラスタ番号から逆に見ていき空いているクラスタを探す**ことになっている。なぜこのように最後のクラスタ番号から逆に見ていくのかは、Windowsにとってファイルの管理が容易だからだが、ここでは深く考えないことにする。ここでは、とりあえずWindowsはそのようにするんだということで読んでいただきたい。

　さて、図10-19では最後のクラスタ番号から逆に見ていくと、最後のクラスタ番号である「9AAA」の右側には「0000」が記録されており、これが上の方に続いていくことがわかる。そして、今の場合は「0005」の右側には「FFFF」が記録されており、その下の「0006」の右側には「0000」が記録されている。

ディレクトリに記録する

　そこで、Windowsは「クラスタ番号」の「0006」から以降が空いているとして新しいファイル情報を保存するディレクトリの「ファイル名」の位置に「日報」と記録し、さらに「最初のクラスタ番号」に「0006」と記録するのだ。

　そして、さらにメモリに記憶されている「日報」のファイルサイズを計算してディレクトリの「ファイルサイズ」の位置にそのファイルのサイズを書き込むのである。

　さらに、Windowsは「日報」のファイルサイズから、このファイルを保存するには何個のクラスタが必要なのかを瞬時に計算し、例えば2クラスタが必要なら「0006」と「0007」までを使うことを決定するのだ。

FATテーブルに記録する

　次にWindowsは、FATテーブルに作業を移し、そのクラスタ番号「0006」の右側に**ファイルが納められる次のクラスタ番号の「0007」を書き込む**。

知っ得　FATテーブルに記録するファイルの最後の印「FFFF」はハードディスクに保存できる最大クラスタ番号である。右の「豆知識」参照。

「0007」でファイルが終了するとすれば「0007」の右に「FFFF」を記録するというわけだ。このようにして、FATテーブルにファイルを保存するクラスタ番号を記録して、ようやくWindowsはハードディスクのユーザー領域のクラスタ「0006」と「0007」にファイル本体のデータを保存することができるようになる。

10-19 FATテーブルを下から逆に見ていく

記録前のFATテーブル

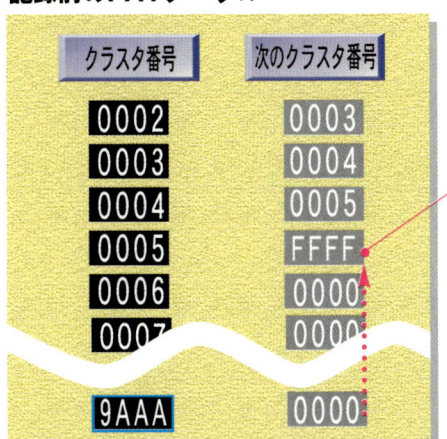

クラスタ番号	次のクラスタ番号
0002	0003
0003	0004
0004	0005
0005	FFFF
0006	0000
0007	0000
9AAA	0000

WindowsはFATテーブルの最後から先頭へと逆順に見ていき、空いているクラスタを探す。そして、クラスタ「0006」から以降が空いていると判断する。

ディレクトリ

ファイル名	拡張子	更新時刻	更新日	最初のクラスタ	ファイルサイズ
日報	.docx	13:20:05	09/11/16	0006	7037

このように、「日報」を保存する最初のクラスタは「0006」と記録する。

記録後のFATテーブル

クラスタ番号	次のクラスタ番号
0002	0003
0003	0004
0004	0005
0005	FFFF
0006	0007
0007	FFFF

ファイルをクラスタ番号の「0006」と「0007」に保存するから、このように「0006」の右に次のクラスタ番号「0007」を記録し、「0007」の右には最後の「FFFF」を記録する。

豆知識 実際のハードディスクはこの最大クラスタ番号よりも容量が少ないので「FFFF」が最後の印として使われる。

ファイルの読み込みと削除のしくみ

> **Key word** **ファイルの削除** ディレクトリの主ファイル名の頭の1文字を削除してFATテーブルの「次のクラスタ番号」を「0000」に戻すこと。

ファイルを開く

ここでは、これまでに保存したファイルを読み込んだり削除するしくみを説明する。例えば、アプリケーションを使って「見積書」を開く操作をすると、Windowsはまずディレクトリを最初から見ていきファイル名の「見積書」を探す。

そして、そのディレクトリに記録されている「最初のクラスタ番号」の「0002」を見つけてFATテーブルのクラスタ番号「0002」を見るのだ。

FATテーブルを見る

今度はFATテーブルのクラスタ番号「0002」の右側に記録されている「次のクラスタ番号」の「0003」を見て、左の「クラスタ番号」の「0003」の右に記録されている「0004」を見る。

このようにして順次FATテーブルを見ていき「0005」の右に記録されている「FFFF」を見て、ここでファイルが終了していると判断するのだ。

ファイルを読み込む

ディレクトリとFATテーブルからクラスタ番号を読み込んだ後で、スイングアームを動かし、実際にハードディスクのユーザーエリアのクラスタ「0002」から「0005」までに記録されているファイルをメモリに読み込む。

ファイルの削除のしくみ

ここからは、ファイルの削除のしくみを説明する。なお、ここではハードディスクには「見積書」、「日報」、「案内文」の3つが保存され、それぞれがディレクトリとFATテーブルには図10-21のように記録されているとする。

この状態で、2つ目のファイル「日報」を削除する操作をしたとすれば、ディレクトリの主ファイル名の「日報」の最初の1文字を削除して「□報」とする。

そして、ディレクトリの「最初のクラスタ番号」の位置を見て、このファイルは「0006」から記録されていることを確認する。そこでWindowsはFATテーブルの「0006」から「0007」までの右側に「0000」を書き込むのだ。これで削除の手続きは終わる。

以上から理解できるように、ファイル

知っ得 ファイルの削除をするとディレクトリからファイル名の1文字が削除され、FATテーブルの「次のクラスタ」が「0000」になるだけである。

の削除の操作をしても実際にはハードディスクにはファイルは残るのだ。削除するにはファイル名の頭の1文字とFATテーブルの該当するクラスタ番号の右側に「0000」を書く込むだけだからだ。したがって、パソコンを廃棄してもハードディスクの中のファイルが読み込まれるというのは、このファイルが残るからだ。

10-20　ファイルを読み込むしくみ

ディレクトリ
見積書　　0002
日報　　　0006

Windowsはディレクトリを見てファイル名「見積書」を探し、それが記録されている最初のクラスタ番号を見る。

そして、FATテーブルのクラスタ番号「0002」を見て、その右側に記録されている次のクラスタ番号の「0003」を見る。

記録後のFAT
0002	0003
0003	0004
0004	0005
0005	FFFF
0006	0007
0007	FFFF

そして、このように見ていき「FFFF」が記録されている「0005」でファイルが終了していることを確認する。それからハードディスクからファイルを読み込む。

10-21　ファイルを削除するしくみ

削除前

ディレクトリ
見積書　　0002
日報　　　0006
案内書　　0008

FAT
0002	0003
0003	0004
0004	0005
0005	FFFF
0006	0007
0007	FFFF
0008	0009
0009	FFFF

このようにファイル「案内文」が追加されていて、それがクラスタ「0008」から記録されているとする。

削除後

ディレクトリ
見積書　　0002
□報　　　0006
案内書　　0008

FAT
0002	0003
0003	0004
0004	0005
0005	FFFF
0006	0000
0007	0000
0008	0009
0009	FFFF

ファイル「日報」を削除するとディレクトリでは「日報」の最初の1文字を消して「□報」とする。

このように、クラスタ番号「0006」と「0007」の右に「0000」を書き込む。

豆知識　ファイルの削除をしてもプラッタの記録は削除されるわけではないので特殊なソフトを使えば復活できる。

ファイルの削除と追加のしくみ

> **Keyword** ファイルの追加　基本的にプラッタの未使用の領域に追加するが、満杯になったら削除された領域に追加する。

ファイルの削除を繰り返した後でファイルを追加するしくみ

　ハードディスクに多くのファイルを保存し、そのいくつかのファイルを削除すると、FATテーブルのクラスタ番号の右側の「次のクラスタ番号」には、記録したクラスタ番号と未記録の「0000」が入り混じった状態になる。このような状態で新しいファイル「**カタログ**（3クラスタ分のデータ）」を追加したらどうなるのであろうか。

　この場合には、まずWindowsはディレクトリを最初から見ていき主ファイルの最初の1文字が欠けている場所か何も記入されていない場所を探す。今回はファイル名の場所に「□報」と書かれているディレクトリがあるので、この「□報」に「カタログ」を書き込み、その他のファイル情報を書き込む。ただし、「最初のクラスタ番号」にはまだ記録しない。

　そして、ここでもWindowsはFATテーブルの**最後のクラスタ番号から逆に見ていき**、クラスタ番号の「0009」の右側には「FFFF」が記録されているのを確認する。そこで、Windowsは「000A」からが空いているとして、このクラスタ番号「000A」をディレクトリの主ファイル「カタログ」の「最初のクラスタ番号」に記録するのだ。さらに、WindowsはFATテーブルのクラスタ番号「000A」の右に「000B」と記録し、クラスタ番号「000B」の右に「000C」と記録し、そこでファイルがすべて保存完了できるのであれば「000C」の右に「FFFF」と記録する。このようにしてできたFATテーブルの記録をもとに、ファイル「カタログ」をプラッタのユーザーエリアの「000A」から「000C」まで記録するのだ。

ハードディスクがファイルで満杯になったときのファイルの追加

　しかし、ハードディスクにファイルが満杯になると、すでにファイルが削除された場所にファイルが保存されることになる。このときは、Windowsはディレクトリからファイル名の頭が1文字が欠けているものを探すか、それがなければ最後のディレクトリにファイル名を書き込む。今の場合はファイル名の頭が1文字が欠けているものがないので、最後のディレクトリに新しいファイル名、ここでは「写真」を記録する。そして、今度は、Windowsはこのファイルのサイズは4つのクラスタを使うと計算して、FATテーブルの最初から見ていき「次のクラスタ番号」が「0000」の場所を探す。この結果、「最初のクラスタ番号」が「0006」

知っ得　ファイルが削除された領域に記録されるとファイルが断片的になり、それだけファイルへのアクセスが遅くなる。

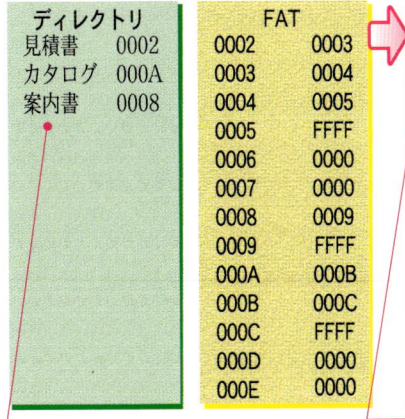

であることがわかるので、まずこの「0006」をディレクトリの「最初のクラスタ番号」に記録する。それからFATテーブルの「0006」の右側に「0007」を記録する。それから、この「0007」の右側には次に空いているクラスタ番号「000D」を記録し、「000D」の右側に「000E」を「000E」の右側にファイルの最後を表わす「FFFF」を記録するのだ。

10-22 削除した後でファイルを追加する

追加前

ディレクトリ
見積書	0002
□報	0006
案内書	0008

FAT
0002	0003
0003	0004
0004	0005
0005	FFFF
0006	0000
0007	0000
0008	0009
0009	FFFF
000A	0000
000B	0000
000C	0000

追加後

ディレクトリ
見積書	0002
カタログ	000A
案内書	0008

FAT
0002	0003
0003	0004
0004	0005
0005	FFFF
0006	0000
0007	0000
0008	0009
0009	FFFF
000A	000B
000B	000C
000C	FFFF

「□報」と書かれた場所にファイルを追加する。

このように「カタログ」と記録し、空いているクラスタの「000A」を記録する。

このようにクラスタ番号を記録する。

10-23 ハードディスクが満杯になった後のファイルの追加

追加前

ディレクトリ
見積書	0002
カタログ	000A
案内書	0008

FAT
0002	0003
0003	0004
0004	0005
0005	FFFF
0006	0000
0007	0000
0008	0009
0009	FFFF
000A	000B
000B	000C
000C	FFFF
000D	0000
000E	0000

追加後

ディレクトリ
見積書	0002
カタログ	000A
案内書	0008
写真	0006

FAT
0002	0003
0003	0004
0004	0005
0005	FFFF
0006	0007
0007	000D
0008	0009
0009	FFFF
000A	000B
000B	000C
000C	FFFF
000D	000E
000E	FFFF

ファイル名の頭が1文字が欠けているものがない。

新しいファイル名「写真」が記録されて、最初に空いているクラスタ番号「0006」を記録する。

このように「0006」の右に「0007」を記録する。

クラスタ番号「0007」の下のクラスタはすでに使われているから「000D」にジャンプして「000D」と記録する。

クラスタ番号「000D」の右に次のクラスタ番号として「000E」を記録する。

豆知識 記憶装置の内のファイルを先頭から再配置し、空き領域の断片化を解消することをデフラグという。

ファイルの復活のしくみ

Key word　ファイルの復活　削除したファイルを元の状態に戻すこと。ファイル復活ソフトを使えばかなり多くのファイルを復活させることができる。

ファイルが満杯になる前のファイル復活のしくみ

私たちはハードディスクのファイルを削除した後で、それを復活ソフトを使って復活させたいときがある。

ここでは、ハードディスクにファイルが満杯になる以前と、満杯になった後でのファイルの復活のしくみを説明する。

まず、ハードディスクにファイルが満杯になる前の状態で削除したファイルを復活させるしくみから説明しよう。

ここでは、図10-24のように「日報」が削除されているとする。

まず、ファイル復活ソフトはディレクトリからファイル名の頭が1文字が欠けているものを探す。この結果、「□報」が見つかり、その「最初のクラスタ番号」が「0006」であることがわかる。それからFATテーブルの「0006」と「0007」の右側の次のクラスタ番号を見ると、連続的に「0000」となっており、その下の「0008」の右側には「0009」が記録されている。このことは、ファイルが満杯になる前は保存されたファイルはクラスタ番号を**連続的に下へ下へ**と記録されるという原則があるので、クラスタ番号の「0006」と「0007」からファイルを読み込めばいいことになる。

ファイルが満杯になった後でのファイルの復活のしくみ

今度は、ファイルがハードディスクに満杯になった後で、一部のファイルを削除して、さらにファイルを追加したという複雑な状態で、その後で削除されたファイルを復活させるしくみを説明する。

ただし、実際にはもっと複雑になっているが、ここでは単純化したモデルを例にしてファイル復活のイメージを掴んでいただきたい。なお、図10-25では「写真」というファイルが削除されていることを前提としている。

まず、ファイル復活ソフトはディレクトリからファイル名の頭が1文字が欠けているものを探す。この結果、「□真」が見つかり、その「最初のクラスタ番号」が「0006」であることがわかる。それからFATテーブルの「0006」と「0007」の右側の次のクラスタ番号を見ると、連続的に「0000」となっており、その下の「0008」の右側には「0009」が記録されている。となると、単純に考えれば、まずこの「0006」と「0007」からファイルを読み込めばいいことになる。

ところが、この2つのクラスタからファイルを読み込めば、そこでファイルが終了しているとは限らない。なぜなら、

知っ得　Windowsにはファイルを削除して新たにファイルを追加していないなら、そのファイルを復活させる機能がある。

この「写真」は「0006」と「0007」だけではなく、その下の方のクラスタにも記録されていたかもしれないからである。

そこで、復活ソフトは「クラスタ番号」「0008」以降「000C」まで「次のクラスタ番号」が記録されているので「000C」までは別のファイルが記録されていると判断する。そこで、復活ソフトは、その下の「000D」から「000F」の右側には「0000」が記録されていることを確認して、この3つからのファイルを読み込む。

ここでは単純化されたモデルでファイル復活のしくみを説明したが、実際には多くのファイルが削除された状態でのファイルの復活は困難な場合が多い。

10-24 ファイルが満杯になる前のファイル復活のしくみ

復活前

ディレクトリ
見積書	0002
●□報	0006
案内書	0008

FAT
0002	0003
0003	0004
0004	0005
0005	FFFF
0006	0000
0007	0000
0008	0009
0009	FFFF

→

復活後

ディレクトリ
見積書	0002
□報	0006
案内書	0008

FAT
0002	0003
0003	0004
0004	0005
0005	FFFF
0006	0007
0007	FFFF
0008	0009
0009	FFFF

ファイル名の頭が1文字欠けているものを探す。

このように、ディレクトリの主ファイル名の□の部分はわからないので、そのままにしておく。

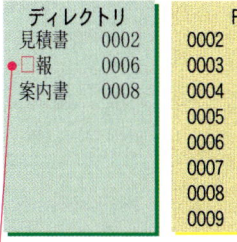

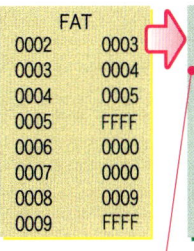

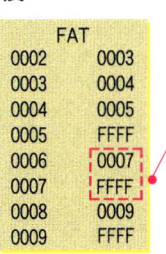

このように「次のクラスタ番号」を記録してハードディスクのクラスタ「0006」と「0007」からファイルを読み込む。

10-25 ファイルが満杯になった後でのファイルの復活のしくみ

復活前

ディレクトリ
見積書	0002
カタログ	000A
案内書	0008
●□真	0006
手紙	000F

FAT
0002	0003
0003	0004
0004	0005
0005	FFFF
0006	0000
0007	0000
0008	0009
0009	FFFF
000A	000B
000B	000C
000C	FFFF
000D	0000
000E	0000
000F	0000

→

復活後

ディレクトリ
見積書	0002
カタログ	000A
案内書	0008
□真	0006
手紙	000F

FAT
0002	0003
0003	0004
0004	0005
0005	FFFF
0006	0007
0007	000D
0008	0009
0009	FFFF
000A	000B
000B	000C
000C	FFFF
000D	000E
000E	000F
000F	FFFF

ファイル名の頭が1文字欠けているものを探す。

このようにクラスタ番号「0006」の右に「0007」を記録し、さらに「0000」を探しクラスタ番号「000D」を見つけたら「0007」の右に「000D」を記録し続けて、「000F」の右に「FFFF」まで記録する。

豆知識 復活ソフトを使えば復活できるファイルを復活させてから、残りの削除ファイルを1つにまとめる場合がある。

FATとNTFSの違い

NTFS WindowsNT以降、現在まで使われているファイルシステムで1クラスタが4KBが最大の特色である。

FATのしくみ

「フォーマットのしくみ①（P156）」でも説明したが、ファイルを管理する際に利用するファイルシステムにはFATシステムとNTFSシステムがある。

このうち、FATシステムはMS-DOSからWindows95/98/98SE/Meまで使われてきたシステムで、FAT16とFAT32に分かれる。そして、例えばFAT32では1クラスタのサイズは最大で32KBとなっていた。このシステムの長所は1つのファイルの読み書きは1クラスタ=32KB単位で行うので高速で行えることである。けれども、短所はどのように短いファイルでも1クラスタ=32KBも使うことである。

NTFSのしくみ

そこで、このような問題を解決するためにNTFSシステムが開発された。このシステムはWindowsNT用に開発されたものだがWindowsXP以降現在まで使われていて、FAT32と比べていくつかの特色を備えている。ここでは、このような特色の中から2つを取り上げて説明する。

まず、NTFSでは1クラスタ=4KBとなっている。したがって、短いファイルは4KBしか使わないのでプラッタの無駄遣いは少ない。

次にNTFSではディレクトリの代わりにMFT(Master File Table)が使われ、この長さは1KBとなっている。

ただし、このMFTの構造は、ほとんどディレクトリと同じで、記録するファイルが短い場合は「最初のクラスタ番号」の領域にそのファイルが記録されるということもディレクトリと同じである。

10-26 MFTの構造

ファイル名	拡張子	更新時刻	更新日	最初のクラスタ	ファイルサイズ
サンプル1	.docx	13:20:05	09/11/16	あ●	2

ファイルが短い場合は、ここに記録される。

知っ得 本書ではNTFSのもとで説明したが、MFTよりもディレクトリがなじみが深いのでディレクトリを使ってきた。

第11章
光ディスクの高密度・高速アクセスのしくみ

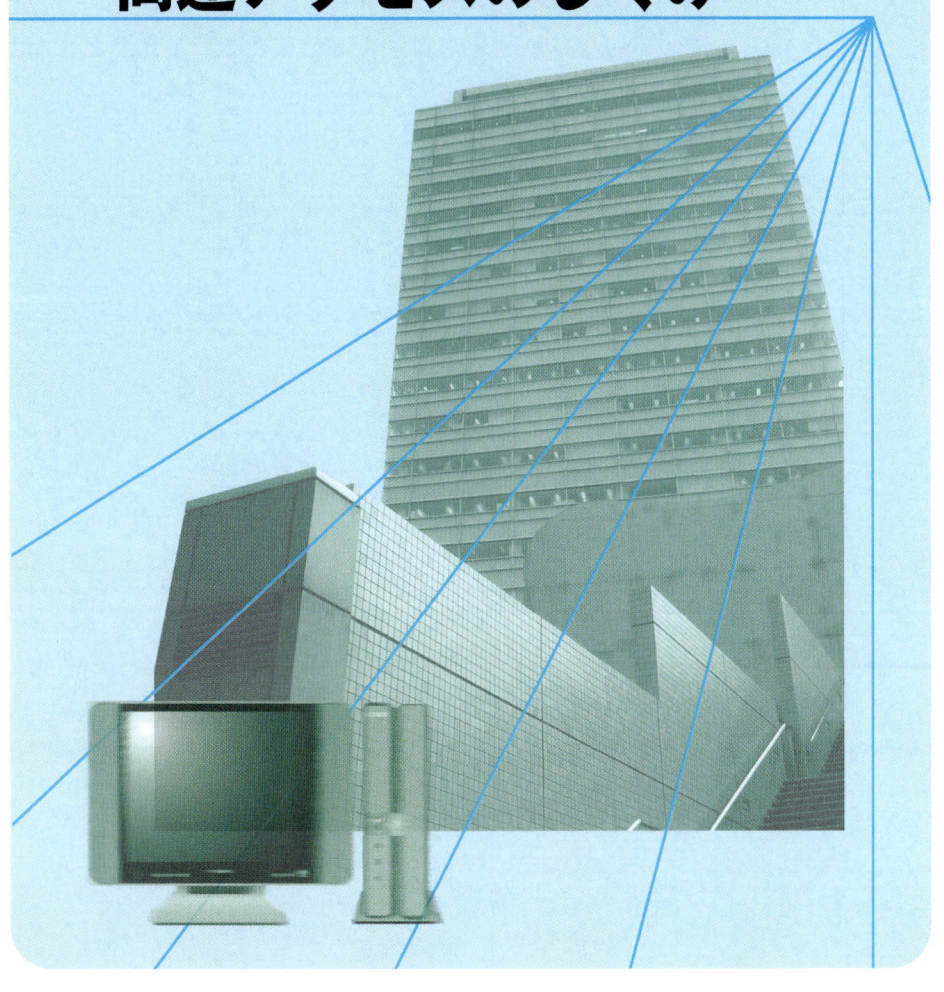

光ディスク

> **Key word** 光ディスク　DVDやBDに代表されるレーザー光を利用してデータの読み出しや書き込みを行う記憶媒体のこと。

光ディスクの種類

　光ディスクの先駆は**LD**（Laser Disc：レーザーディスク）で、形状は直径30cmと20cmの2つの種類があり、映像や音楽コンテンツなどの配信に利用された。

　その後、形状が直径12cmと小型で700MBの容量の**CD**（Compact Disc）が音楽コンテンツなどの配信やパソコンデータの記録に利用されるようになり、さらに同じ形状で4.7GBの容量を持つ**DVD**（Digital Versatile Disc）が映像の配信や記録として利用されるようになった。

　そして、最近の映像のデジタル化にともなう大量データを記録させるために**BD**（Blu-ray Disc：ブルーレイディスク）が登場した（同様にHD DVDも製品化されたが現在は製造中止）。BDも形状は同じ直径12cmで、片面1層で25GB、片面2層では50GBの容量である。

　なお、光ディスクの種類は他にもあるが、この章では現在一般的にパソコンで使用される直径12cmのCD、DVD、BDについて説明する。

光ディスクのしくみ

　光ディスクは、CD、DVD、BD共に数ミリ程度の厚さの中に、情報を記録するための**記録層**、記録層を保護する**保護層**、レーザー光を反射させる**反射層**などが重なって構成されている。

　そして、いずれも光が反射するという性質を利用して「反射する」と「反射しない」という状態を記録層の表面に作り、デジタルデータの「0」と「1」をそれに当てはめデータを読み書きさせるしくみになっている。

　その際、記録層と呼ばれる表面に変化を起こし情報を記録したり、記録層にある変化を読み取る役目をするのは、極めて直進性が高く光が拡散しないという性質を持つレーザー光である。

　このレーザー光は、様々な波長が発生するが、利用するレーザー光の波長が短いほどディスクの記録層に記録する**ピット**と呼ばれる部分を小さくできる。

　同じ情報量を小さいピットで記録できることは、すなわちディスク全体では大きい容量の記録が可能になるということである。

　CD、DVD、BDの各ディスクは、それぞれ異なる波長を利用していて、CDは780nm（ナノメートル）の**赤外線レーザー**、DVDは650nmの**赤色レーザー**、BDは405nmの**青紫色レーザー**であり、波長の短いBDが最も大容量となっている。

知っ得　光ディスクの種類に含まれるMO、MDは読み取りにはレーザー光を使うが記録には磁気を使うため光磁気ディスクとして区分されることもある。

11-1 光ディスクの容量の比較

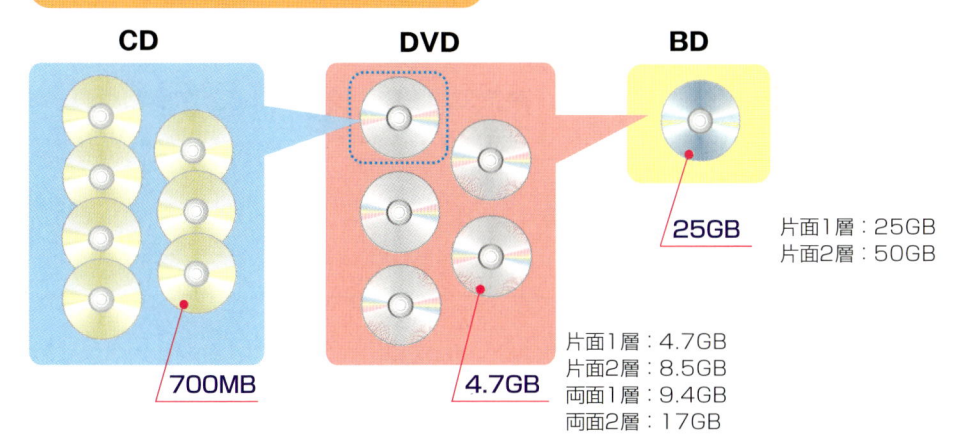

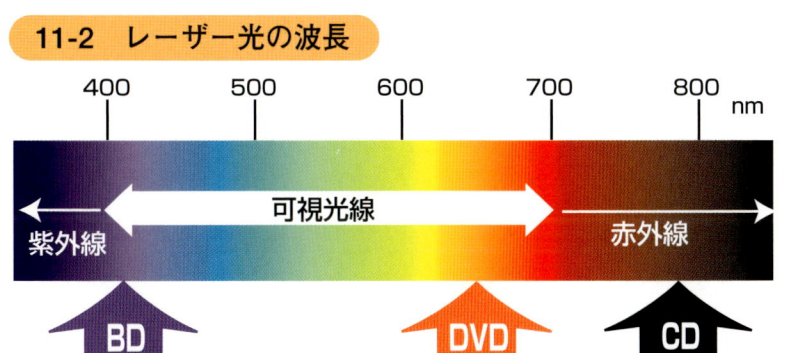

CD 700MB

DVD 4.7GB
- 片面1層：4.7GB
- 片面2層：8.5GB
- 両面1層：9.4GB
- 両面2層：17GB

BD 25GB
- 片面1層：25GB
- 片面2層：50GB

11-2 レーザー光の波長

400　500　600　700　800 nm

紫外線　可視光線　赤外線

- BD　405nm：青紫色レーザー
- DVD　650nm：赤色レーザー
- CD　780nm：赤外線レーザー

※nm（ナノメートル）のnは10^{-9}を表し、1nm=0.000000001m＝0.000001mmとなる。

11-3 光ディスクのピットイメージ

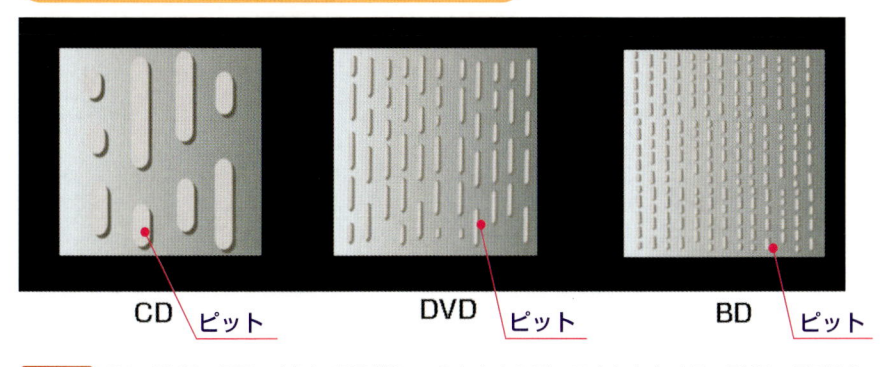

CD ピット　　DVD ピット　　BD ピット

豆知識 CD、DVD、BDいずれも直径が8cmの大きさのディスクも存在する。DVD、BDは主にビデオカメラで利用されている。

再生専用のDVDのしくみ

> **Keyword** **DVD** 光ディスクの1種で、映像の記録を主目的とする。片面、両面、1層、2層などの記録方式により容量が異なる。

DVD-ROMとは

光ディスクとして先に開発されたCDは音楽や画像などのデジタルデータを記録することが主目的であり、記憶容量は650MBと700MBが主流である。これに対してDVDは映像のデジタルデータを記録することを主目的として記憶容量は4.7GB～17GBと格段に大きい。

また、DVDは書き込みのできる種類もあるが、ここで説明するDVD-ROM（Digital Versatile Disc Read Only Memory）はCDでいうCD-ROM（Compact Disc Read Only Memory）にあたり読み取り専用のメディアでコンピュータのソフトウェアや映画などの映像の配布に利用される。

外観はCDと同様に直径12cm厚さ1.2mmのディスクであるが、ディスク盤の強度を高めるために**CDの半分の厚さ**（0.6mm）の2枚のディスクを背中合わせに接着剤で貼り合せて1枚のディスクにしているため、データを表と裏の両面に記録できる。なお、片面のみに記録するタイプは半分がダミー層でレーベル（ラベル）などが印刷されるが、両面に記録するタイプはダミー層はなく、接着面を挟んで保護層、反射層（記録層）、樹脂層の順になっている。

さらに片面、両面タイプとも記録層を2つ持つことができ**1層タイプ**と**2層タイプ**（**ダブルレイヤー**または**デュアルレイヤー**ともいう）がある。2層タイプは1層タイプよりも、記憶容量も大きく2時間を越える映画などで使用する場合（DVD-Video）は裏返す手間のかからない片面2層を利用していることが多い。

データが読み出されるしくみ

パソコンでDVD-ROMを再生するには、DVD-ROMドライブ（最近のパソコンには再生と記録ができるドライブが通常搭載されている）内でDVDが回転し、ピックアップ部の**半導体レーザー**からレーザー光を反射層に向けて照射すると、レーザー光が**ランド**や**ピット**に当たる。ランドではレーザー光が強く反射するがピットでは拡散されるために反射光が弱くなる。その反射光の強弱をピックアップの**光センサー**（受光素子）で受け、電流の変化に変換させて、デジタルデータとして判断する。2層の場合でもレーザー光の焦点は非常に小さく絞り込めるため1層目に焦点を合わせているときは2層目はボケるので支障がなく読み取ることができる。なお、このような読み出しのしくみは光ディスクすべて共通である。

知っ得 DVDの「V」はVersatile（多用途）の略というのが正式だが、映像記録が主な目的なため「V」はVideoの略だと思われたり使われたりすることもある。

11-4 片面2層DVD-ROMの構造

反射層（レイヤー0）
データが記録された2層目。半透明になっていて金メッキされている。

反射層（レイヤー1）
データが記録された1層目でアルミ製。DVD-ROMはあらかじめプレスして突起したピットが作成されている。

樹脂層
DVD裏側でポリカーボネートの透明な基板で厚さは約0.6mm。

接着面
2枚のディスクが貼り合わされている。

0.6mm

ピッチ
約0.74μm

ピット
CDと比べると、ピットが小さくピットの配列の間隔（ピッチ）も狭い。

ランド
反射層の平らな部分のこと。

ダミー層
両面ディスクの場合は、こちら側にも保護層、反射層（記録層）、樹脂層がありデータが記録されている。

保護層
ディスクの歪みを防ぐための硬い層。

11-5 光ディスクドライブのしくみ

スピンドル・モーター

ピックアップ
データ読み取りのためにレーザー光を出す半導体や照射場所にピントを合わせるレンズなどがある。詳細は拡大図参照。

光ディスク

レーザー光
650nmの波長のレーザー光を照射する。

ピックアップ拡大図

光センサー
ディスクからの反射光を検出する。

ミラー

レンズ
レーザー光を細く絞り、焦点をピットに合わせる。

半導体レーザー
レーザー発振器で、レーザー光を発射する。

ビームスプリッタ
レーザー光をディスクまで導くために屈折させる。またはディスクからの反射光を光センサーまで導く。

第11章

豆知識 映画など映像データを記録したものをDVD-Videoといい、音楽データを記録したものをDVD-Audioという。

再生・記録用のDVDのしくみ

> **Keyword　記録用DVD**　DVDの記録方法は追記はできるが書き換えができないタイプと書き換えができるタイプがある

再生・記録用DVDの種類と構造

　記録もできるDVDの規格には書き換えができない追記型としてDVD-RとDVD+R、書き換え型としてDVD-RW、DVD+RW、DVD-RAMなどがある。

DVD-R	単価が安く互換性が高く保存用に最適。
DVD+R	パソコンで普及している。
DVD-RW	データバックアップに最適。書換回数は約1000回
DVD+RW	データバックアップに最適。書換回数は約1000回
DVD-RAM	カートリッジタイプとヌードタイプがある。書換回数は約10万回

　上記のようにDVDの種類の名称には「-」と「+」が付いているが、これは「-」は「DVDフォーラム」、「+」は「DVD+RWアライアンス」という異なる団体が策定した規格ということに由来している。
　これらのディスクの記録層にはピットを形成するための蛇行（**ウォブル**という）した道筋であるグルーブがあり、ドライブは、ウォブルを検知し、読み書きする場所を確認する。なお、DVD-R/-RWの場合はウォブル以外にディスク上に点在する**プリピット**から信号も検出して位置確認する。DVD-RAMは他のディスクと違いグルーブとランドの両方にピットを形成するため、再生互換性が低い。

書き込みのしくみ

　再生・記録用のDVDの種類のうち追記型のDVD-R/+Rの記録層は有機色素が使われ、そこにレーザービームを照射してデータを記録させる**色素記録方式**を採用している。これは、記録層にレーザー光が当たると当たった場所だけ色素が変化してピットが作られるしくみである。有機色素は一度変化すると元に戻らない性質があるため記録されたピット（データ）はそのまま残る。
　書き換え型の3種類は与える温度によって分子配列の構造が変化する特殊な材料（合金性）を記録層に使い、そこにレーザービームを照射してデータを記録していく**相変化記録方式**を採用している。この記録層は**結晶状態「クリスタル」**になっている。そこへ強いレーザー光を当てて急激に冷やすと**非結晶状態「アモルファス」**に変化し、これがピットになる。
　さらに、データを消すときには、弱めのレーザー光を非結晶状態の箇所に当て再び結晶状態に戻すことで記録されていたピット（データ）を消去する。
　このしくみを**相変化現象**といい、何度でも繰り返すことができる。

> **知っ得**　追記型の記録層に利用されている色素は青い色の「アゾ系」が一般的なので、記録面が青色のことが多い。

11-6 書き込み用DVDの構造

● **DVD-R/-RW**
ランドに規則的にプリピットが作られ、データ記録時の位置を正確に決定するための目安になる。

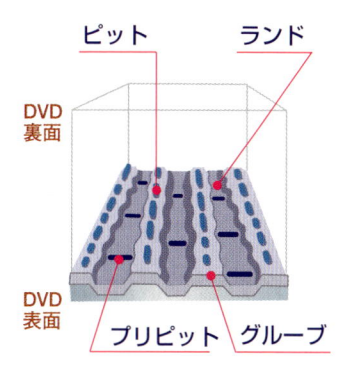

● **DVD+R/+RW**
ウォブルが高密度になっていて、データを読み出す際にデータの記録位置を見極めやすくしている。

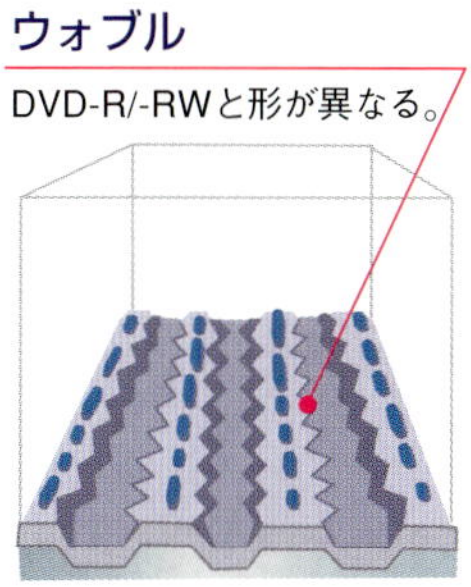

● **DVD-RAM**
データを記録するピットはランドとグルーブの両方に作成される。

ピット / ランド
DVD裏面
DVD表面
プリピット / グルーブ

ウォブル
DVD-R/-RWと形が異なる。

アドレスエリア
ディスク用の情報が記録されているエリア。

アドレスエリアのピット
記録データの位置決め情報が記録されている。

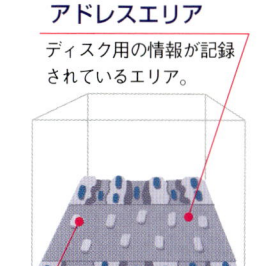

11-7 データの書き込みのしくみ

● **色素記録方式**

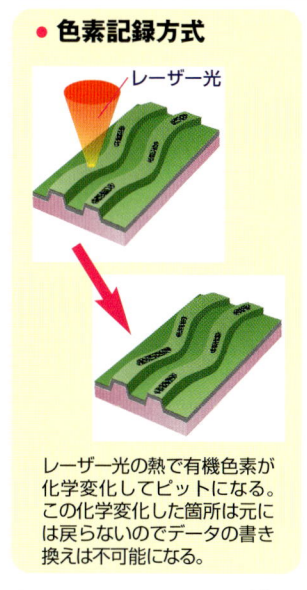

レーザー光

レーザー光の熱で有機色素が化学変化してピットになる。この化学変化した箇所は元には戻らないのでデータの書き換えは不可能になる。

DVD-R/DVD+Rで利用

● **相変化記録方式**

記録層に強いレーザー光を当てる。

レーザー光

原子の並びが不規則になり(**アモルファス化**)ピットになる。

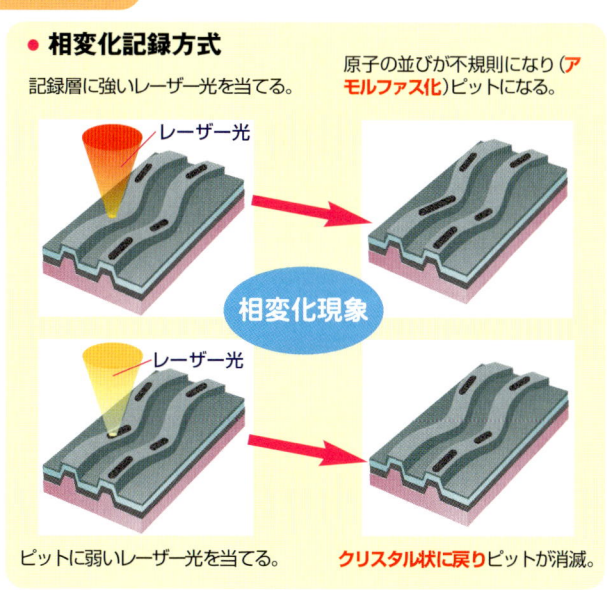

相変化現象

レーザー光

ピットに弱いレーザー光を当てる。

クリスタル状に戻りピットが消滅。

DVD-RW/DVD+RW/DVD-RAMで利用

第11章

豆知識 光ディスクに利用されるレーザー光は半導体レーザーで発生させる。半導体レーザーは、出力が低く、コストが安いという特徴がある。

BDの特徴

Key word | **BD** DVDでは対応できないハイビジョン映像を記録するために開発された大容量の直径12cmの光ディスク。

BDの必要性

現在、従来のTV放送やビデオカメラのアナログ映像が高密度なハイビジョンと呼ばれるデジタル映像に移行中であるが、ハイビジョン画質の映像は大容量なためDVD（片面1層で4.7GBの場合）に保存すると、30分程度しか録画できないだけでなく画像の質も劣化する。

そこで、大容量の記録媒体が必要となりBD（Blu-ray Disc：ブルーレイディスク）が開発されたのである。

BDは1層のものでもDVD（1層の場合）の約5倍である25GBの容量を持つため、ハイビジョン映像を2時間以上録画することが可能になる。

BDの種類

BDの種類は大きく分けると再生専用型（**BD-ROM**）、追記型（**BD-R**）、書き換え型（**BD-RE**）の3種類がある。なお、BDは、規格策定時から裏返して使用しなくて済む片面のみと決定されていて、現在は製品化されているものでは片面1層と片面2層の種類があり、1層は25GB、2層は50GBの容量になる。

転送レート

BDの1秒当たりのメディアへの記録や再生のスピードである転送レートは等倍速が36Mbpsで、BD-ROMは1.5倍の54Mbps、BD-Rは6倍速の216Mbps、BD-REは2倍速の72Mbpsまで可能である。

ちなみに、地上デジタル放送は17Mbps、BSデジタル放送は24Mbpsなので、ありのままの画質で録画再生できる。

記録方式

DVDでは、DVD-Rは色素素材でDVD-RW/RAMの書き換えができるものは金属素材だが、BDの場合はBD-RもBD-REのどちらも**金属素材**を使った製品が主流である。その理由は金属素材は色素素材より開発効率がよいということや、色素素材に比べて自然光による変化に強いことなどがあげられる。

またデータを書き込む方法はBD-Rは**無機記録方式**、BD-REは**相変化記録方式**が主に採用されている。

ただし、コストの安い有機色素を使ったBD-Rも発売されるようになり、今後は開発も進む方向にある。

知っ得 英語圏においてBlue-ray Discとすると青色光で読み取るディスクという一般名詞と解釈される商標登録ができないという理由で、BDがBlue-rayではなくBlu-rayとなった。

11-8　ディスク断面

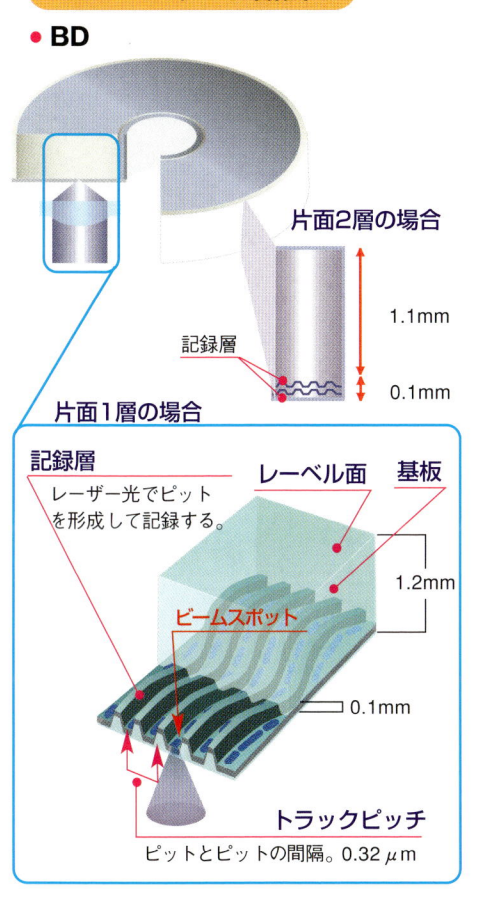

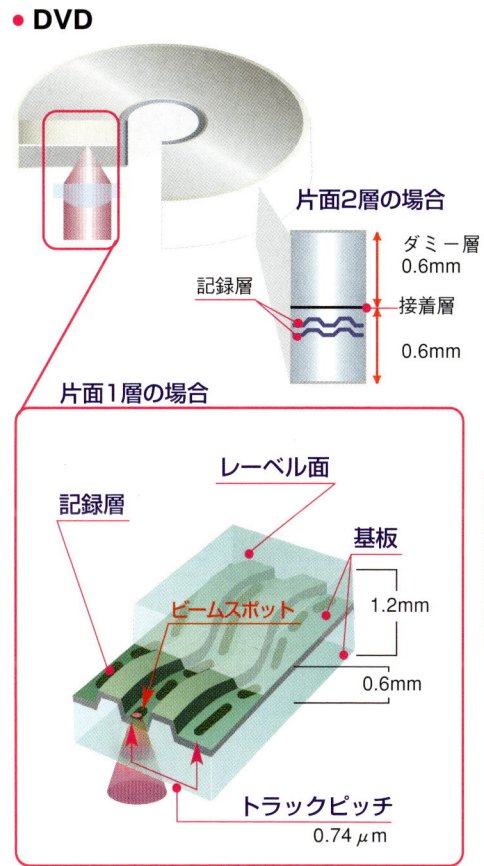

● **BD**

片面2層の場合
1.1mm
記録層
0.1mm

片面1層の場合

記録層
レーザー光でピットを形成して記録する。
レーベル面
基板
1.2mm
ビームスポット
0.1mm
トラックピッチ
ピットとピットの間隔。0.32μm

● **DVD**

片面2層の場合
ダミー層 0.6mm
記録層
接着層
0.6mm

片面1層の場合

記録層
レーベル面
基板
1.2mm
ビームスポット
0.6mm
トラックピッチ
0.74μm

11-9　スポットとトラックピッチ

BD

0.32μm
トラックピッチ
ピットとピットの間隔。
ビームスポット

DVD

0.74μm
トラックピッチ
ビームスポット

※ トラックピッチの単位であるμm（マイクロメーター）は、1mmの1000分の1。髪の毛1本の太さが約0.1mmなので、BDでは髪の毛1本の中に300本以上のトラックがあるということになる。

豆知識　片面4層で100GBや8層200GBのBDの開発が進められている。

BDの高密度保存のしくみ

> **Key word** 開口率 レンズの断面積に対し光が通過する部分の面積の比率をいう。開口度、開口数ともいう。

波長と開口率

　光ディスクであるBDはDVDと同様にレーザー光をレンズで集光したビームスポット（光の照射面積）を利用してデータの記録をするが、そのとき利用されるレーザー光は波長が短い程ビームスポットを小さくできるという性質を持つ。

　そのためBDはレーザー光の中で最短波長である405nmという青紫色レーザー（青色レーザーという場合もある）を使用している。なお、DVDが使用しているのは波長650nmの赤色レーザーである。

　さらにBDはレンズの**開口率**（集光能力）が大きい程ビームスポットを小さくできるという性質も利用している。開口率を表す関係は以下のようになる。

$$開口率 = \sin\theta$$

　この式から、光を集中させる角度が急なほど開口率が大きくなることがわかる。そこでBDでは口径が大きく焦点距離の短いレンズを使用して開口率を0.85（DVDは開口率=0.6）としてる。

　以下はスポット径の計算式である。

$$0.82 \times 波長 \div 開口率$$

　この式から、スポット径は波長に比例し開口率に反比例することがわかる。つまり、波長が短く、開口率が大きいという条件を満たしたBDはDVDの1/5のビームスポット（面積）を可能にしてトラックピッチ（情報を記録したピット列の間の距離）や最小ピット長（最も小さく記録できる長さ）を小さくできたため、高い記録密度を実現できたのである。

	BD	DVD
最小ピット長	0.149μm	0.40μm
トラックピッチ	0.320μm	0.74μm
スポット径	0.380μm	0.86μm

BDの構造上の問題と解決技術

　高い記録密度を実現したBDには、それゆえに生じる問題が存在する。

　BDの素材はポリカーボネイトなので環境の変化で歪みが生じたり、回転中に微妙に振動でディスクがレーザー光に対して斜めになることもある。また、ディスクの表面と記録面との距離が長いと光が屈折して斜めに進むという（**コマ収差**という）現象が起きる。さらにBDは小さいビームスポットを実現するために開口率を大きくしたので、その結果ディスクの反りに対してスポットの歪みが大きくなってしまった。その上、BDはDVDに比べてビームスポットが小さく、レーザ

一光を当てる目的の位置が小さいので、コマ収差がさらに大きな障害になる。

そこでBDは、ディスクの表面から記録面までの距離を0.1mmと極限まで薄くする技術によってコマ収差を減少させた（記録面の上部に保護するために施されているカバー層を薄くした）。

また、ディスクが斜めになっているのを検知して光の当たる角度を瞬時に矯正するという**チルトサポート機能**を搭載させている。なお、この機能はDVDにも搭載されているがBDより記録密度の低いDVDはこの機能だけでしかコマ収差に対応していない。

11-10　レンズの開口率

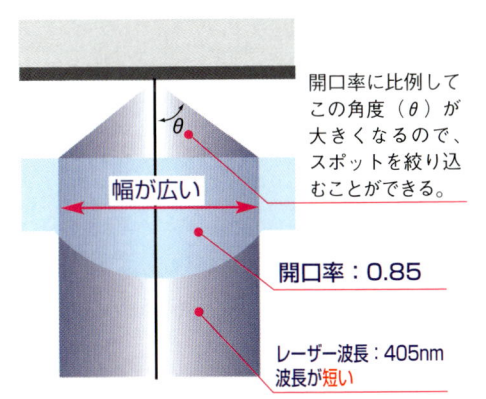

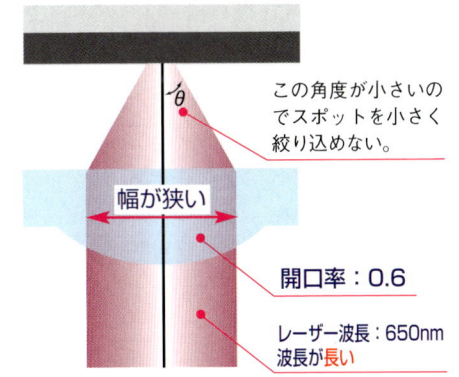

● BD

スポット径：0.38μm

開口率に比例してこの角度（θ）が大きくなるので、スポットを絞り込むことができる。

幅が広い

開口率：0.85

レーザー波長：405nm
波長が短い

● DVD

スポット径：0.86μm

この角度が小さいのでスポットを小さく絞り込めない。

幅が狭い

開口率：0.6

レーザー波長：650nm
波長が長い

11-11　ディスクの反りとスポットの歪みの関係

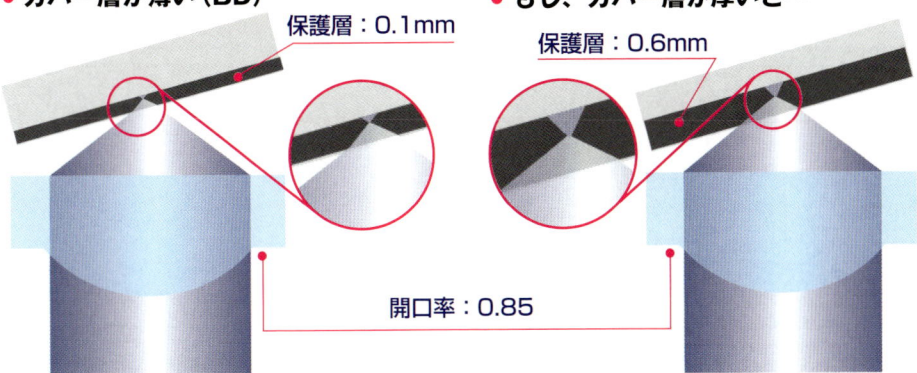

● カバー層が薄い（BD）

保護層：0.1mm

● もし、カバー層が厚いと…

保護層：0.6mm

開口率：0.85

レンズ開口率が同じ0.85の対物レンズでもカバー層の厚みを0.1mmにして、ディスク表面から記録層までの距離を短くすると、ディスクの反りに対するスポットの歪みは小さくなる。

豆知識　BDと同様に次世代ディスクとして登場したHD DVDは、東芝やNECから発売されていたが2008年2月に東芝の撤退を最後としてBDが勝ち残ることになった。

映像データの圧縮方式

Key word データの圧縮　映像データを圧縮する技術が発達したことは高密度化と並び光ディスクの大容量化の要因となっている。

MPEG2

記録容量を大きくするためにDVDでは **MPEG2** という圧縮方式を使っている。MPEG2はMPEG（Moving Picture Expert Group）という組織が規格策定を行った画像圧縮方式の１つで、CDに映像を収録するために使われる **MPEG1** に続いてデジタルハイビジョン映像などの圧縮に利用するために策定された。

MPEG規格に共通する基本は動画構成する複数の静止画像間の変化情報を利用して、前後で重複する情報を省いて圧縮するしくみを利用している。

MPEG4-AVC（H.264）

BDでは、さらに記録容量を拡大させるため、MPEG2だけでなくMPEG2に比べて２倍以上の圧縮率を実現できる高画質高圧縮の規格である **MPEG4-AVC** （MPEGにおける標準化名はH.264）も使われている。

注：MPEG4という規格もあるが、MPEG4-AVCとは互換性がなく、低レートでの高画質を目的としたものである。

さらに、BDではマイクロソフト社が開発したVC-1（Windows Media Video 9）も使われている。

VC-1は技術的にはMPEG方式と大差なくMPEG4-AVCと同程度の圧縮率を持つ規格となっている。ただし、MPEG4-AVCより処理負荷が軽いというメリットを持っている。

11-12　同じ映像の圧縮後の容量

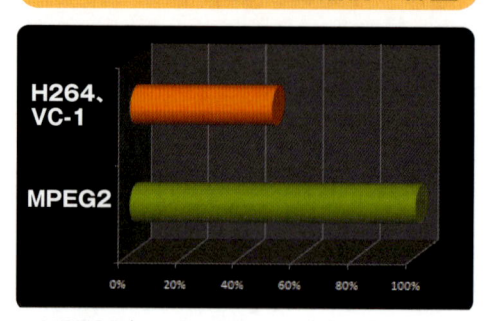

MPEG2を100%とすると、半分以下に圧縮できる。

11-13　メディアへの収録時間

- MPEG2：2時間
- H264、VC-1：4時間以上

同じ容量のメディアへ同じ映像を収録すると2倍以上の時間の収録が可能。

知っ得　MPEGはISO（国際標準化機構）とIEC（国際電気標準会議）が動画を圧縮する標準方式を制定するため、1988年に設立した組織である。

第12章
フラッシュメモリの
しくみ

フラッシュメモリの種類

Keyword フラッシュメモリ　電気的にデータの読み書きが可能で、電源を切ってもデータが消えない半導体記憶装置の一種。データの一括消去が可能。

様々なフラッシュメモリ

　日常にあふれているデジカメで使うSDメモリカードも、デジタル一眼レフで使うコンパクトフラッシュメモリも、USBメモリも、中身は同じフラッシュメモリ。カメラやパソコンとの接続方法が違うだけで、SDメモリカードをコンパクトフラッシュのように使うアダプタや、microSDカードをUSBメモリとして使える製品などもある。

　フラッシュメモリには多くの種類があるが、構造上の違いによりNAND（否定論理積）型、NOR（否定論理和）型と呼ばれる2種類のものに大きく分けられる。NAND型フラッシュメモリはデジタルカメラや携帯型音楽プレーヤのデータ記録用途など、大容量で外部接続タイプの製品で利用されることが多く、コンパクトフラッシュやSDメモリカード、USBメモリ、メモリスティックなどで採用している。一方、NOR型は携帯電話のプログラム格納ROMやパソコンのBIOS ROMなど、小容量で組み込まれた用途向けに用いられることが多い（「NAND型とNOR型のしくみ（P194）」を参照）。

フラッシュメモリカードの普及

　フラッシュメモリの普及に欠かせないものがデジタルカメラと携帯電話などのモバイル機器。これらのモバイル機器ではよりコンパクトで大きなメモリを安く購入することが求められている。

　デジタルカメラでは、2003年にニコンとキヤノンが相次いでSDメモリカードの採用を決定したことにより、それまでシェアを独占していたメモリスティックに代わりSDメモリカードの普及が始まる。その後、他のカメラメーカーでもSDメモリカードを採用することでより強大なシェアとなった。SDメモリカードの欠点だった最大容量2GBという制約も大容量の**SDHC規格**の登場で解消された（購入時期が古いデジタルカメラは新しい規格のSDHCに対応していない）。

　SDHC規格は、消費者がその用途にあったスピードクラスを選択できるように、データ転送速度の目安として「**SDスピードクラス**」が定められている。

　一方、携帯電話ではボディの小型化、薄型化に伴いメモリも同様にコンパクト化が求められた。そこで普及したのがminiSDカードに代わって登場したmicroSDカードで、外形寸法はSDメモリカードの4分の1程度、miniSDカードの場合と同様にSDメモリカードとは互換

188　知っ得　SDメモリカードは1999年に松下電器産業（現パナソニック）、サンディスク、東芝による共同開発規格として発売され、2000年には関連団体であるSDカードアソシエーションが設立。

性があり、microSDカードを変換アダプタに装着することでSDメモリカードやminiSDカードとして利用することが可能だ。また、SDメモリカードと同様にmicroSDHCカードがあり、最大32GBの大容量の携帯電話用メモリカードが登場している。microSDHCカードは携帯電話の機種によっては利用できないものもあるので注意が必要だ。

12-1 SD/SDHC比較

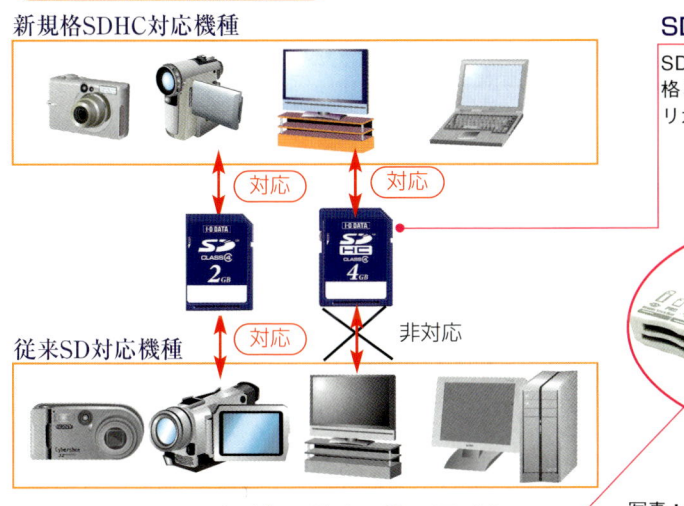

新規格SDHC対応機種

対応　対応

SD/SDHC比較
SDHCメモリカードは、上位規格となるため、従来とのSDメモリカードとは互換性がない。

従来SD対応機種

対応　非対応

マルチカードリーダー/ライター
パソコンで非対応のSDHCメモリカードもUSB接続で読み書きができる。右図の機種はmicroSD、miniSD、コンパクトフラッシュなど33種類のメディアに対応している。

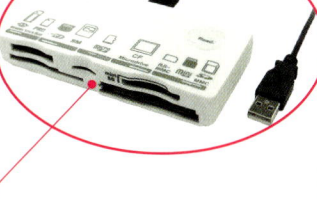

写真：株式会社アイ・オー・データ機器 提供

12-2 様々なメモリカード

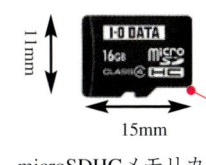

32mm / 24mm
SDHCメモリカード

11mm / 15mm
microSDHCメモリカード

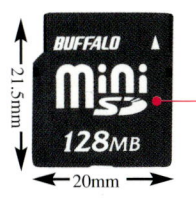

21.5mm / 20mm

SDHCカードの速度〈SDスピードクラス〉
データの転送速度の遅い順に、クラス2、クラス4、クラス6の3段階に分かれ、クラス2で2MB/秒以上、クラス4で4MB/秒以上、クラス6で8MB/秒以上の速度として定義している。

microSDHC
簡単なアダプタを付けることでSDHCメモリカードとして利用できる。

miniSD
2003年にSanDisk社が発表したメモリカードの規格で、SDメモリカードのサイズを小さくしたもの。携帯電話のメモリカードとして主に利用されていたが、2008年頃よりmicroSDがminiSDに代わり普及している。

豆知識 ビデオカムコーダー、デジタル一眼レフカメラなどでは大容量のメモリが必要となり2009年SDカードアソシエーションはSDXCの仕様を策定、最大2TBまで対応する。

USBメモリのしくみ

> **Key word** **USBメモリ** USBコネクタが付いたフラッシュメモリとUSBインターフェース経由でパソコンとデータのやり取りする。

12-3 USBメモリのしくみ

USBメモリの特徴
フラッシュメモリであるUSBメモリは、ハードディスクスに比べて小型化しやすく、衝撃にも強いのが特徴。ファイルをドラッグするだけでデータを書き込むことができ、容量の大きなものは32GBのものもある。

表

裏

USB端子
パソコンに差し込むと、データの通り道になるのが「USB端子」。パソコンのUSB接続口に差し込む。その際、対応した機器及びOSであれば、ドライバをインストールする必要がなく記憶装置として認識する。電気もここを経由してパソコンから供給される。
また、USBには「USB1.1」と「USB2.0」という2つの規格があり、その違いはデータのやり取りする速度。「USB2.0」のほうが速い。

写真：
株式会社アイ・オー・データ機器 提供

今後の規格USB3.0
データ転送速度が5.0Gbpsで、現行のUSB2.0（最大480Mbps）の10倍を実現するという規格。2010年より登場する予定。USBメモリのようなスタンダードAと呼ばれる形状はUSB2.0と同じなので今までの端子を利用できる。USB2.0よりピンが送信線と受信線が各2本、1本接地線の計5本増えたこと、データの送受信にブロードキャスト（接続されている機器すべてとの通信を行う）と呼ばれる方式から通信したい機器のみ1対1の通信ができるユニキャストという方式を実現することなどで転送速度を速くした。

コントローラ
USBメモリとパソコンとの間でデータをやり取りするときに、制御を行う半導体部品。データの受け渡しや読み書きなどの処理が、効果よくできるように指示を出している。

知っ得 USB規格には、USB Mass Storage Class（USBマスストレージクラス）という補助記憶装置を接続するための仕様がある。

USBメモリのセキュリティ

　USBメモリのような物理メディアは、電子メールやWeb経由で感染する不正プログラムの爆発的な感染拡大は起こらないであろうといわれてきた。しかし、USBメモリに感染する**USBワーム**という不正プログラムは予想以上に感染を広げた。その理由は、USBワームの最大の武器が自動実行だったことにある。

　アプリケーションのインストールCDを挿入した際、自動的にインストール画面が立ち上がることがある。これは、**Windowsの自動再生機能**により、インストーラーのプログラムが自動実行されているからだ。この機能は、リムーバブルドライブにも適用されている。USBワームは、この自動再生機能を悪用して感染を広げた。USBメモリに感染するUSBワームはワーム自身のコピーだけでなく、ワームを実行させる記述を作成する。そのため、USBがパソコンに接続された際にUSBワームが実行されるようになる。

　では、USBワームへの対策はどうするのか。それには、Windowsの自動再生機能を無効にして、ウイルス対策ソフトを導入する。ウイルス対策ソフトは常に最新の状態に保ち、USBメモリの定期的な手動スキャンを行うことが重要だ。

12-4　USBメモリからUSBワームがパソコンへ感染

USBメモリをパソコンへ接続すると　　　　　infファイルからワーム本体が実行される

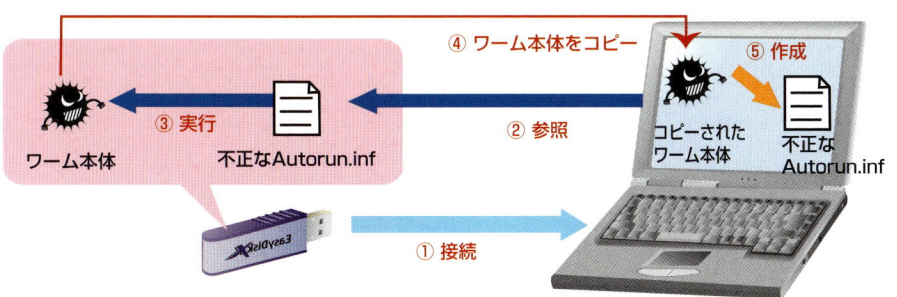

④ ワーム本体をコピー
⑤ 作成
③ 実行
② 参照
ワーム本体　　　不正なAutorun.inf　　　　　コピーされたワーム本体　　不正なAutorun.inf
① 接続

12-5　USBワームへの対策

自動再生機能の無効

Windows Vistaには「コントロールパネル」に「DCまたは他のメディアの自動再生」があるので、そこを開いて「すべてのメディアと自動再生を使う」をオフにする。

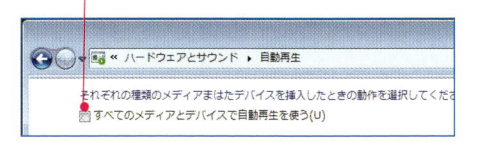

ウイルス対策ソフトを手動で実行

リムーバブルディスクを右クリックして「セキュリティ脅威の対策」をクリックする。

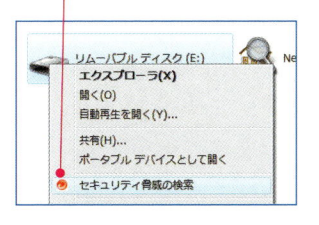

豆知識　USBメモリを取り外すには、終了処理をする必要がある。タスクバーからボタンをクリックして「USB大容量記憶装置〜」をクリックする。

フラッシュメモリの構造

Key word フラッシュメモリの構造 1ビットの情報を記録するセルという記憶素子の集合体、セルに一定量の電子を注入や抜き出しで情報を記録・消去する。

フラッシュメモリの誕生

　メモリには電源が切れるとデータがなくなる**RAM**(揮発性)と、電源が切れても書き込まれたデータが記憶され続ける**ROM**(不揮発性)に分けられる。

　不揮発性メモリには、いろいろな種類がある。半導体の製造時点で記憶し、使用者が勝手に書き換えられないデータ(フォントメモリや辞書)を専用のマスク・パターンで書き込んだ**マスクROM**、使用者が自由にデータを書き込むことができる電気的消去型**EEPROM**などだ。

　EEPROMのメモリセルは、各ビットごとに書き込み、消去ができる。しかし、1ビットの記憶に2つのトランジスタを用いるために、倍以上のトランジスタが必要となりコストが高くなる結果となった。そこで、コストの安い新しいタイプの不揮発性メモリを1984年、東芝が開発し、ここにフラッシュメモリが誕生した。最初に登場したのがNOR型と呼ばれているフラッシュメモリで、その後にNAND型フラッシュメモリが開発された。

フラッシュメモリの構造

　通常、メモリとして利用しているフラッシュメモリには規格や形状が異なっている様々な種類があるが、構成要素はおおむね共通だ。機器との間でデータをやり取りするための端子(コネクタ)、機器との間のデータのやり取り、読み書きを制御するコントローラチップ、要のフラッシュメモリチップ、動作のタイミングを司る水晶振動子、誤消去を防ぐライトプロテクトスイッチなどがある。これらの部品はそれぞれの規格に応じた形状の基盤上に実装され、パッケージに納められ製品となる。

　フラッシュメモリのセルの構造には、データが電源を切っても保持できるように「**フローティングゲート**」と呼ばれるデータの保存場所がある。情報の記憶はフローティングゲートに電子を注入することで行い、一度注入された電子は、フローティングゲートが絶縁されているために、逃げ出すことができない。また、この電子による電荷がある／ない状態によって、1ビットを表現している。

　このように、フラッシュメモリの構造の最大の特徴は**蓄えられた電荷は酸化膜によって漏れ出さないようになっている**ため**電源を切ってもデータが保持**されたままになっていることだ。

知っ得 マスクパターンは、IC回路の設計図をガラスに焼き付けることで作成する。それを利用してウェハ表面に回路を焼き付けて半導体であるマスクROMができあがる。

12-6 フラッシュメモリの構造＜SDメモリカード＞

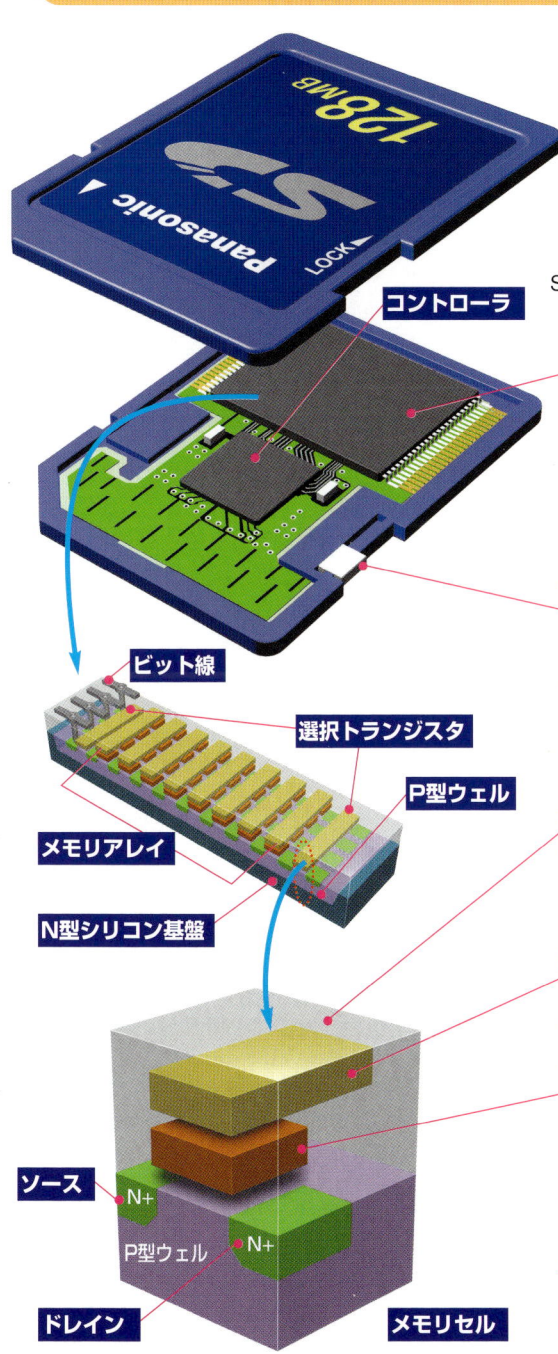

ピン構成
アドレス入力やコマンド入力、データ入出力はすべてこのピンで行われる。フラッシュメモリの種類によって構成ピン数が異なる。SDメモリカードは9本。

SDメモリカード・裏

コントローラ

フラッシュメモリチップ
不揮発性のメモリ素子。フラッシュメモリチップをカード内で複数並べたり重ねて実装することで、大容量カードを実現、フラッシュメモリチップを横に並べるとカードサイズが大きくなってしまうが、重ねて実装することで厚さを確保するだけで実現できる。

ライトプロテクトスイッチ
ユーザーの操作ミスによって誤ってデータが消去されないように、また、目で見てプロテクト状態がわかるように設けられた。

ビット線
選択トランジスタ
P型ウェル
メモリアレイ
N型シリコン基盤

シリコン酸化膜
電気を通さない絶縁体を用いてデータを保持している。

制御ゲート
下に位置するフローティングゲートへの電子の書き込み等を制御する。

フローティングゲート
データを記録したとき、ここに電子が蓄えられる。周囲が絶縁体で囲まれているため、溜まった電子は消去動作をしない限り、長期間保存される。

ソース
P型ウェル
ドレイン
メモリセル

メモリセル
1個で1ビットの情報を記録する、セルという記憶素子の集合体がフラッシュメモリ。

豆知識 コントローラは機器との間のデータのやり取り、読み書きを制御、ECCなどのエラー適正機能、著作権保護機能などを提供する。

NAND型とNOR型のしくみ

> **NAND型フラッシュメモリ** シリアルアクセス方式を採用し、ビット当たりのコストの低減化を実現。

NOR型とNAND型の違い

　半導体メモリで、1ビットの情報を記録する回路のことを**セル**といい、フラッシュメモリのセルはトランジスタ1個という構成となっている。このセルを碁盤の目のように配置して縦と横に配線がある。各々の配線を**ビット線**と**ワード線**といい、セルからデータを取り出すための信号線をビット線、並んだセルから目的のデータであるセルを選択するための制御信号線をワード線となっている。

　フラッシュメモリでは、データを記録させるセルの接続方式が**並列方法のNOR型**と**直列方法のNAND型**がある。

　NOR型は、1本のビット線に1ビットのメモリセルが並列に接続され、セルが独立している。一方、NAND型は、1本のビット線に32ビットというように一定の数量のセルが直列に接続している。このため、NAND型はセルごとに書き込みはできない。まとまったブロックで書き込みや消去を行う。

12-7 NAND型とNOR型のセルの接続方法

NOR型のセル

それぞれのセルはビット線、ワード線、アースに接続して、他のセルとは関係なく独立している。

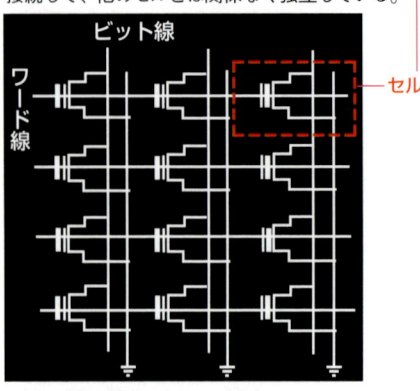

NAND型のセル

セルの並びをページといい、記録容量は512Bから4KB程度。このページを複数（32～256ページ）束ねたものをブロックと呼ぶ。

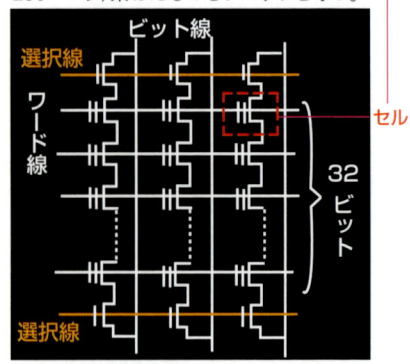

NOR型の書き込み、消去

セルごとに結線する構造になっているNOR型は1ビットごとのデータ書き込みが可能。消去はブロック単位で行う。

NAND型は直列接続

直列接続のため、ここでは1ブロック32ビットを一度に消去でき、書き込みもブロック単位32ビットで行う。メモリセルはビット線を共有できるため、セルのサイズが縮小できる。

> **知っ得** 米アップル社のiPodシリーズやソニー社のウォークマンシリーズなども4GBから64GBのNAND型フラッシュメモリを搭載している。

NAND型とNOR型の特徴

　NAND型はNOR型に比べて構造が単純だ。複数のメモリセルでビット線を共有するため、セルのサイズを容易に縮小化でき、大容量化が比較的容易にできる。その上、NOR型に比べて消費電力を抑えられるので、データ量が多くても高速に書き込めるという利点を持っている。

　一方、NOR型のほうは構造上の問題からデータを書き込む際、NAND型に比べてたくさんの電流が必要となる。そのため、書き込む量があまりに多いと電流が大きくなり書き込めない事態が発生する。そこで1ビットずつ書き込むようにしている。その結果、メモリ1つひとつのセルはNAND型に比べて大きくなり、大容量化には向かないが、その代わりにビットごとにアクセスが可能で、ランダムアクセスに強い特性を持つ。それは読み出しに速いという特徴があり、携帯電話に利用されている。

12-8 NOR型フラッシュメモリ

BIOS ROM

BIOS ROMはマザーボードのハードウェアとOSの間の相互のコミュニケーションを行うBIOSを記録するためのROM。パソコンのマザーボードに搭載されているBIOS ROMはNOR型フラッシュメモリ。フラッシュメモリなので、特殊な装置を使うことなく電気的に内容が書き換えられる。この性質を利用して、ユーザー側で最新版BIOSにアップデートできる。

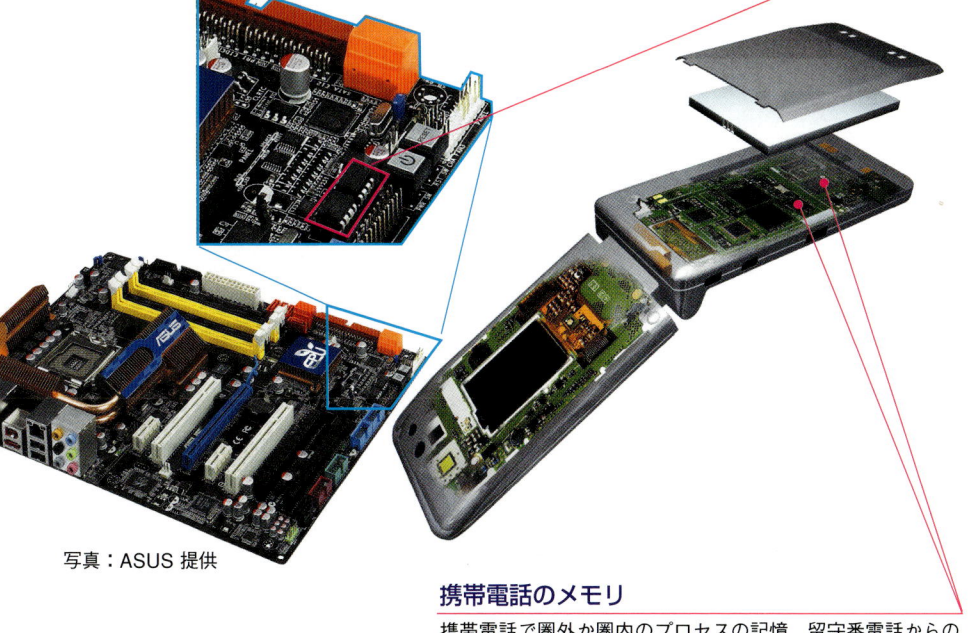

写真：ASUS 提供

携帯電話のメモリ

携帯電話で圏外か圏内のプロセスの記憶、留守番電話からの発信番号の記憶、受信番号の記憶などがフラッシュメモリの仕事。読み出し速度の速いNOR型が利用されている。

豆知識　NAND型フラッシュメモリとNOR型フラッシュメモリはともに舛岡富士雄が東芝在籍時（現在は東北大学名誉教授、日本ユニサンティス（株）最高技術責任者）に発明した。

フラッシュメモリの書き換え回数

> **Keyword** フラッシュメモリの制御チップ　機器との間のデータのやり取り、読み書きを制御する働きがある。

フラッシュメモリの書き換え回数

　フラッシュメモリは構造上、書き込み時や消去時に強い電圧を与えるので（図12-9参照）、フローティングゲートを構成する絶縁体はわずかながら次第に劣化していく。書き込みや消去を繰り返していくうちに劣化は進んでいき、いずれ書き込めなくなる。このため、フラッシュメモリの書き込み回数は5000回〜10000回が限界となっている。

12-9 NAND型の書き込み・消去

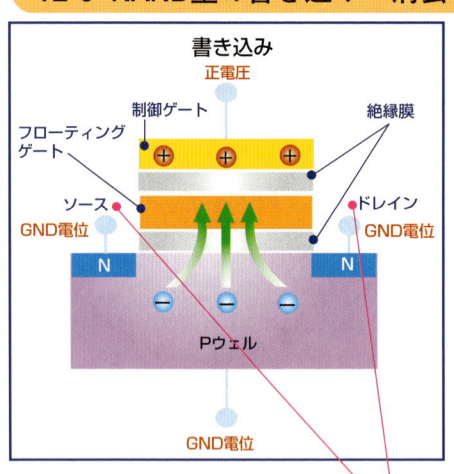

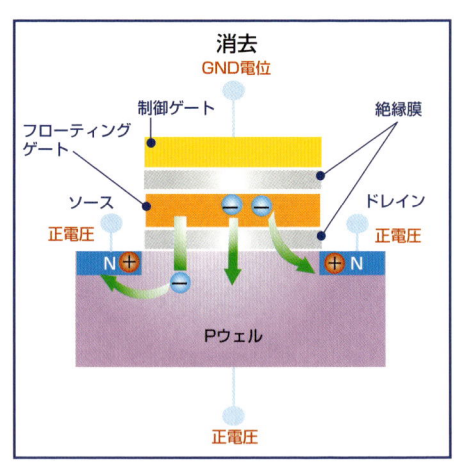

書き込み
- 制御ゲート：正電圧
- ソース：GND電位
- ドレイン：GND電位
- Pウェル：GND電位
- 絶縁膜、フローティングゲート

消去
- 制御ゲート：GND電位
- ソース：正電圧
- ドレイン：正電圧
- Pウェル：正電圧
- 絶縁膜、フローティングゲート

データの書き込み
制御ゲートに20Vの高い電圧をかけると、Pウェルから電子が制御ゲートに向けて引き寄せられ、フローティングゲート内に電子が注入される。フローティングゲート内に電子が蓄えられた状態を、データが0の状態という。

ソース/ドレイン
電子の注入口/排出口。

データの消去
Pウェルに20Vの高い電圧をかけると、フローティングゲートの中の電子がPウェルに向けて引き抜かれ、空になる。フローティングゲートの電子が空の状態を、データが1の状態という。

　フラッシュメモリには書き込み回数の寿命の他に、5〜10年という物理的な耐久年数がある。例えば、USBメモリを机の中などに放置したままにすると自然放電を起こし、使用していなくても耐久年数がきたら使用できなくなる。そのため、永久保存には向かないので、他の記憶メディアと上手に併用することも大事なことだ。

> **知っ得** NOR型の書き込みでは、ホットエレクトロンが絶縁体であるシリコン酸化膜を超えて制御ゲートの高電圧に引かれてフローティングゲートへ注入される。

書き換え回数をコントロールする技術

　フラッシュメモリでは、すでにあるデータを別のデータに直接上書きできないことも劣化を早める原因になっている。

　例えば、USBメモリのようなNAND型の場合、ブロック内の1ページの内容を書き換えるときは、同じブラック内で書き換えを行うのではなく、ブロックの全内容を制御チップ内の作業用メモリに一旦読み出して、その内容をさらに他のブロックに書き出し、元のブロック全体を消去するという作業を行う。書き換えをこのように頻繁に行わなければならないことは、書き込み可能回数に限度があるフラッシュメモリには大きな弱点要素だ。しかも1つのメモリ内でも書き込まれた回数が少ないブロック、多いブロックという劣化の差が生じる。こうした欠点をできるだけ補うように開発されたのがメモリ上の書き込みブロックを管理する**制御チップ**である。制御チップにより書き換え作業も、最初に書き込まれたブロックに書き変えず、書き換え回数が少ないブロックが選択される。この他、制御チップは、更新が少ないデータと多いデータを区別して、更新が少ないデータを書き換え回数が多いブロックへ、更新が多いデータは書き換え回数の少ないブロックへ移すことで、書き換え回数の少ないブロックを有効利用している。

　このような制御チップの働きで、大容量のUSBメモリのようなフラッシュメモリを利用すれば、書き換え回数の寿命はそれほど気にする要素ではない。ただし、机の中に数年放置したフラッシュメモリや頻繁に使い込んだフラッシュメモリに重要なファイルを保存する場合は、必ずバックアップが必要だ。

12-10 書き換えをコントロールする

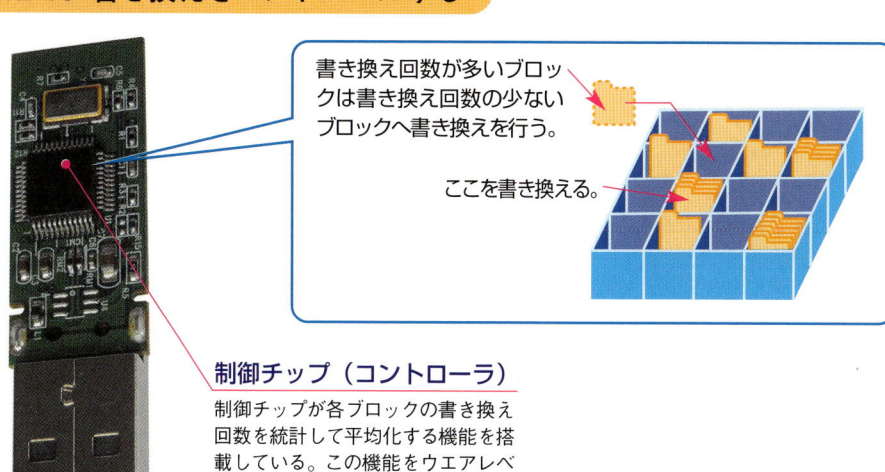

書き換え回数が多いブロックは書き換え回数の少ないブロックへ書き換えを行う。

ここを書き換える。

制御チップ（コントローラ）
制御チップが各ブロックの書き換え回数を統計して平均化する機能を搭載している。この機能をウエアレベリングといい、フラッシュメモリの特徴でもある。

豆知識 テレビで電源を切っても再度電源を付けたときに同じチャンネルが表示されるのはEEPROMを利用しているからだ。

キャッシュメモリとして利用するしくみ

Key word　**Windows Ready Boost**　HDD内に保存していたキャッシュを、外部メモリに記録することで、読み込みを高速化する技術。

フラッシュメモリをキャッシュメモリとして使う

　Windows VistaのReadyBoost機能は、USBメモリなどのフラッシュメモリを利用して、アプリケーションの起動などを高速にした。転送速度の速いハードディスクより遅いフラッシュメモリがなぜこのようなことができるのだろうか。

　ハードディスクにはアクセスした場所から別の場所へ移動するときに、数ミリ秒から十数ミリ秒という待ち時間が発生する。これを**シークタイム**といい、ハードディスクの欠点でもある。

　フラッシュメモリは、ハードディスクのようなディスク回転数とヘッド移動速度に依存した構造でないためシークタイムが非常に短い。マイクロソフトの試算では10倍のスピードに達するというだ。そこでハードディスクよりフラッシュメモリをキャッシュメモリとして利用すれば、高い効果が期待できる。ただし、フラッシュメモリがいつ取り外されてもいいようにハードディスクとフラッシュメモリの両方に書き込みを行い、読み込むときはフラッシュメモリから読み込むようになっている。

12-11 キャッシュメモリにする

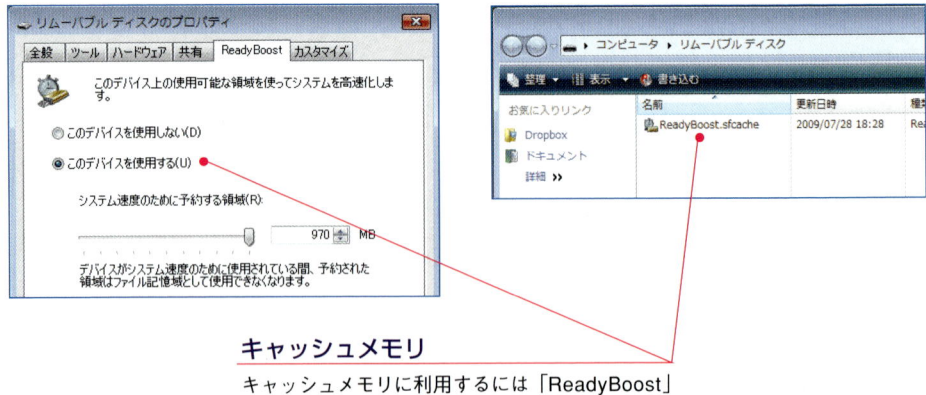

キャッシュメモリ
キャッシュメモリに利用するには「ReadyBoost」タブで「このデバイスを使用する」を選択する。そうすると、自動的に「ReadyBoost.sfcache」というフォルダが作成される。

198　知っ得　USBメモリのフォーマットのファイルシステムのexFAT（Windows Vista SP1から導入）を利用するとReady Boostの機能は利用できない。

第13章

プリンタのしくみ

印刷のしくみ

Key word **印刷の流れ** パソコン側で印刷を実行すると印刷を制御するための言語のデータを生成しプリンタへ転送。プリンタ側でデータの処理と印刷を行う。

印刷ができるまで

プリンタは、パソコンから送られてきたデータを紙に印刷するためのハードウェア。

しかしながら、各アプリケーションで作成したファイルは、いろいろなファイル形式で保存されているので、そのままのデータではプリンタが理解できない。そのため、プリントしたいときには、そのファイル形式のデータをプリンタが理解できる「**制御言語**」という形式のデータに変えている。その制御言語への変換を行っているのが「**プリンタドライバ**」だ。

制御言語にはさまざまな種類があるが、高機能なプリンタでは、ページが印刷されるときに、ページのどこに描画し、それをどんな色で描くなど、ページレイアウト情報をパソコンに送るための言語として**ページ記述言語**というものを採用し、より複雑な処理を可能にしている。

さらに、こうして作られたデータには、ファイルの中で使われている書体や用紙設定、ページ数、プリント部数、印字方向、トンボの有無など、印刷するために必要なデータも付加されている。しかし、印刷データをパソコン側で全部作成してそのままプリンタに送ると転送データ量が膨大になり、転送時間が長くなる。そこで、ページ記述言語でも高機能なPostScriptでは、コマンドにより画像や曲線、直線などの図形や文字を数学的に記述して出力するので、データ量を軽減し、データ転送時間も短くしている。

プリンタに送られてきたデータは、プリンタ内部のメモリに読み込まれ、メモリ上でデータを展開する。プリンタへは「制御言語」で送られてきているので、それを解析する必要がある。それをCPUというプリンタの頭脳にあたる部分で行う。CPUでメモリ上にあるデータ内容を解析し、イメージ化(ドットパターンの生成)を行い、印刷するためのエンジン部分に渡される。

プリンタの種類

プリンタの最初は、用紙を直接叩いて印字する**インパクト型**であった。後に登場したインパクト型以外のプリンタを総称して**ノンインパクト型**と呼んでいる。

インパクト型は機械的な力を使って印刷を行う。動作音が大きく、解像度も上げにくので、現在ではほとんど利用されていない。ノンインパクト型は熱や科学的な処理で印刷を行う。レーザープリンタやインクジェットプリンタはこの方式になる。

知っ得 プリンタ選びの基準となる項目は、印刷速度、印刷可能サイズ、ランニングコスト、カラー/モノクロ、ネットワークなどが挙げられる。

13-1 印刷の流れ

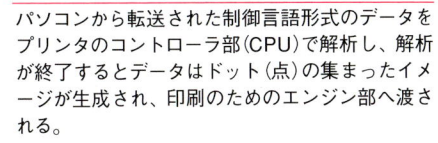

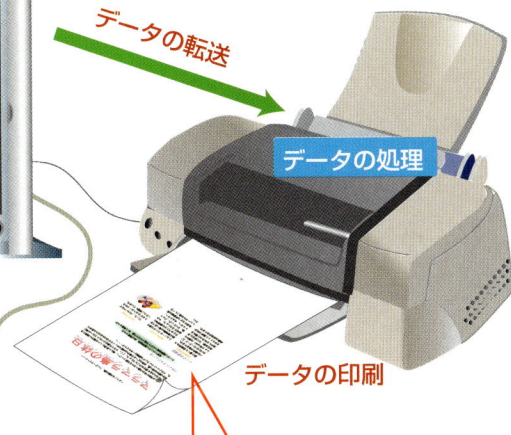

プリンタのデータ処理
パソコンから転送された制御言語形式のデータをプリンタのコントローラ部（CPU）で解析し、解析が終了するとデータはドット（点）の集まったイメージが生成され、印刷のためのエンジン部へ渡される。

データの転送

データの処理

データの印刷

プリンタドライバ
パソコンのデータを印刷するには繋げたプリンタのプリンタドライバをインストールする。印刷設定をパソコンで操作する場合にはアプリケーションから印刷画面を表示してプリンタのプロパティで詳細な印刷の設定ができる。

解像度
ある単位領域に印刷できる点の数を解像度と呼び、プリンタでは1インチ当たりの点の数で表し、プリンタの性能の指標としている。単位はドット/インチまたはdpiで表す。

カラー印刷

　Windowsアプリケーションで作成されたデータは表現できる色の範囲が決められている。この範囲はsRGB（standard RGB）という国際電気標準会議（IEC）が策定した規格に基づいている。一般的なディスプレイならば問題なく出力できる範囲で定めた仕様だが、カラープリンタはCMYK（シアン、マゼンダ、イエロー、クロ）の4色の組み合わせで色を再現することが多い。sRGBデータをそのままプリンタに送ってもプリンタは印刷できない。そこで、プリンタドライバはsRGBで表現している色をCMYKに変換する。このため、sRGBからCMYKへの変換に失敗すると思い通りの色が出ないことになる。

　そこで、カラープリンタの色変換はsRGBによる数値変換とCMYKによる数値変換を対応付けた表を使って行う。この表を**ルックアップテーブル**と呼ぶ。

豆知識 カラーインクジェットプリンタはレーザープリンタに匹敵する解像度を備えている機種でも画質の点でレーザープリンタに及ばない場合もあるので解像度だけで画質は判断できない。

インクジェットプリンタのしくみ

> **Keyword** インクジェットプリンタ　ヘッドを左右に動かしながら、紙にインクを噴出し、印刷する。

噴射メカニズム

　インクジェットプリンタは、今や家庭用だけにとどまらず、デザインや印刷業務での使用に耐える大判プリンタ、ビジネスだけの高速印刷対応モデルなど、様々な分野で使える製品として進化を遂げている。

　インクジェットプリンタは、注射器の原理で微細なインク滴を用紙に数多く噴射し、文字や画像を作り上げる。その際、ヘッドを用紙の左右に行き来させながらインクを噴出する。

　インク滴の噴射エネルギーを発生する方法は、大きく分けて**ピエゾ方式**と**サーマル方式**がある。

　ピエゾ方式は電気を加えると変型するピエゾ素子の性質を利用してインク滴を噴出させる。ノズル近くの微細なインク室にピエゾ素子が変形することで押しのけられるインク滴をノズルから勢いよく噴射させる。ピエゾとはギリシャ語の「圧する」を語源としている。ピエゾ方式は、エプソンやブラザー工業のインクジェットプリンタで幅広く使われている。

　一方のサーマル方式は、ヒーターの加熱によって発生する気泡の圧力を利用してインク滴を噴出させる。インク室のすぐそばにヒーターを置き、このヒーターを加熱することで気泡を発生させる。気泡によって押しのけられたインクはノズルから力強く噴射される。サーマル方式は、キヤノンやヒューレットパッカードのインクジェットプリンタで採用されている。

インク滴の大きさ

　人間の可視限界点は1ピコリットル（1pl＝1兆分の1リットル）と言われている。インク滴のサイズを1ピコリットル以下にすれば、人間の肉眼では印刷されたインク滴を個々に判別することはできない。現在最新のインクジェットプリンタでは最小サイズで1ピコリットル程度に到達している。

　ただし、インク滴を微細化すると、用紙全体に噴出するインク滴の個数が相対的に増えるため印刷速度に影響が出てくる。そのため、各社とも噴出するインク滴のサイズを複数用意することで、画質と速度の両立化を図っている。

> **知っ得** インクジェットプリンタをそのまま大型用紙に対応させた大型プリンタは展示会などの写真やグラフィック作品、複雑で広大なCAD図面、展示パネルなどの出力に用いられる。

13-2 インクジェットプリンタ

インク

印刷画質の基本はCMYKだが、色彩や階調性に富んだ写真、グラフィックスなどをより美しく表現するには限界がある。そこで、濃度の高いCとMに低濃度タイプの同系色インクを併用して、自然な階調を作り出した。また、CMYKでは色表現が難しい人間の肌色を忠実に表現するためにオレンジ色のインクを搭載したモデルもある。その一方で、モノクロ印刷に対する要求も強く、その場合にはグレー色の階調性が何より重要で、低濃度のKを追加して、さらにはライトグレーインクを併用するモデルもある。

水溶性インク

インクジェットプリンタのインクは主に水溶性のインクが使用され、この水溶性の中に染料系と顔料系に分けられる。染料系は用紙に容易に染み込みやすく、専用紙を使った場合の画像印刷品質に優れている。顔料系は顔料が粒子の状態で溶解中に分散し、普通紙に文字を印刷した場合、にじまず濃度もくっきりとした印刷が可能。

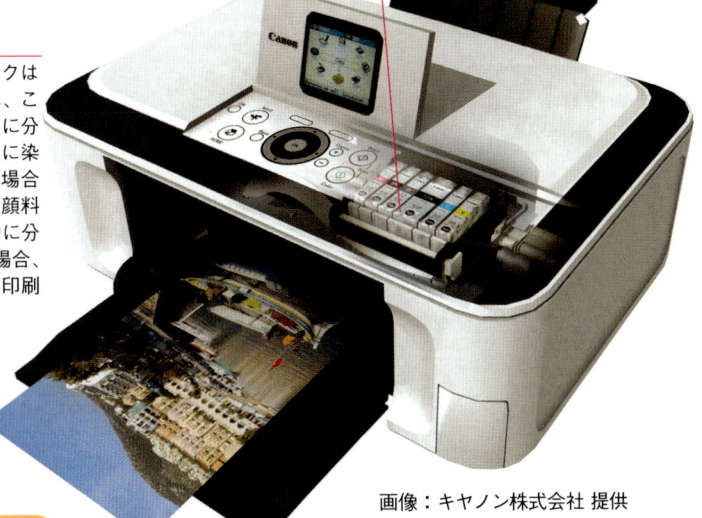

画像：キヤノン株式会社 提供

13-3 噴射メカニズム

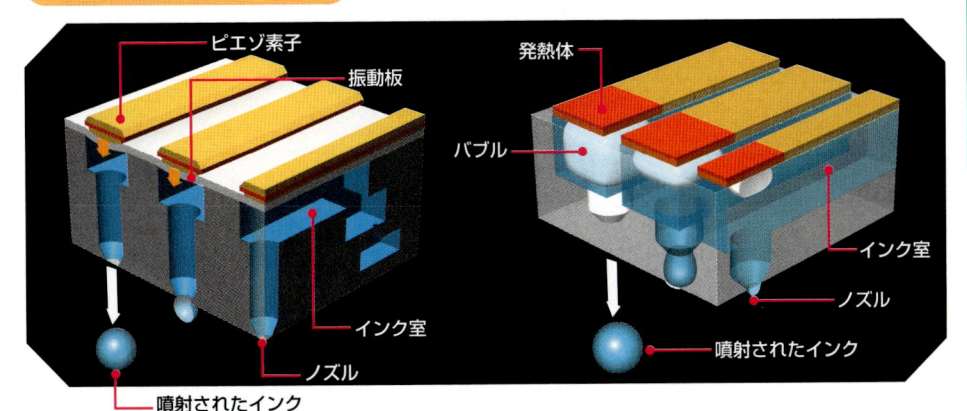

ピエゾ素子

電気を通すと変形するピエゾ素子を利用して、機械的加圧でインクを噴出しノズル内のインクの動きをコントロールする。

サーマル方式

ヒーター加熱によりインクを沸騰させ発生した気泡の力でインクを噴出する。

豆知識 インクジェットプリンタのインクには、用紙に容易に染み込む性質でカラーの専用紙に向く染料系、普通紙にくっきり印刷できることで白黒印刷に向く顔料系がある。

ページプリンタのしくみ

> **Keyword** ページプリンタ 感光ドラム上にページ単位のイメージを生成し、そこにトナーを静電気で付着させ、さらにトナーを紙へ転写するプリンタ。

ページプリンタとは

印刷方式で分類すると、トナーと呼ぶ微細な粉末を使うページプリンタと液状のインクを吹き付けるインクジェットプリンタに大きく分けられる。このうち、ページプリンタは、印刷データをページ単位で一括して受け取り、ページ単位で印刷する。ページプリンタにはレーザーを使用するレーザープリンタとLED（発光ダイオード）を採用しているLEDプリンタがあるが、LEDを製品化しているメーカーは少なく、ほとんどがレーザープリンタを採用している。

ページプリンタのしくみ

ページプリンタの本体は、**帯電**、**露光**、**現像**、**転写**、**定着**を行うエンジン、およびそれを制御するコントローラからなる。最初に、パソコンから送られてきたデータをコントローラが解析し、ドットの配置を計算する。そして、1ページ分の印刷イメージをメモリ上に作成する。ページプリンタはグラフィックスとテキストの合成やビットマップ展開を高速に行うために、コントローラの心臓部にRISC（縮小命令セットコンピュータ：回路を減らして演算速度の向上を図ろうとする手法）チップや動作周波数の高いプロセッサを搭載するものが多い。

エンジン部の中心には感光ドラムがある。感光ドラムにマイナスの電荷をあて（帯電）、感光ドラムは印刷時に回転し、感光ドラム上に印刷イメージを描き（露光）、トナーを付着させて（現像）、感光ドラムから紙にトナーを転写する（転写）。紙に載せたトナーは、そのままでは、こぼれ落ちてしまうので最後に熱と圧力をかけて定着させる。

13-4 ページプリンタの流れ

❶ 帯電
チャージローラーを通過した感光体の表面は、チャージローラーからの放電によりマイナスに帯電。これは感光体内部がプラスに帯電していて、プラスとマイナスでお互いの電荷が引き合う性質を利用している。

❷ 露光
マイナスに帯電した感光体表面に、印刷物の形でレーザー光を照射。レーザー光を浴びた部分のマイナスの電荷は取り除かれ、感光体表面は電荷の帯びた箇所、帯びて無い箇所ができる。それで、静電気による印刷物の形が描かれたことになる。

❸ 現像
トナーは電荷を帯びていないので、感光体に付着させるにはマイナスの電荷を帯びる必要がある。マグロールとCMブレードはトナーを感光体へ供給するときに、マグロールとCMブレードの摩擦によりトナーをマイナスの電荷を帯びさせる働きもしている。

> **知っ得** 感光ドラム上に印刷イメージを生成した後は用紙とトレーを追加していくだけで文書や画像を印刷できるため、大量に出力する場合には高速な印刷が可能で高精細な印字が可能。

13-5 ページプリンタの構造

ページプリンタ
データをイメージ化するコントローラ部と、レーザーで感光体にそのイメージを描き、トナーを付着させてプリントするエンジン部に分かれている。

制御回路

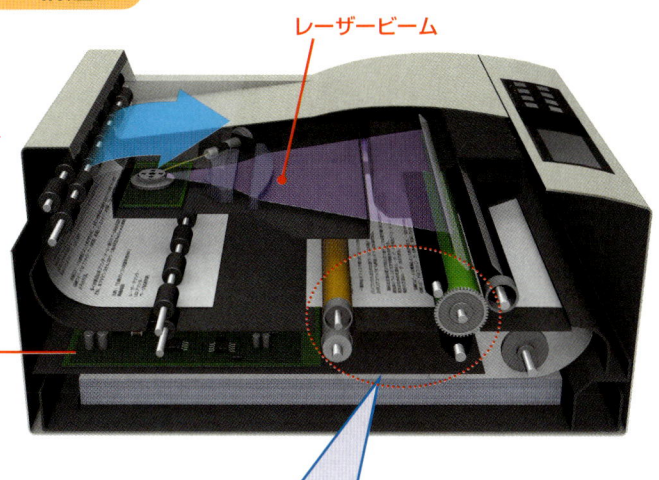

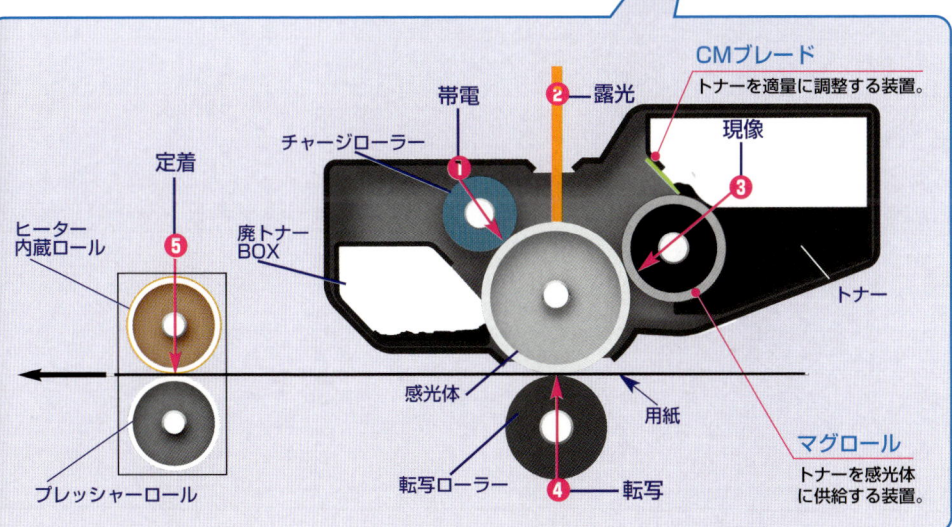

レーザービーム

CMブレード
トナーを適量に調整する装置。

帯電 / 露光 / 現像

チャージローラー

定着
ヒーター内蔵ロール
プレッシャーロール

廃トナーBOX

感光体
転写ローラー
転写
用紙

マグロール
トナーを感光体に供給する装置。

❹ 転写（てんしゃ）
転写ローラーはプラスの電荷を帯びているので、マイナスを引き付けた用紙に付着させる。ただし、この時点ではトナーは用紙の印刷面に乗っているだけの状態で、付着していない。

❺ 定着（ていちゃく）
ヒーター内蔵ロールとプレッシャーロールで、トナーと用紙に圧力を加える。ヒーター内蔵ロールはこのとき高温となる。

次の印刷の準備
感光体には用紙に付着できなかったトナーが若干残っているので、クリーニングブレードで物理的に掻きとり廃トナーBOXに回収し、感光体の表面を綺麗にする。

豆知識 紙詰まりは給紙された直後の搬送路にある用紙が通過したかどうかを検知する給紙センサが感知してエラーを表示する。

カラーページプリンタのしくみ

Keyword カラーページプリンタ　CMYK4色分のトナーと感光ドラムを持つため、一般的にはモノクロ印刷と比べて高価格、筐体も大きくなる。

カラーページプリンタのトナー

カラーレーザープリンタでは、モノクロレーザーと同様に露光、現像、転写、定着を行い、**CMYK**という4つのトナーを使う。

トナーは炭素やプラスチックから成る、帯電性を備えた粉末のインク。トナーには、色素の塊（かたまり）を砕いて粉末にする**粉砕トナー**と、化学反応を利用して粒子を作り出す**重合法トナー**の2種類がある。

重合法トナーは粉砕法トナーに比べて粒子を細かく、かつ大きさを均一に製造しやすいため、高画質化などを実現するものとして、現在主流になりつつある。

カラーページプリンタの印刷方式

カラーレーザープリンタの印刷方式には1つのドラムで各色トナーを順に転写する**4サイクル方式**と、色ごとに感光ドラムを独立した**タンデム方式**がある。

4サイクル方式はドラムが1つで済むため小型化、低価格化がしやすいというメリットがあるが、4回の工程で4色のトナーを定着させるために印刷に時間がかるというデメリットもある。

一方、タンデム方式は、用紙に対して4色分の画像を一度に転写できるため、モノクロとほぼ同等の速度でカラー印刷が可能、現在では主流の方式となっている。ただし、タンデム方式ではトナーと感光ドラムが一体化している製品も多く、ランニングコストが高めになる場合もある。

このタンデム方式を利用して、キヤノンでは『パッド転写高画質化技術』、エプソンでは『4連リニアプロセスエンジン』という名称でそれぞれ製品開発を続けている。

セキュリティ

企業における情報保護の重要性が増す昨今、IDカードやパスワードなどを利用し、印刷を指示した人物を認証してから出力可能にする認証印刷を提供する製品も増えている。カードリーダのオプション追加や、各社員へのカード発行なども必要となるが、本人が近くにいない場合は印刷自体が行われず、印刷物の取り間違いや持ち去りを防止することができる。

さらにプリンタの廃棄後、または盗難などの対策のため、プリンタのHDDに残った印刷データを暗号化/上書き消去する機能が搭載されている製品もある。

知っ得　プリンタのセキュリティ機能には、印刷物に透かしパターンなどを印刷する地紋印刷機能がある。透かしパターンは対応するコピー機やスキャナで複写すると文字が浮かび上がる。

13-6 4連リニアプロセスエンジン

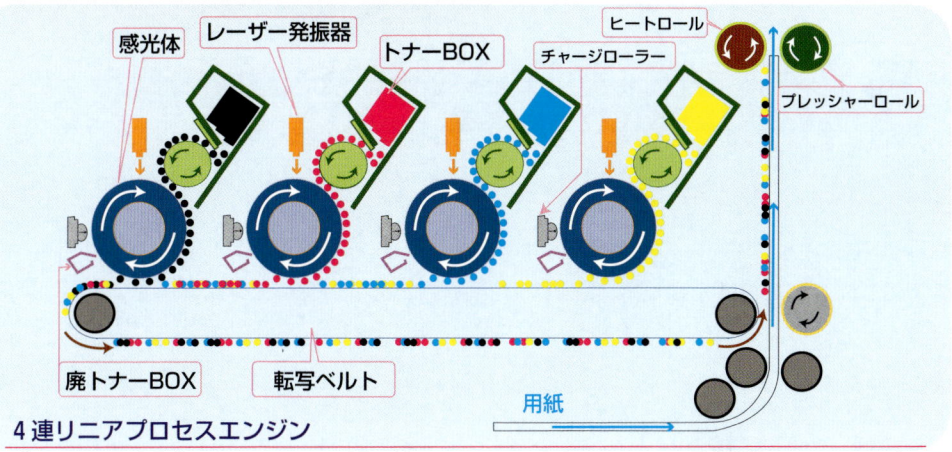

図中ラベル: 感光体、レーザー発振器、トナーBOX、チャージローラー、ヒートロール、プレッシャーロール、廃トナーBOX、転写ベルト、用紙

4連リニアプロセスエンジン

各トナーが並列に並んでおり、トナーBOX、感光体、チャージローラー、レーザー発振器、廃トナー（使用済みトナーを回収する）BOXが各色ごとに設けられている。このしくみを4連リニアプロセスエンジンという。各トナーを並列に並べ、各トナーごとに感光体などを設けているので、4色のトナーをほぼ同時に転写ベルトに付着させることが可能。この付着までの、転写ベルトは1回転で済むので、モノクロ印刷とカラー印刷どちらでも同じ速度となる。

13-7 パッド転写

レーザーダイオード
CMYK（シアン、マゼンタ、イエロー、クロ）4色分のレーザー光を発生するユニット。

ポリゴンミラー
高速回転（2～3万回転/分）してレーザー光を走査するミラー。

中間転写ベルト
各色の感光ドラムに形成されたトナー画像を合成、紙に転写するためのベルト。

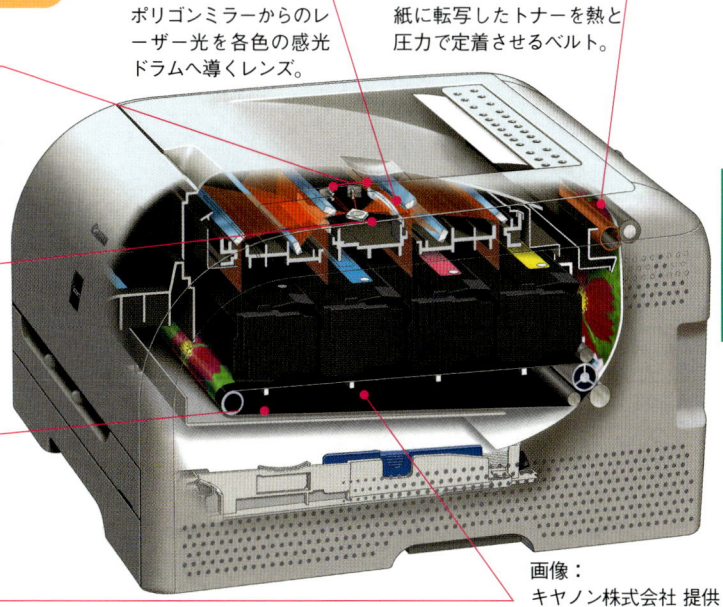

レンズ系
ポリゴンミラーからのレーザー光を各色の感光ドラムへ導くレンズ。

定着ベルト
紙に転写したトナーを熱と圧力で定着させるベルト。

転写パッド
感光ドラムから中間転写ベルトへの転写。パッド転写高画質技術では、中間転写ベルトの1次転写部材にパッドと摩擦抵抗が少ない特殊な導伝性シートを採用。転写時のトナーの飛び散りなどがなくなり、シャープな文字印刷を実現。

画像：キヤノン株式会社 提供

第13章

豆知識 印刷枚数を低減するための機能として、両面印刷や1面に数頁分印刷する集約印刷機能、トナーの使用量を抑える機能などを標準で搭載している製品も多い。

スキャナのしくみ

Keyword　スキャナ　プリントされた写真や印刷物などの平面原稿を画像データとしてパソコンに取り込むための装置。

スキャナ

　紙に描いたイラストや印刷物をパソコンに取り込みたい時に使う入力装置がスキャナ（イメージスキャナ）である。デジタルカメラ同様にイラストや印刷物などのイメージを電気の強弱に置き換えてデジタル信号にしてパソコンへ送る。

　スキャナには形や使い方でいくつかの種類があるが、**フラットベッドスキャナ**は最も一般的で薄い四角形で、机などの平らなところに置いて使用する。フラットベッドスキャナの内部には光源、レンズ、ミラー、イメージセンサーがある。

　機器の心臓部といわれるイメージセンサーにはデジタルカメラやデジタルビデオカメラで使用されるのと同じようにCCDセンサーが使われているが、スキャナの場合は**リニア型CCDセンサー**といって受光部（光電変換機能を持つ受光素子）が帯状に一列に並んでいるため長方形をしている。

　受光素子では光が当たると、その光の強弱に応じて電荷が発生する。電荷の量を電圧で取り出しデジタル信号に変換してデータをパソコンに送信する。

　同じCCDセンサーでもデジタルカメラと異なり、CCDセンサーが動いてイメージを走査する。取り込みたいイメージに光源から光を当てながらCCDセンサーの素子の配列に平行した方向のイメージをスキャン（主走査）して垂直にもスキャン（副走査）する。

　この他にも原稿に密着させたCISセンサーが使われているフラットベッドスキャナもある。CISセンサーの特徴は光源とレンズが一体化されているので本体のサイズが小さく、使用電力も少なくてすむ。短所は開いた本のように、読み取り面に密着できない原稿は読み取りが難しい。

13-8　リニア型CCDセンサー

デジタルカメラなどのリニア型CCDセンサーと形や構造が異なり、素子を1列に配置させてあるため長方形をしている。

CCDセンサー　光源　レンズ　ミラー

知っ得　取り込んだデータは、画像ファイルとして各種画像加工ソフトで加工でき、OCRというソフトを利用すると文字をスキャナで取り込んだ文書の画像をテキストデータに変換できる。

13-9 CCD方式のフラットベッドスキャナのしくみ

❶ 光源
高輝度の白色LED光源。LED光源を利用することでウォームアップ時間が不要となった。

❷ 反射ミラー
光路長(光が進む経路)を確保するために使われるミラー。

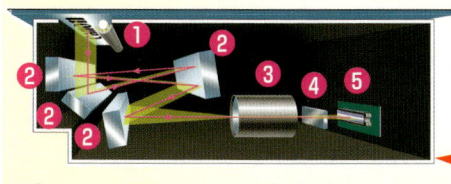

❸ レンズユニット
光源から原稿にあった光を撮像素子に導くレンズ。

❹ FAREガラス
赤外光と通常光の光路長差を調整するガラス。

❺ 撮像素子(CCD)
光を電気信号に変換するCCDセンサー。

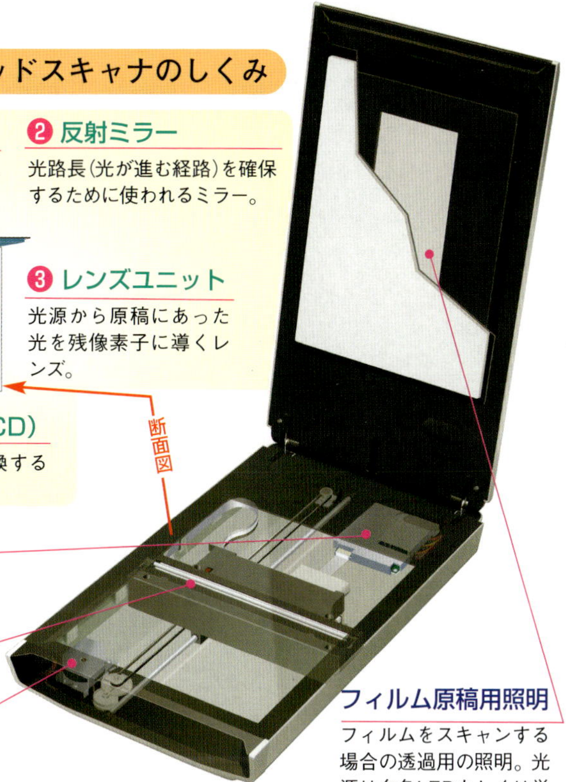

断面図

コントローラ
CCDからのデータを処理する専用画像処理プロセッサ。

キャリッジ
光源、ミラー、レンジ、撮像素子を内蔵する光学ユニット。キャリッジごとに動いて原稿をスキャン(走査)する。

キャリッジ駆動モーター

フィルム原稿用照明
フィルムをスキャンする場合の透過用の照明。光源は白色LEDもしくは蛍光ランプ。

画像:キヤノン株式会社 提供

13-10 イメージ取り込みのしくみ

副走査
矢印の方向にスキャンすること。

イメージセンサー

主走査
矢印の方向にスキャンすること。

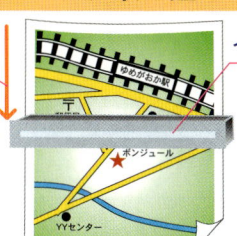

イメージセンサーでスキャンしたイメージの輝度に対する電荷の量が電圧に置き換えられる。

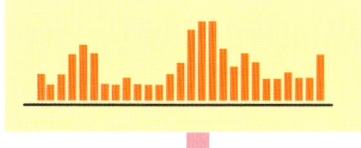

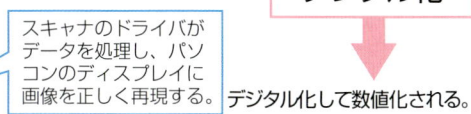

デジタル化

スキャナのドライバがデータを処理し、パソコンのディスプレイに画像を正しく再現する。

デジタル化して数値化される。

25	40	45	60
65	110	140	145
115	95	85	100

第13章

豆知識 原稿をスキャンするときのdpiの目安は、印刷用のデータは300〜400dpi、ホームページ用なら72〜96dpi、OCRの読取り用なら400〜600dpi程度必要である。

ネットワーク複合機のしくみ

> **Key word** **プリンタ複合機** プリンタの筐体上部に原稿読み取り台を統合した形態が一般的。インクジェット、レーザーのどちらの種類もある。

ネットワーク複合機の技術

ネットワーク複合機は、オフィスドキュメントの入出力、保管、送受信と、あらゆる業務を1台でこなす、先進の技術を結集した機器。

レーザープリンタのネットワーク複合機には、ダンデム方式の他に、1つのドラムで画像を形成するワンドラム方式がある。下記のネットワーク複合機はダンデム方式で、デュアルCPUを採用している。それで、プリント、コピー、スキャナ、ファックス、ネットワーク入出力など複数の作業を同時に並列して処理を行うことができる。

ネットワーク複合機の技術には、この他に、CPU、メモリなどを1個のチップ上に集積した大規模集積回路を実現している。これは、複数のチップを使用する場合の配線が必要なくなることで、動作が高速化している。1チップなので基盤上の占有面積が小さくなり、基盤の小型化、機器の小型化ができるようになるなどのメリットがある。

13-11 ネットワーク複合機

iRコントローラ
ネットワーク複合機の心臓部。プリント、コピー、スキャナ、ファクス、ネットワークの入出力などの処理を同時並列に行うために1チップ化したLSI。

レーザーユニット
レーザー光を走査して感光ドラムに露光を行う機器。タンデム方式ではCMYK各色ごとに配備。

定着ユニット
紙に転写されたトナーを熱と圧力で定着させる機構。

スキャナユニット
白色キセノン管照明とCCDセンサーにより原稿を読み取るスキャナ。

ドラムユニット
現像を行う機構。感光ドラム、帯電ローラー、現像器、現像ローラーを一体化し、CMYK各色ごとに配置。

中間転写ベルト
各色の感光ドラムに形成されたトナー画像をベルト上で合成、紙に転写する機構。

画像：キヤノン株式会社 提供

> **知っ得** 複合機の製品選択のキーポイントは印刷機能、さらに自動給紙装置や両面コピーなどの機能も重要なポイントとなる。

第14章
インターネット機器の しくみ

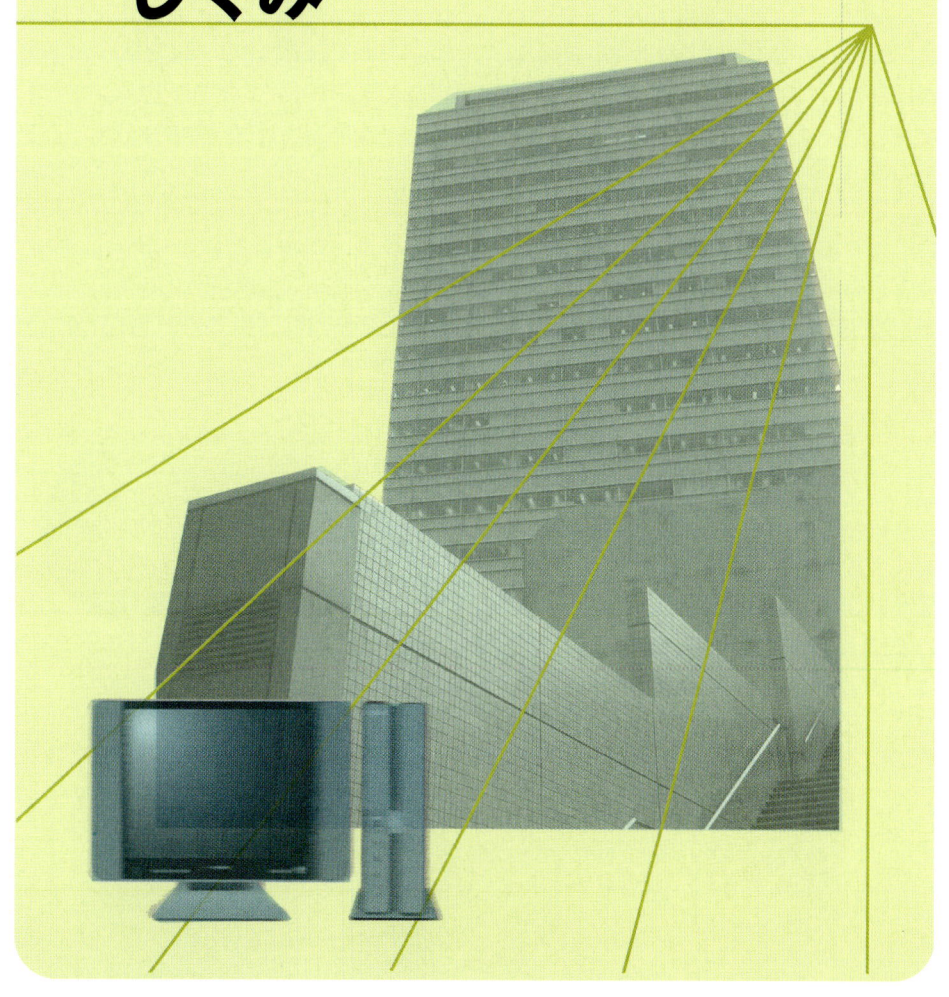

モデムのしくみ①

Keyword **モデム** 電話網を利用してデータ通信を行うための装置。モデムで利用される技術は、あらゆるデータ通信の基礎技術。

インターネット

　人が情報を受け取るとき、電話の公衆回線やテレビやラジオなどの電波による放送ネットワークがあるが、コンピュータの世界では、回線で接続された複数のコンピュータ同士やプリンタなどの周辺機器が互いに情報を交換する手段として**ネットワーク**がある。インターネットはその代表格で、電話回線を通じて**インターネットサービスプロバイダ（ISP）**に接続するものが一般的だ。

　ところで電話回線は、もともと人間の声を送るのに適したように処理されたアナログ信号を送るための回線だが、パソコンはそれと異なるデジタル信号を扱う。このため、インターネットを利用するには、パソコンのデジタル信号を電話回線のアナログ信号に置き換えてデータを伝える必要があった。そこで登場したのが、デジタルをアナログに変換する**モデム**という装置だ。

　電話回線はほとんどの家にあり、新しくインフラ設備を作ることもないので、インターネットは爆発的に普及していった。

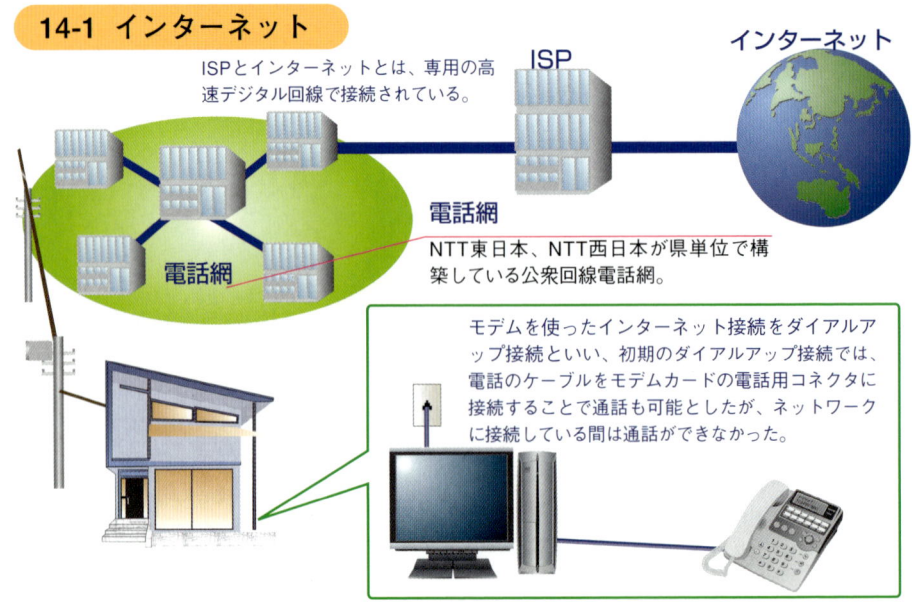

14-1 インターネット

ISPとインターネットとは、専用の高速デジタル回線で接続されている。

電話網　NTT東日本、NTT西日本が県単位で構築している公衆回線電話網。

モデムを使ったインターネット接続をダイアルアップ接続といい、初期のダイアルアップ接続では、電話のケーブルをモデムカードの電話用コネクタに接続することで通話も可能としたが、ネットワークに接続している間は通話ができなかった。

知っ得 データの転送速度はbpsという単位で表し、1秒間に送ることができる情報量をいう。1024bps=1Kbps、1024Kbps=1Mbpsとなる。

電話でパソコンのデータが送れる理由

電話は受話器で発した音声が最寄りのNTTビルに電話線を通じてアナログ信号として伝送される。一方、コンピュータが扱うデータは「0」、「1」を表現する**デジタル信号**で、アナログ信号とは波形の形状が異なるため、そのまま伝送することはできない。

また、人間の耳が認識できる音の周波数は20〜2万Hz（20KHz）だが、電話によってすべての音声をアナログ信号で伝えようとすると膨大なデータ量になってしまうために、伝送コストや効率の面から人が識別可能な音声周波数帯にあらかじめカットし、それを300〜3400Hz（3.4KHz）のアナログ信号に置き換え伝送している。

デジタル信号に対しても同様、周波数が3.4KHzまでに制限されている電話網に対して3.4KHzを超えないように、デジタル信号をアナログ信号に変換して3.4KHzに収める技術が考案された。この変換を行う装置が**モデム**である。

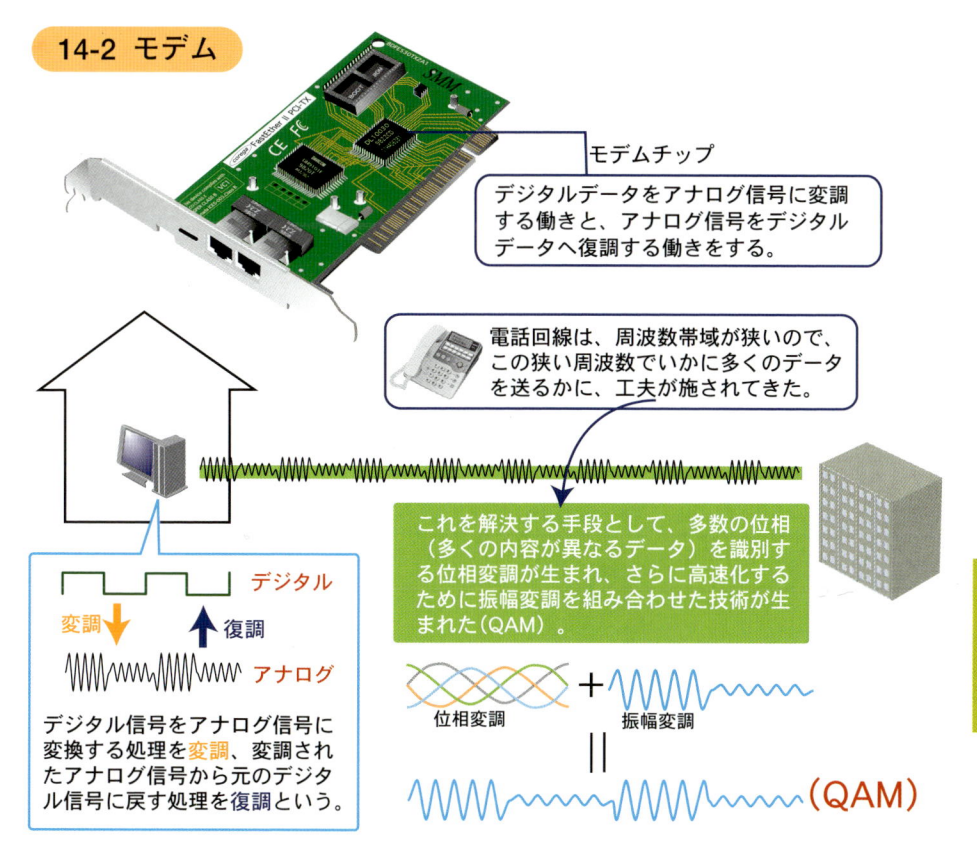

14-2 モデム

モデムチップ
デジタルデータをアナログ信号に変調する働きと、アナログ信号をデジタルデータへ復調する働きをする。

電話回線は、周波数帯域が狭いので、この狭い周波数でいかに多くのデータを送るかに、工夫が施されてきた。

これを解決する手段として、多数の位相（多くの内容が異なるデータ）を識別する位相変調が生まれ、さらに高速化するために振幅変調を組み合わせた技術が生まれた（QAM）。

位相変調 ＋ 振幅変調 ＝ （QAM）

デジタル　変調↓　↑復調　アナログ
デジタル信号をアナログ信号に変換する処理を**変調**、変調されたアナログ信号から元のデジタル信号に戻す処理を**復調**という。

第14章

豆知識 通信ケーブルは、電気信号を伝送するために電気を通しやすい銅が使われている。もっとも簡単なケーブルは2本の銅線をより合わせただけのより対線だ。

モデムのしくみ②

> **Key word** デジタル信号とアナログ信号　デジタル信号は「1」と「0」で表し、アナログ信号の波形はどんな電圧の値でも自由にとりながら変化する。

デジタル信号とアナログ信号

　アナログは値に連続性を持つが、その瞬間的な値にも意味を持っている。実はアナログ信号は、電圧や電流が時間とともに連続的に変化していく瞬間的な値をつなぎ合わせた信号で、波のようになめらかな形をしている。電話回線を流れる電気のアナログ信号も、同じようになめらかな波形になっていて、この波形の変化によって音声情報を伝えている。

　一方、デジタル信号はすべて0か1で表現され、パソコン内の情報はすべてこの0か1で処理している。0か1の2つの値で表現される情報の最小単位を**ビット**といい、これが8つ並んだ8ビット＝**1バイト**で処理する。

　送信側ではパソコン内でビット列となったデジタル信号をアナログ信号に変換し、伝送路の帯域に合わせてから送り出す。受信側では送られてきたアナログ信号をビット列に変換してデジタル信号に復元する。この機能を持つのがモデムだ。モデムは、アナログ、デジタル間の変調と復調の双方の機能を持っていることから、アナログ伝送路（電話回線）を使ってパソコン同士のやり取りを実現している。

14-3　アナログ信号とデジタル信号の波形

アナログ信号
アナログ信号はこのようになめらかに連続した波形（値）になっている。

音の強弱を波の大きさで、声の高低を波の細かさによって表すことができる。

デジタル信号
0と1の2進数データに変換される。

1001101111010010

1より大きな数値は普段利用している10進数を2進数に置き換えて表現している。

> **知っ得**　固定電話によって音声を電気信号に変換して伝送する場合、空気振動をそのままアナログ信号に変換することができ、この空気の振動波形とアナログ信号波形は相似的な関係を保っている。

パソコンの情報を伝える技術

デジタル情報をアナログに信号に変換（変調）するには、振幅や周波数、位相を変化させることで、0もしくは1で表示されるビット配列を表現して送る。

周波数変調であれば、1000Hzの信号を0、1200Hzの信号を1と決め、0もしくは1で表示されるビット配列を表して送信する。位相変調なら周波数を一定にした2つの波のズレ（位相）でデータを表現する。

一方、インターネットにおいて通信速度は重要な問題で、多くの情報を載せたアナログ信号を高速に伝える技術も必要だ。そこで現在は波の位相と振幅の変調とを組み合わせてデータを伝える直交振幅変調（QAM）が行われている。これは、4種類の位相と4種類の振幅を組み合わせることで計16種類の波を区別し伝えることができることに他ならない。

14-4 変調

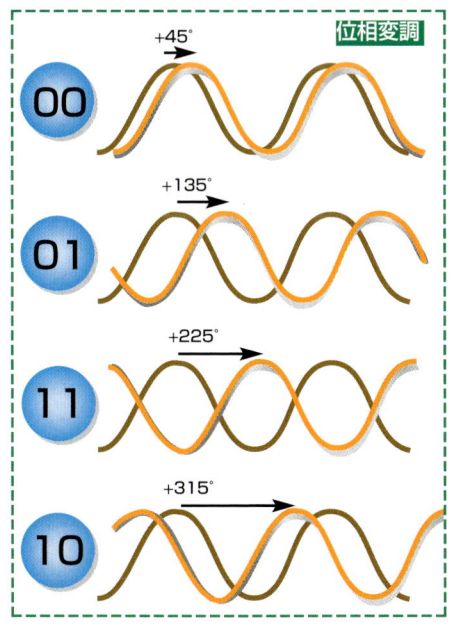

位相変調

00　+45°
01　+135°
11　+225°
10　+315°

位相変調

茶色は直前の音の波形、オレンジは現在の音の波形を表示している。波の1周期を360度として、直前の波から何度ずれているかでデータを表すことができる。45度、135度、225度、315度の4種類の位相を使った場合、00、01、11、10という4種類のデータを表現できる。

直交振幅変調

波の位相と波の振幅（音の大きさ）の変調とを組み合わせてデータを表す。

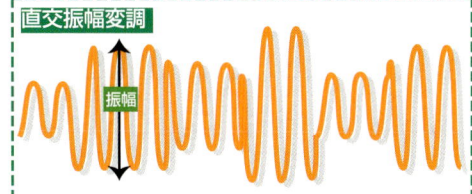

直交振幅変調（振幅）

プロトコル

モデムを使ったデータの通信を行うために、一方から送ったデータに応答して、相手がどういうデータを返すべきかということは、あらかじめ双方で合意しておく必要がある。こうした決めごとをプロトコルという。ブラウザがWebページの内容をサーバーに要求するためのHTTPもそのようなプロトコルの1つだ。

豆知識　ネットワーク構築に必要な全体構成やプロトコルなどの標準化が進められ誕生したのがOSI参照モデルで、コンピュータの機種やOSの種類に依存しない通信が実現した。

ADSLのしくみ

Key word **ADSL** 電話線を使い高速なデータ通信を行う技術。電話の音声を伝えるのには使わない高い周波数帯を使って通信を行う。

ADSL

　電話線の潜在能力を活かす高速方式をxDSL（高速デジタル加入者線伝送）といい、この方式にはADSL、SDSL、HDSL、VDSLがある。これらの方式の違いは利用する周波数や上りと下りで利用する周波数の割り当て方などが違う。この中で最もよく使われているのはADSL（非対称型デジタル加入者線伝送）で、常時接続型の高速インターネット接続用として急速に普及した。非対称とは、伝送速度が下り（局からユーザー）は高速、上り（ユーザーから局）は低速という異なった伝送速度という意味を持つ。

　ADSLは、25KHz以上の高い周波数を利用しているため、電話で使用している周波数帯と重ならない。このため「電話」、「上り」、「下り」で、1本の電話回線を共有できるメリットを持つ。上りは周波数の低いほうの帯域、下りは周波数の高いほうの帯域を使って伝送し、上りより下りのほうが通信速度が速い。それは、上りより下りのほうがはるかにデータ量を多く扱う、インターネットの方式の利にかなっている（知っ得参照）。

　受信側では電話とADSLの信号を分離して取り出さなければならない。この信号の結合と分離を行うのが**スプリッタ**である。

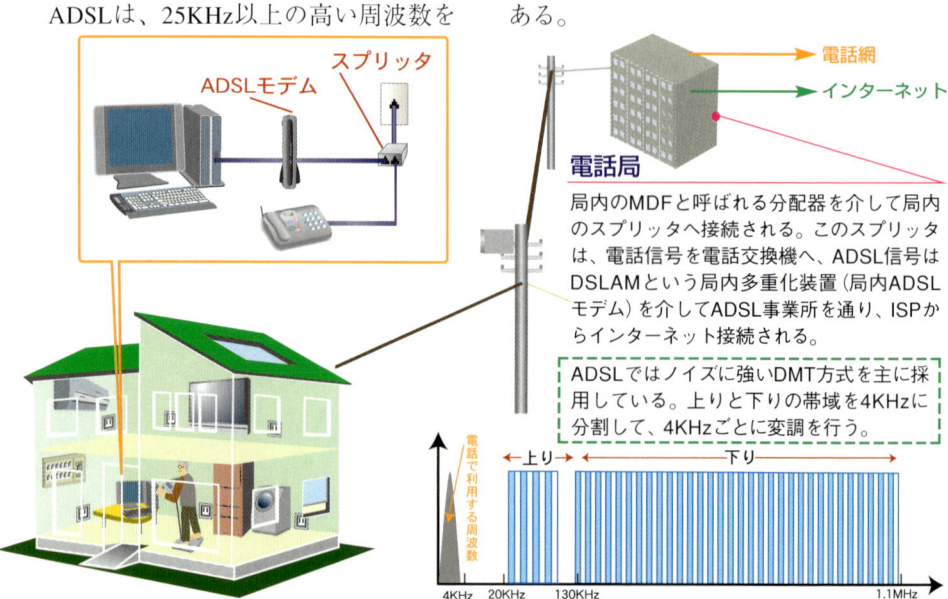

局内のMDFと呼ばれる分配器を介して局内のスプリッタへ接続される。このスプリッタは、電話信号を電話交換機へ、ADSL信号はDSLAMという局内多重化装置（局内ADSLモデム）を介してADSL事業所を通り、ISPからインターネット接続される。

ADSLではノイズに強いDMT方式を主に採用している。上りと下りの帯域を4KHzに分割して、4KHzごとに変調を行う。

知っ得 インターネットの場合、「下り」は画像などを含むWebページの情報や更新ファイルのダウンロードなどデータ量が多いものを扱い、「上り」はアドレスやメールなど比較的軽いのが特徴だ。

さくいん

数字

16ビットカラー 92
1次キャッシュメモリ 44
24ビットカラー 92
2次キャッシュメモリ 44
3Dグラフィックス 98
3Dディスプレイ 144
3次キャッシュメモリ 46
4サイクル方式 206
4連リニアプロセスエンジン 207

A,B,C

AGPグラフィックスカード 88
AGPバススロット 78
Amazon Web service 121
API 104,114
BD 176
BD-R 182
BD-RE 182
BD-ROM 182
BIOS 9,77,104,158,195
CAS端子 56,58
CD 176
CD-ROM 178
CDセンサー 208
CMOSトランジスタ 68
Core i7 46,80
CPU 9,26
CPUソケット 77
CPUの管理 106
CRTディスプレイ 136
CUI 116

D,E,F

DirectX 102
DVD 176
DVD+R 180
DVD+RW 180
DVD-R 180
DVD-RAM 180
DVD-ROM 178
DVD-RW 180
DVIコネクタ 95
EEPROM 192
EPROM 192
FATシステム 156,174
FATテーブル 159,162

G,H,I

GDI 104,112
GMR 152
Google App Engine 121
Google Chrome OS 119
GPU 94,95
GUI 116
H.264 186
HaaS 121
I/O機器 80
I/Oポート 86
I/Oポートアドレス 86
IDEコネクタ 77
IEEE1394 81
IntelliEyeチップ 128
IPL 14,104
IPS型 139

J,K,L

- LANポート 81
- LCD 132
- LC回路 132
- LD 176
- Linux 119
- LSI回路 74

M,N,O

- Mac OS 118
- microSDHCカード 189
- microSDカード 188
- MINIX 119
- MPEG2 186
- MPEG4 186
- MPEG4-AVC 186
- MS-DOS 116
- NAND型フラッシュメモリ 194,196
- NOR型 194
- NTFSシステム 156,174
- OS 104
- OS領域 108

P,Q,R

- PaaS 121
- PCI Express X16.......................................78
- PCI Express x16 グラフィックカード 89
- PCI Express x16 バス 89
- PCI Express x16スロット 89
- PCI スロット 81
- Pウェル層 70
- Quad-XGAモード 90
- RAM 50,96,192
- RAS端子 54,58
- RGB 18,90
- ROM 50,192

S,T,U

- SaaS 120
- SDHC規格 188
- SDメモリカード 188
- Snipping Tool 134
- sRGB 201
- SSD 24
- SSE 40
- TCP/IP 110
- TMDS送信機 96
- TN型 139
- UNIX 118
- USB3.0 190
- USB端子 190
- USBポート 81,86
- USBワーム 191
- USER 104,112

V,W,X,Y,Z

- VA型 139
- VC-1 186
- VGAグラフィックスカード 88
- VGAコネクタ 95
- Web アプリケーション 120
- wide XGAモード 90
- Windows 118
- Windows Journal 134
- Windows Ready Boost 198

あ

- アイオー・コントローラー・ハブ 80
- アウトラインフォント 92
- アウトライン方式 19
- 青紫色レーザー 176
- アドレスバス 30,82,84
- アナログ抵抗膜方式 142

アプリケーション 20,26,104,115	行アドレス 54
アモルファス 180	行セレクタ回路 54,58
アルミ配線 73	記録ギャップ 152
イベント・ドリブン 20	記録層 176
色数 92	記録用ヘッド 155
インク 203	クアッドコア 40
インクジェットプリンタ 202	クラスタ 160
インターネットの管理 110	グラフィックスカード 9,14,88
インタレース 137	グラフィックスメモリ 94,96
インパクト型 200	クリスタル 180
陰面処理 100	グローシェーディング 100
ウイルス対策ソフト 191	クロックジェネレータ 12
薄膜コイル 155	クロック周波数 12,32
液晶ディスプレイ 138	クロック信号 12
エグゼキュートユニット 28	結晶状態 180
オートリピート 125	現像 204
押し出し機能 98	光学式マウス 128
オリエンテーション・フラット 66	コマ収差 184
	コンデンサ 52
■■■ か ■■■	コントローラー（USB）...................190
	コントロールバス 82
カーネル 16,104,106	
開口率 184	■■■ さ ■■■
解像度 90,201	
回転軸 151	サーマル方式 202
外部クロック 32	最小ピット長 184
外部バス 82	再生・記録用DVD 180
拡張スロット 9,77	再生用GMR素子 155
拡張バス 82	サウスブリッジ 9,77,79,80
ガジェット 122	サスペンション 150,151
仮想記憶領域 109	磁気記録方式 154
下部磁極 152	色素記録方式 180
カラーページプリンタ 206	磁気ヘッド 148,152,155
ガラスマスク 69	シークタイム 198
感圧式 130	磁性層 148
キーボードマトリクス 125	下地層 148
起動プログラム 14	自動再生機構 191
キャッシュメモリ 42,198	集積回路 62,64

樹脂層	178
出力アンプ	56
重合法トナー	206
潤滑層	148
常駐プログラム	122
上部磁極	152
照明LED	128
シリコン	62
シリコンインゴット	62,64
シリコンウェハ	66
シリコン酸化膜	68,193
磁力線	155
垂直磁気記録方式	154
水平磁気記録方式	154
電気泳動方式	146
水溶性インク	203
スーパースケーラー	38
スーパーパイプライン処理	36
スキャナ	208
スタティックRAM	42,50,96
ステージ	36
ステッパー	71
スピンドルモーター	149,179
スポット径	184
スムースタッチ	131
スライダ	150,151
制御言語	200
制御ゲート	193
制御チップ	197
静電容量式パッド	131
静電容量方式	131,143
石英ルツボ	65
赤外線レーザー	176
赤色レーザー	176
セクター	156,160
絶縁層	76
接続口	149

接着面	179
セル	194
旋回機能	98
センサーコイル	133
センスアンプ	54,56
相変化記録方式	180,182
相変化現象	180
素子	63
ソース/ドレイン	196
ソース部	72

■■■ た ■■■

ダイシング	74
帯電	204
ダイナミックRAM	42,50,52
蛇行（ウォブル）	180
タッチパッド	130
タッチパネル	142
種	64
種結晶	64
ダブルレイヤー	178
タブレットPC	134
ダミー層	178
タンデム方式	206
窒化マスク	71
中間転写ベルト	207
チップセット	78
超音波方式	143
チルトサポート	185
露光	204
定着	204
逓倍回路	32
ディレクトリ	159,160
データ端子	58
データバス	30,82,84
テールスイッチ	133
テクスチャマッピング	100

デコードユニット	28
デスクトップアプリケーション	120
デスクトップパソコン	8
デバイスドライバ	116
デュアルコア	40
デュアルレイヤー	178
電気泳動方式	146
電源層	76
電子銃	136
電子ビーム	136
電子ペーパー	146
転写	204
電磁誘導方式	133
転送レート	182
トナー	204
トラックピッチ	183,184
トラックボール	130
トランジスタ	34,52,62,71,194
ドレイン部	72

な

内部クロック	32
内部バス	82
長手磁気記録方式	154
入出力機器	80
入力アンプ	58
ネットワーク複合機	210
ノースブリッジ	9,77,79
ノートパソコン	10
ノンインタレース	136
ノンインパクト型	200

は

バースト転送	56
パーテーション	156
ハードウェア・メッセージ・キュー	20
ハードディスク	148
ハイカラーモード	92
配向膜	138
配線層	76
ハイパー・スレッド	48
パイプライン処理	36
ハイブリッド・ハードドライブ	22
バス	82
波長	176,184
パッド転写	207
パララックス・バリア方式	145
反射層	176
半導体レーザー	178
ビープ音	14
ビームスプリッタ	179
ビームスポット	183
ピエゾ方式	202
光センサー	178,179
光センサー液晶パッド	131
光センサー方式	143
光ディスク	176
ピクセル	18
非結晶状態	180
ピックアップ	179
ピット	177,178
ビット線	52,194
ビットマップフォント	18,92
ビデオインターフェイス回路	94,95,96
ビデオカード	88
ビデオサブシステム回路	94,95
ピン構成（SDメモリカード）	193
ファイルの管理	110
ファイルの削除	168
ファイルの追加	166,170
ファイルの復活	172
ファイルの保存	164
ブート・ストラップ・ローダー	14
ブートプログラム	158

フェッチユニット	28
フォーマット	156
フォトリソグラフィ	70
フォトレジスタ膜	69
副走査	209
プラズマディスプレイ	141
フラッシュメモリ	22,50
フラッシュメモリチップ	193
プラッタ	149
フラットシェーディング	100
フラットベットスキャナ	208
プリピット	180
プリンタドライバ	200
プリンタ複合機	210
フルカラーモード	92
ブレードソー	66
フローティングゲート	192
プログラム	26
粉砕トナー	206
分離層	71
ページ記述言語	200
ページプリンタ	204
ベースクロック	32
ヘルツ	34
ペン型入力装置	132
偏向ヨーク	136
ペンタブレット	132
ホイール	128
ボイルコイルモーター	149,150
ポート	77
ボール式マウス	126
保護層	148,176
ボタンカーソル	134
ポリゴン	98
ポリゴンミラー	207

ま

マイクロスイッチ	126
マウス	126
マザーボード	8,76
マスクROM	192
マスクパターン	192
マトリックス構造	52
マルチカードリーダー/ライター	189
マルチコア	40
マルチタスク	108
ミラー	179
無機記録方式	182
メインメモリ	50
メッセージ・ループ	20
メモリ	9,11,26,51
メモリ・コントローラ・ハブ	80
メモリ空間	109
メモリコントローラ	46,54
メモリセル	193
メモリの管理	108
メモリバス	82
メンブレンスイッチシート	124
面内磁気記録方式	154
モデリング	98

や

有機ELディスプレイ	140
ユーザー領域	108,159
ユニキャスト	190

ら

ライトバックユニット	28
ライトプロテクトスイッチ	193
裸眼立体視システム	145

ランド 178	レーザービーム 180
ランプ機構 151	レジスタ 28
リードフレーム 74	列アドレス 54,56,58
リザベーションステーション 38	レンズ 179
リフレッシュ 52	レンダリング 100
ルックアップテーブル 201	レンチキュラーレンズ方式 145
ルミネッセンス 140	ロータリーエンコーダ 126
レイトレーシング 100	
レイヤー 179	**わ**
レーザー光 179	ワード線 52,194
レーザー式マウス 128	ワイヤソー 66
レーザーダイオード 207	

●画像・機器協力●

本書を執筆するにあたり、以下の企業の関係者の方々にご協力いただきました。
ここに謝辞を申し上げます。

■画像協力（順不同）
インテル株式会社
キヤノン株式会社
日立グローバルストレージテクノロジーズ
コバレントマテリアル株式会社
株式会社 アイ・オー・データ機器
ASUS

■機器協力（順不同）
株式会社 アイ・オー・データ機器
ASUS

■執筆・編集
株式会社 トリプルウイン（代表者 高作 義明　たかさく よしあき）
書籍の執筆及び、Macにて書籍の編集やデザイン、制作を行う。
「お役立ちNo.1エクセル2007の裏技・便利技」（新星出版社）、
「仕事がみるみる速くなるパソコン絶妙ちょいワザ164」（講談社）など。
パソコン解説書を多数刊行。

■イラスト
中島 秀　なかじま・ひで
梅津 成美　うめづ・しげよし

■本文デザイン
遊メーカー、株式会社 トリプルウイン

■お問い合わせ
本書の内容に関するお問い合わせは、書名・発行年月日を明記の上、下記の宛先まで書面、FAX、電子メール等にてお願いいたします。電話によるお問い合わせはお受けしておりません。なお、本書の範囲をこえるご質問等につきましてはお答えできませんので、あらかじめご了承ください。

〒233-0002　横浜市港南区上大岡西2-2-10
　　　　　　MK第2ビル302号
　　　　　　株式会社 トリプルウイン　読者質問係
FAX：045-848-0510
URL：http://www.k-support.gr.jp/
e-mail：question@k-support.gr.jp

落丁・乱丁のあった場合は、送料当社負担でお取替えいたします。当社営業部宛にお送りください。
法律で認められた場合を除き、本書からの転写、転載（電子化を含む）は禁じられています。代行業者等の第三者による電子データ化及び電子書籍化は、いかなる場合も認められていません。

徹底図解　パソコンが動くしくみ

著　者　　トリプルウイン
発行者　　富永　靖弘
印刷所　　㈲ＴＰＳ21

発行所　　東京都台東区　株式
　　　　　台東2丁目24　会社　新星出版社
　　　　　〒110-0016 ☎03(3831)0743

©TRIPLEWIN　　　　　　　　　　Printed in Japan

ISBN978-4-405-10685-7